Landolt-Börnstein / New Series

Landolt-Börnstein

Numerical Data and Functional Relationships
in Science and Technology

Landolt-Börnstein
Numerical Data and Functional Relationships in Science and Technology

Der Landolt-Börnstein

Erfolgsgeschichte einer wissenschaftlichen Datensammlung
im Springer-Verlag

Herausgeber und Autoren:
O. Madelung
und
R. Poerschke

ISBN 978-3-540-85250-6 Springer Berlin Heidelberg New York

Library of Congress Cataloging in Publication Data
Zahlenwerte und Funktionen aus Naturwissenschaften und Technik, Neue Serie
Editor in Chief: W. Martienssen
Der Landolt-Börnstein: Editors: O. Madelung, R. Poerschke
At head of title: Landolt-Börnstein. Added t.p.: Numerical data and functional relationships in science and technology.
Tables chiefly in English.
Intended to supersede the Physikalisch-chemische Tabellen by H. Landolt and R. Börnstein of which the 6th ed. began publication in 1950 under title: Zahlenwerte und Funktionen aus Physik, Chemie, Astronomie, Geophysik und Technik.
Vols. published after v. 1 of group I have imprint: Berlin, New York, Springer-Verlag
Includes bibliographies.
1. Physics--Tables. 2. Chemistry--Tables. 3. Engineering--Tables.
I. Börnstein, R. (Richard), 1852-1913. II. Landolt, H. (Hans), 1831-1910.
III. Physikalisch-chemische Tabellen. IV. Title: Numerical data and functional relationships in science and technology.
QC61.23 502'.12   62-53136

This work is subject to copyright. All rights are reserved, whether the whole or part of the material is concerned, specifically the rights of translation, reprinting, reuse of illustrations, recitation, broadcasting, reproduction on microfilm or in other ways, and storage in data banks. Duplication of this publication or parts thereof is permitted only under the provisions of the German Copyright Law of September 9, 1965, in its current version, and permission for use must always be obtained from Springer-Verlag. Violations are liable for prosecution act under German Copyright Law.

Springer is a part of Springer Science+Business Media
springeronline.com
© Springer-Verlag Berlin Heidelberg 2008

The use of general descriptive names, registered names, trademarks, etc. in this publication does not imply, even in the absence of a specific statement, that such names are exempt from the relevant protective laws and regulations and therefore free for general use.

Product Liability: The data and other information in this handbook have been carefully extracted and evaluated by experts from the original literature. Furthermore, they have been checked for correctness by authors and the editorial staff before printing. Nevertheless, the publisher can give no guarantee for the correctness of the data and information provided. In any individual case of application, the respective user must check the correctness by consulting other relevant sources of information.

Cover layout: Erich Kirchner, Heidelberg
Typesetting: Authors and Redaktion Landolt-Börnstein, Darmstadt

SPIN: 1246 3367   63/3020 - 5 4 3 2 1 0 – Printed on acid-free paper

Herausgeber und Autoren

O. Madelung
Feldbergstraße 13-15, A-511
D-61476 Kronberg
e-mail: omadelung@t-online.de

R. Poerschke
Hammerstraße 48c
D-14167 Berlin
e-mail: Rainer.Poerschke@springer.com

Redaktion
Tiergartenstr. 17, D-69121 Heidelberg, Germany
e-mail: Redaktion.Landolt-Boernstein@springer.com

Internet
http://www.landolt-boernstein.com/

Vorwort

125 Jahre – Landolt-Börnstein! Es gibt wohl keine andere wissenschaftliche Buchreihe, die sich über einen so langen Zeitraum gehalten hat. Worin liegt ihr Erfolg? Diese Frage ist einer näheren Untersuchung wert.

Jeder Wissenschaftler kennt das Schicksal von Lehrbüchern und Monographien: Ein Buch erscheint, weitere Auflagen folgen je nach Nachfrage – doch nach einiger Zeit wird es durch ein Lehrbuch oder eine Monographie eines anderen Autors ersetzt.

Wieso hält sich dann eine Buchreihe wie der Landolt-Börnstein über mehr als ein Jahrhundert?

Eine Teilantwort besteht darin, dass es eine Datensammlung natürlich leichter hat als ein Lehrbuch oder eine Monographie. Messwerte behalten ihre Gültigkeit oder werden durch genauere Werte ersetzt. Diesem kann durch Änderung der entsprechenden Tabellen in der nächsten Auflage Rechnung getragen werden.

Aber auch die Wissenschaft ändert sich. Neue Gebiete entstehen oder rücken in den Vordergrund. Andere Gebiete verlieren an Aktualität. Damit ändert sich die Struktur einer Datensammlung.

Vor allem aber: Wissenschaftliche Forschung weitet sich immer mehr aus. Die Datenmengen werden immer größer. Die Frage stellt sich, wie man diesem Problem gerecht wird. Soll man alle Messdaten aufnehmen? Soll man auswählen? Wer soll und kann überhaupt eine richtige Auswahl treffen?

Solche Fragen und ihre Lösungsmöglichkeiten lassen sich an der Geschichte der von Hans Landolt und Richard Börnstein im Jahr 1883 erstmals veröffentlichten Sammlung "Physikalisch-chemische Tabellen" verfolgen.

Vor 125 Jahren waren die Physik und die Chemie noch überschaubar. Die wichtigsten Daten, die im Labor benötigt wurden, ließen sich noch in einem schmalen Band zusammenführen. So hatte die 1. Auflage von 1883 nur 250 Seiten. Es ist spannend und lehrreich zu verfolgen, wie die Herausgeber dem Anwachsen der "Datenflut" bei immer größerer Ausweitung und Spezialisierung der Naturwissenschaften gerecht zu werden versuchten.

In der 2., 3. und 4. Auflage vergrößerte sich nur der Umfang. Mehr Autoren sammelten in mehr Bänden auf mehr Seiten das Datenmaterial. Die Struktur der Bände blieb unverändert.

In der 5. Auflage versuchten die Herausgeber zu retten, was zu retten blieb: Bei gleicher Struktur sollten Ergänzungsbände im regelmäßigen Abstand von etwa zwei Jahren folgen, um der Datenflut Herr zu bleiben.

Schon in der 6. Auflage musste dieses Konzept wieder verlassen werden. Ein Gesamtprogramm wurde entworfen, das in einer zunächst unbestimmten Anzahl von Bänden in einem überschaubaren Zeitraum durchgeführt werden sollte. Aber es wurden viel mehr Bände als erwartet, und die Publikationsdauer stieg: Vom Erscheinen des ersten Teilbandes bis zum Erscheinen des letzten Teilbandes vergingen 30 Jahre.

So folgte der 6. Auflage keine 7. Auflage, sondern die "Neue Serie", in der in einzelnen, von einander unabhängigen Bänden immer dort Daten zur Verfügung gestellt werden konnten, wo der Fortschritt am größten war, wo neue Spezialgebiete entstanden, wo also der größte Bedarf nach aktuellen Datensammlungen zu finden war.

Die "Neue Serie" umfasst 50 Jahre nach ihrer Gründung über 400 Bände. Sie stößt an Grenzen, die neue Konzepte erfordern. Deswegen gibt es heute den "Landolt-Börnstein Online". Ob er das letzte Wort ist, oder ob wieder nach einiger Zeit ein neues Konzept notwendig ist – das ist noch nicht abzusehen.

Jedenfalls ist es reizvoll, die Geschichte des Landolt-Börnstein nachzuzeichnen. Man lernt dabei viel über die Entwicklung der Naturwissenschaften in den letzten 100 Jahren und gleichzeitig über die Entwicklung des wissenschaftlichen Verlagswesens. Man erkennt, wie wichtig die Persönlichkeiten sind, die als Herausgeber oder als Verleger die Weichen zur rechten Zeit in die richtige Richtung stellen.

Dass in dem vorliegenden Fall diese Persönlichkeiten vorhanden waren – dem verdankt "Der LANDOLT-BÖRNSTEIN" seinen Erfolg.

Wir danken allen Mitgliedern des Springer-Archivs und der Landolt-Börnstein Redaktion, die uns bei der Zusammenstellung des Materials geholfen haben, insbesondere Frau Barbara Wolf und Frau Dorothee Rathgeber-Manns.

Kronberg und Berlin, im Sommer 2008   Otfried Madelung
                                                                       Rainer Poerschke

Inhalt

Vorwort	VII
1. Die Vorgeschichte	1
Der Vertrag	1
Julius Springer	2
Die Verlagsbuchhandlung von Julius Springer	4
Ferdinand Springer	7
Hans Landolt	8
Richard Börnstein	13
2. Die erste Auflage (1883)	16
Das Erscheinen der ersten Auflage	16
Das Programm	20
Struktur und Inhalt der ersten Auflage	22
Das physikalische und chemische Schrifttum um 1883	23
3. Vor der zweiten bis zur fünften Auflage	25
Der Springer-Verlag zwischen 1894 und 1933	25
Die zweite Auflage (1894)	28
Die dritte Auflage (1905)	31
Die vierte Auflage (1912)	34
Walther A. Roth	34
Karl Scheel	36
Die fünfte Auflage (1923 bis 1936)	37
Änderung der Schwerpunkte in den neuen Auflagen	38
4. Die sechste Auflage	41
Die Vorbereitung der 6. Auflage: Das neue Herausgeberkollegium	41
Der Springer-Verlag zwischen 1933 und 1945	44
Der Start der 6. Auflage	46
Henrik Salle und Arnold Eucken	47
Die neue Konzeption der 6. Auflage	47
Karl-Heinz Hellwege	49
Die 6. Auflage im Einzelnen	50
5. Die Neue Serie	55
Die Notwendigkeit einer Neugliederung	55
Die Konsequenzen des Konzepts der "Neuen Serie" für den Verlag	57
Ein Überblick über die Neue Serie 1961 bis 2007	58
Gruppe I: Elementary Particles, Nuclei and Atoms	61
Gruppe II: Molecules and Radicals	62
Gruppe III: Condensed Matter	63

  Gruppe IV: Physical Chemistry 67
  Die Gruppen V (Geophysics) und VI (Astronomy and Astrophysics) 69
  Gruppe VII: Biophysics 69
  Gruppe VIII: Advanced Materials and Technologies 69
  Sonderbände außerhalb der Gruppen... 70

6. Die Darmstädter Redaktion 72

  Gründung der Darmstädter Redaktion 72
  Der Aufbau der Redaktion 74
  Die Herstellung eines Landolt-Börnstein Bandes in der Vor-Computer-Zeit 75
  Das Wachsen der Redaktion 1960 bis 1980 77

7. Die achtziger Jahre 79

  Die Redaktion zu Beginn der achtziger Jahre.. 79
  Von den Karteikarten zum Computer 81
  Substanz- und Sachverzeichnisse 82

8. Die neunziger Jahre: Der Computer hält Einzug in die Redaktion 84

  Die Redaktion 84
  Die Probleme der neunziger Jahre: "Wie geht es weiter'?" 85
  Umfragen 87
  Werbung 88
  Die Brücke Bibliothek - Laboratorium 89
  Das Verhältnis zu den Datenbanken 91
  Der Landolt-Börnstein auf CD-ROM 92
  Die Einbeziehung des Computers in die redaktionelle Arbeit................................... 93

9. Nach der Jahrtausendwende: Landolt-Börnstein Online 96

  Der Weg ins Internet 96
  Die Dokument-Struktur des Landolt-Börnstein Online 99
  Der Zugang zu den Dokumenten 99
  Direkte Suche über SpringerLink 99
  Suche über Substanz- und Eigenschafts-Verzeichnisse 100
  Suche über den elektronischen Katalog 101

10. Ausblick 103

Anhang 1: Liste aller Bände von 1883 bis 2007 105
Anhang 2: Liste aller Herausgeber und Autoren der 1. bis 6. Auflage 140
Anhang 3: Liste aller Herausgeber und Autoren der Neuen Serie 145
Anhang 4: Landolt-Börnstein Online: User Guide 158
Anhang 5: Literatur- und Bildnachweise 167

1. Die Vorgeschichte

Der Vertrag

Am 28. Juli 1882 schlossen die Professoren an der Landwirtschaftlichen Hochschule in Berlin Dr. Hans Landolt und Dr. Richard Börnstein mit dem Verleger Ferdinand Springer den folgenden Vertrag ab:

Verlags-Vertrag

Zwischen den Herren Geheimrath Professor Dr. Landolt und Professor Dr. Börnstein einerseits und der Verlagsbuchhandlung von Julius Springer andererseits ist nachstehender Verlagsvertrag verabredet und abgeschlossen worden, dessen Rechte und Pflichten auch auf die Rechtsnachfolger beider Theile übergehen sollen.

§1.

Die Herren Geheimrath Professor Dr. Landolt und Professor Dr. Börnstein geben das von ihnen gemeinsam veranlaßte Werk: "Physikalisch chemische Tabellen" Herrn Julius Springer in Verlag.

§2.

Herr Julius Springer übernimmt sofort nach Empfang des vollständigen, druckfertigen Manuskriptes die Drucklegung auf seine Kosten und wird für eine exakte Herstellung sowie eine gute, zweckentsprechende Ausstattung, festen Einband der zu bindenden Exemplare besorgt sein. Die erste Auflage wird in 1,250 Exemplaren hergestellt.

§3.

Unmittelbar nach Fertigstellung erhalten die beiden Herren Verfasser zusammen ein Honorar von Mark: 60 für den Druckbogen zu 16 Seiten.

§4.

Die Verfasser erhalten je 10 Freiexemplare. Außerdem sind noch "im Auftrage der Verfasser von der Verlagsbuchhandlung" eine Anzahl von Exemplaren an Persönlichkeiten zu übersenden, welche von den Verfassern bezeichnet werden. Die Anzahl dieser letzteren Exemplare darf bis zu 50 betragen.

§5.

Neue Auflagen werden mit je 80 Mark per Bogen für je 2000 Exemplare honorirt.

Hiermit einverstanden haben beide Theile diesen dreifach ausgefertigten Contract gegenseitig unterzeichnet und ausgetauscht.

Berlin den 28ten Juli 1882.

Gez.   H. Landolt   R. Börnstein   Julius Springer

Eine Besonderheit fällt sogleich auf: Ferdinand Springer unterzeichnet mit "Julius Springer", dem Namen seines fünf Jahre vorher verstorbenen Vaters. Und nicht nur das – in §2 wird der Verlag mit dem Verlagsgründer gleichgesetzt. Nicht "der Verlag" übernimmt die Drucklegung, sondern "Herr Julius Springer". Diese Formulierung wird bis in die 20er Jahre des letzten Jahrhunderts fortgesetzt. Auch in der dritten Generation der Familie des Gründers Julius Springer werden Geschäftsbriefe mit den Firmennamen gezeichnet und dies nicht nur von den Teilhabern, seinen Söhnen und Enkeln, sondern auch von Prokuristen.

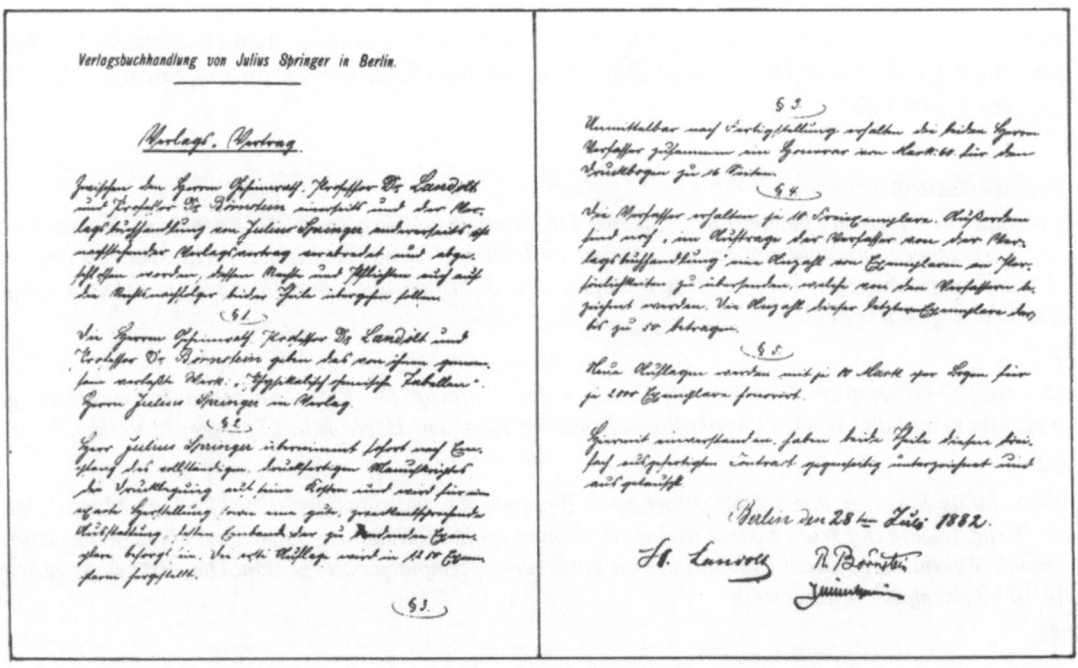

Der Verlagsvertrag zwischen der Verlagsbuchhandlung Julius Springer und den Professoren Hans Landolt und Richard Börnstein

Wer waren die Beteiligten dieses Vertragsabschlusses, wie kam es zu diesem Projekt, was bedeutete gerade der Springer-Verlag für die Publikation wissenschaftlicher Bücher im letzten Drittel des 19. Jahrhunderts? Kurz – was war die Vorgeschichte des so erfolgreichen "Landolt-Börnstein"?

Julius Springer

Julius Springer wurde am 10. Mai 1817 als Sohn des Kaufmanns Isidor Springer und seiner Ehefrau Marianne geb. Friedlaender in Berlin geboren.

Seine Mutter starb an Kindbettfieber, sein Vater starb, als der Sohn 19 Jahre alt war. So wuchs Julius Springer ohne Elternhaus auf. Mit drei Jahren kam er in ein Internat, mit zwölf Jahren wechselte er auf ein Gymnasium, mit fünfzehn Jahren schloss er mit der Untersekundareife ab und begann in einer Berliner Buchhandlung mit der Lehre.

Julius Springer (10.5.1817 bis 17.4.1877)

Im Alter von 25 Jahren eröffnete Julius Springer eine Sortimentsbuchhandlung, die er wenige Jahre später durch einen Verlag zur "Verlagsbuchhandlung von Julius Springer" erweiterte.

Das Bild zeigt ihn zwei Jahre nach Gründung seiner Buchhandlung, also im Alter von 27 Jahren

Buchhändler war in der ersten Hälfte des 19. Jahrhunderts ein erfolgversprechender Beruf. Die jährliche Buchproduktion in Deutschland war von 4 505 Titeln im Jahr 1821 auf 14 039 Titel im Jahr 1843 gestiegen. Die Zahl der Buchhandlungen in Berlin wuchs von 80 im Jahr 1831 auf 127 im Jahr 1844 und auf 195 im Jahr 1855.

Leipzig mit seiner Buchmesse war das Zentrum des deutschen Buchhandels. 1825 wurde dort der Börsenverein des Deutschen Buchhandels gegründet. Zu den Gründern gehörte unter anderen Friedrich Christoph Perthes, Schwiegersohn von Matthias Claudius und Buchhändler in Gotha. Mitglieder des Börsenvereins waren Buchhändler aus Deutschland und anderen deutschsprachigen Ländern. Zu seinen Zielen gehörte der Kampf gegen die Zensur, die Regelung des Urheberrechts und die Einführung fester Ladenpreise.

War Julius Springer schon in seiner Schulzeit durch besondere Leistungen aufgefallen, so war er auch als Lehrling und Gehilfe erfolgreich. Der Lehre schlossen sich buchhändlerische Wanderjahre an. Es waren echte Wanderjahre: Zu seiner erste Stelle in der Schweiz brach er Anfang März 1836 auf und wanderte zu Fuß über Frankfurt, Heidelberg und Straßburg nach Zürich, wo er Mitte April ankam.

Nach zwei Jahren in Zürich wechselte er für ein Jahr nach Stuttgart, wo der Gedanke reifte, sich als Buchhändler selbständig zu machen. Um weitere Erfahrungen zu sammeln, besuchte er für einige Wochen Lausanne und Genf, ging dann für ein halbes Jahr nach Paris, um im Winter 1839/40 endgültig nach Berlin zurückzukehren.

In Berlin nahm er nochmals eine Stellung in einer Buchhandlung an, aber nur um seine Absicht vorzubereiten, ein eigenes Unternehmen zu gründen. Julius Springer war nun 23 Jahre alt, hatte Erfahrungen in seinem Beruf nicht nur in Berlin, sondern auch in Süddeutschland, in der Schweiz und in Frankreich gesammelt. Er hatte also Kenntnisse, die für eine Geschäftsgründung vorteilhaft waren. Dazu kam ein für sein Alter erstaunliches Selbstbewusstsein. Er schreibt in einem Brief: "Ich hoffe, dass meine eigene Firma sich bald im Buchhandel Geltung verschaffen wird. Ich habe daher nochmals alle Verhältnisse genau und aufs sorgfältigste erwogen. ... Ich bin mir meiner Fähigkeiten und meiner Tätigkeit bewußt, ich kenne den hiesigen Platz genau bis in seine kleinsten Details, ich habe eine mehr als ausreichende Bekanntschaft; an Kredit im Buchhandel wird es mir nicht fehlen."

Dann war es so weit. Julius Springer eröffnete seine Buchhandlung am 10. Mai 1842, seinem 25. Geburtstag. Sein Geschäft war eine Sortimentsbuchhandlung, die er dem Publikum als "Buchhandlung für in- und ausländische Literatur mit einem Lager von gebundenen und ungebundenen Büchern in allen Fächern und Sprachen, sowie Landkarten und Atlassen" bestens empfahl.

Zunächst war nicht abzusehen, in welche Richtung sich das Sortiment dieser Buchhandlung spezialisieren würde. Wenn Springer auch zunächst Bücher aller Art bereit hielt, so richtete er sich doch mehr und mehr nach den Wünschen der Kunden.

Es bestand im Berliner Schlossviertel, wo Springer seinen Laden hatte, offensichtlich ein besonderes Interesse an Flugschriften politischen, philosophischen und theologischen Inhalts. So wurde Politik, Philosophie und Theologie das erste Sonderinteresse seines Sortiments. Es folgten Landwirtschaft und Forstwesen, in kleinerem Umfang auch Naturwissenschaften. Hinzu kamen bald Pädagogik und Jurisprudenz.

Sein Sortiment erweiterte Springer schon 1843 durch Kommissionsgeschäfte, d.h. durch den Zwischenhandel zwischen den Buchproduzenten und einzelnen Sortimentsbuchhandlungen. Zwischen 1843 und 1857 versorgte Julius Springer als Kommissionär bis zu 30 Firmen im nordostdeutschen Raum.

Die Verlagsbuchhandlung Julius Springer

Die Erfolge stellten sich schnell ein. Springer ging deshalb schon wenige Jahre nach Eröffnung seiner Buchhandlung noch einen entscheidenden Schritt weiter: Er gründete einen Verlag, d.h. er lieferte nicht nur aus seinem Sortiment Bücher an seine Kunden, sondern er druckte zusätzlich selbst Bücher.

Es ist hier nicht die Stelle, die Geschichte des neu gegründeten "Verlag von Julius Springer" zu verfolgen. Wichtig ist allein die Frage: Bewegte sich der Verlag schon damals auf seine spätere Stellung als einer der führenden wissenschaftlichen Verlage zu, auf eine Stellung, die es den Herren Landolt und Börnstein nahelegte, sich mit ihrem Vorhaben der Publikation eines physikalisch-chemischen Tabellenwerkes gerade an diesen Verlag zu wenden?

Zunächst bewegte sich der Verlag in eine andere Richtung. Zu den ersten Veröffentlichungen gehörten politische Schriften. Auch Einzelblätter mit Karikaturen wurden gedruckt. Eine politische Zeitschrift wurde gegründet; sie musste allerdings schnell wegen Schwierigkeiten mit der Zensur wieder eingestellt werden. Auch bei Büchern gab es Schwierigkeiten. Wegen eines vom Zensor beanstandeten Buches "Das Preußentum und die hohenzollernsche Politik" musste Springer 1850 für acht Tage in das Stadtgefängnis.

Diese Strafe war nicht die erste Folge seines mutigen Eintretens für seine politischen Ideen. Schon 1847 wurde der Verleger wegen "des frechen unehrerbietigen Tadels preußischer Landesgesetze" zu einer dreimonatigen Festungshaft verurteilt. Julius Springer brauchte die Strafe jedoch nicht abzusitzen. Das Urteil fiel kurz nach seiner Verkündung unter eine Amnestie.

Einen wesentlichen Schritt für den Verlag war die Gewinnung bekannter Persönlichkeiten als Autoren. So verlegte Springer unter anderen die Werke von Jeremias Gotthelf. Bekannt wurde der Verlag auch mit Jugendschriften. Harriet Beecher Stowes "Onkel Toms Hütte" brachte Geld ein. Im Großen und Ganzen blieb aber der Verlag mit der schöngeistigen Literatur relativ erfolglos.

Deshalb begann der Verlag sich langsam in eine Richtung zu entwickeln, der er dann auf Dauer treu blieb. Themen, die in den Vordergrund traten, waren die Probleme des Gemeinwesens und der öffentlichen Angelegenheiten. Dazu gehörte nach wie vor die Politik. Von da aus war es dann nur ein kleiner Schritt zu Themen aus Wirtschaft, Handel, Verkehr und sozialen Fragen. Und von dort aus war es nicht mehr weit zu der damals in stürmischer Entwicklung befindlichen Technik.

Einige Titel mögen das Vortasten in die technisch-naturwissenschaftliche Richtung verdeutlichen: "Chemisch-technische Mittheilungen" (seit 1849), "Die Fabrication des Papiers" (Autor: L. Müller, 1849), "Lehrbuch der Chemie" (ebenfalls L. Müller, 1850), "Forst- und Jagdkalender für Preußen" (Herausgeber F. W. Schneider, seit 1851), "Kurze Darstellung der an den preußischen Telegraphenlinien mit unterirdischen Leitungen gemachten Erfahrungen" (1851 in deutscher und französischer Ausgabe). Der Autor des letztgenannten Werkes war Werner von Siemens. Mit der Verpflichtung dieses Mannes war der Verlag von Julius Springer dort angekommen, wo seine künftige Bestimmung lag.

Der Verlag hatte sich nun stabilisiert und stand auf eigenen Füßen. Buchhandlung, Kommissionsgeschäft und Verlag waren auf die Dauer zu große Belastungen für Julius Springer. Man darf sich einen damaligen Verlag nicht so vorstellen, wie man das heutige Verlagswesen kennt. Noch drei Jahrzehnte nach seiner Gründung hatte der Verlag neben den beiden Inhabern Julius und Ferdinand Springer nur vier Angestellte, einen Gehilfen, einen Fakturisten, einen Lehrling und einen Packer! Der Verlag war am Montbijou-Platz in wenigen Räumen untergebracht. Alle Satz-, Druck- und Bindearbeiten wurden an entsprechende Betriebe vergeben. Die eigentliche Verlagsarbeit, die Werbung geeigneter Autoren, die Sichtung der Manuskripte, die Korrespondenz, die Anzeigen – alles dies war noch "Chefsache".

Damit war Julius Springer überlastet. Er verkaufte deshalb die Buchhandlung am 1. Januar 1858 und widmete sich künftig ganz dem Verlag.

Doch andere Belastungen kamen hinzu. Sein politisches Interesse und die Zugehörigkeit zur Fortschrittspartei führten dazu, dass Springer viele Jahre Abgeordneter im Berliner Stadtrat war (1848-1851, 1869-1876). Die Bedeutung, die er mit seinem Verlag im Laufe der Jahrzehnte gewonnen hatte, hatte auch in seinem Berufsfeld Konsequenzen. Ehrenämter im Leipziger Börsenverein kosteten Zeit und Arbeitskraft, besonders die vier Jahre seiner Amtszeit als Vorsteher des Börsenvereins.

Trotz all diesen Belastungen wuchs die Bedeutung des Verlags. Forstwirtschaft und Landwirtschaft kamen als neue Themen hinzu, insbesondere – als weiterer Schritt in Richtung der Naturwissenschaften – die Pharmazie. Schulbücher wurden herausgegeben.

Julius Springer um 1875

In den fast 35 Jahren seit der Gründung hatte Julius Springer seinen Verlag zu einem der angesehendsten Verlage Deutschlands gemacht. Er hatte daneben als Berliner Stadtverordneter, als Vorsteher des Börsenvereins des Deutschen Buchhandels und in zahlreichen anderen Ehrenämtern öffentliche Aufgaben übernommen und sich dadurch große Verdienste erworben.

Im Jahre 1877 starb Julius Springer unerwartet früh. Sein Sohn Ferdinand, den er schon sechs Jahre vorher als Teilhaber in den Verlag aufgenommen hatte, übernahm seine Nachfolge.

Aber bei allem Änderungen wurden doch zunächst noch die alten Gebiete beibehalten, auf denen der Verlag bekannt war. Theodor Fontane ließ ein Buch bei Springer drucken. Die Reihe der Jugendbücher erstreckte sich noch 1866 von Welterfolgen wie Coopers "Lederstrumpf", Scotts "Ivanhoe" bis zu Trivialliteratur wie "Erzählungen für Kinder von 2 - 7 Jahren (Moralische Erzählungen, Erzählungen aus der Bibel, mit großem Takte in Wahl und Behandlung des Stoffes und der Sprache zusammengestellt)" oder "Memoiren eines sechzehnjährigen Mädchens".

Im Jahr 1871 nahm der nunmehr 54-jährige Julius Springer seinen 28-jährigen Sohn Ferdinand in den Verlag auf und machte ihn schon ein Jahr später zum Teilhaber.

Ferdinand Springer

Ferdinand Springer war der älteste von den drei Söhnen, die Julius Springer aufwachsen sah. Von seinen zehn Kindern waren sieben jung an Diphterie gestorben. Ferdinand wurde 1846 geboren, Fritz 1850 und Ernst 1860.

Ferdinand war von Jugend auf für den Verlag bestimmt. Nach dem Schulabschluss begann er 1864 eine Buchhändlerlehre, ging dann in die Schweiz, kam 1870 zurück und nahm am Feldzug 1870/71 teil. Im Frühjahr 1871 trat er in den Verlag ein, wo ihn sein Vater nach wenigen Monaten zum Teilhaber machte.

Julius Springer mit seinen Söhnen Ferdinand (links) und Fritz (Mitte), die den Verlag nach dem Tod ihres Vaters gemeinsam führten.

Alle drei waren begeisterte Schachspieler. Von dieser Leidenschaft rührt auch das Springer-Signet gekrönt von der Schachfigur des Springers her.

Das Springer-Signet 1882

Zuständig für die Herstellung entlastete Ferdinand seinen Vater wesentlich, wenn dieser sich auch die Verantwortung für die finanzielle Seite vorbehielt. Vor allem konnten Vater und Sohn jetzt gemeinsam planen und Programmschwerpunkte bilden. Der Bereich Technik, Biologie und Medizin wuchs schnell, während das bisherige Schwergewicht in Politik und Jurisprudenz zurückging. Die Produktion stieg in den folgenden Jahren um 25%.

Sechs Jahre nach dem Eintritt Ferdinand Springers in den Verlag starb sein Vater unerwartet an einem Magenleiden. Die Verantwortung für den Verlag lag von da ab allein bei Ferdinand Springer. Eine seiner ersten Maßnahmen war, seinen Bruder Fritz in den Verlag zu holen. Fritz war Ingenieur geworden und auf Grund dieser Ausbildung prädestiniert, den Bereich Technik zu übernehmen und weiter zu entwickeln.

Die Jahre um 1880 waren Jahre stürmischer technischer Entwicklung. War die Konjunktur Mitte der 70er Jahre noch eingebrochen, so gab vor allem die fortschreitende Elektrifizierung neue Impulse, von denen die Naturwissenschaften, Industrie und Handel, aber auch die wissenschaftlichen Verlage profitierten. Die Nachfrage nach wissenschaftlicher Literatur wuchs.

Der Springer-Verlag wuchs überproportional. Die Brüder mussten neues Personal einstellen, um die steigende Nachfrage nach wissenschaftlich-technischen Büchern und Zeitschriften befriedigen zu können. Allein zwischen 1880 und 1882 vervierfachte sich die Zahl der herausgegebenen Zeitschriften.

Wichtige Schritte waren die Gründung der "Elektrotechnischen Zeitschrift" im Jahr 1880 und die Übernahme der "Zeitschrift des Vereines Deutscher Ingenieure" im Jahr 1882. Es waren die Jahre 1881/82, in denen das erste Elektrizitätswerk in Berlin eröffnet wurde, die erste elektrische Straßenbahn in Groß-Lichterfelde dem Publikumsverkehr übergeben wurde, von der Firma Siemens & Halske die erste größere Straßenbeleuchtung am Potsdamer Platz und in der Leipziger Straße in Betrieb genommen wurde. Werner von Siemens und Rudolf Diesel konnten als Autoren an den Verlag gebunden werden.

Auch in anderen Naturwissenschaften war Springer präsent. So erschien seit 1878 die "Zeitschrift für die Chemische Industrie", die später in die "Zeitschrift für anorganische Chemie" überging. Hiermit und mit der Herausgabe chemischer Monographien wurde Springer in der chemischen Industrie bekannt.

Im Bereich der Physik wurde der Verlag zunächst bekannt durch die Herausgabe der Übersetzungen englischer Fachliteratur (Maxwell, Faraday, Kelvin).

Der Springer-Verlag war also im Jahre 1882 im Bereich Technik und Naturwissenschaften – wie man heute sagt – "gut aufgestellt". So war es kein Wunder, dass sich in diesem Jahr zwei Professoren einer Berliner Hochschule, ein Chemiker und ein Meteorologe, an den Verlag wandten und eine Tabellensammlung anboten.

Hiermit wollen wir zunächst den Verlag verlassen und uns diesen Autoren zuwenden.

Hans Landolt

Hans Landolt wurde am 5. Dezember 1831 in Zürich geboren, wo sein Vater als Major und Stadtkassier tätig war. Frühzeitig an der Chemie interessiert, studierte er drei Jahre dieses Fach an der Zürcher Universität, wo er besonders von dem Chemiker Prof. Löwig, dem Vater eines Schulfreundes, gefördert wurde. Schon während des Studiums veröffentlichte er unter der Leitung dieses Forschers zwei Arbeiten über das "Stilbmethyl" $Sb(CH_3)_3$. Als Löwig 1853 in die Nachfolge Robert Bunsens nach Breslau berufen wurde, nahm er Hans Landolt als Assistenten mit. Dort promovierte dieser bald mit einer Arbeit "Untersuchungen über die Arsenäthyle". Der Weg Landolts als organischer Chemiker war damit vorgezeichnet.

Den frisch promovierten Chemiker hielt es aber nicht in Breslau. Er ging im folgenden Jahr nach einem kurzen Zwischenaufenthalt in Berlin zu Bunsen nach Heidelberg. Dort kam er in einen Kreis junger Forscher, die sich um Bunsen versammelten. Zu ihnen gehörten Georg Hermann Quincke, Lothar Meyer, August von Kekulé und viele andere, denen er auch später freundschaftlich verbunden blieb. Zu Landolts Aufgaben gehörte unter anderem die Untersuchung der Verbrennungsgase einer von Bunsen konstruierten Lampe.

Landolt plante damals, sich in Zürich zu habilitieren. Als Löwig von dieser Absicht erfuhr, holte er ihn als Privatdozenten nach Breslau. Seine Heidelberger Arbeiten fasste Landolt in einer Habilitationsschrift "Über die Vorgänge in der Flamme des Leuchtgases" zusammen.

Doch auch in seiner zweiten Breslauer Zeit hielt es ihn nicht lange am Löwigschen Institut. Schon im Wintersemester 1857/58 sehen wir ihn als Extraordinarius für organische Chemie in Bonn.

Die Bonner Zeit sollte über zehn Jahre dauern. Wenige Jahre nach seiner Ankunft wurde er zum ordentlichen Professor ernannt und übernahm gemeinsam mit dem ebenfalls nach Bonn berufenen August Kekulé die Leitung eines großen, neu erbauten Instituts.

Hans Landolt (5.12.1831 - 1.3.1910)

Geboren in Zürich studierte Landolt an der dortigen Universität, promovierte in Breslau, wo er sich auch habilitierte. Nach Professuren in Bonn und Aachen wurde er an die Landwirtschaftliche Hochschule in Berlin berufen, von dort später an die Berliner Universität als Leiter des II. Chemischen Instituts.

Landolt gilt als einer der Väter der Physikalischen Chemie.

Mit den größeren Verpflichtungen in der Lehre weitete sich auch sein Interesse auf anorganische und analytische Themen aus. Entscheidend für sein weiteres wissenschaftliches Leben war aber die Hinwendung zu optischen Methoden. Das Generalthema der folgenden Jahre war die Untersuchung "des Zusammenhangs zwischen den chemischen Eigenschaften der Stoffe und ihres Vermögens, das Licht zu brechen".

Mit dieser Hinwendung zu der Beziehung zwischen der chemischen Konstitution eines Körpers und dessen optischen (also physikalischen) Eigenschaften wurde Landolt zu einem der ersten physikalischen Chemiker und gelangte in diesem neuen Grenzgebiet zwischen zwei etablierten Naturwissenschaften zu internationalem Ruf.

Den Bonner Jahren folgte ab 1869 ein weiteres Jahrzehnt als Professor für anorganische und organische Chemie am rheinisch-westfälischen Polytechnikum in Aachen. Dort erweiterte er seine Untersuchungen auf den Schwerpunkt "optisches Drehungsvermögen", Untersuchungen, die er in einem 1879 in erster Auflage erschienenen Buch "Das optische Drehungsvermögen organischer Substanzen und dessen praktische Anwendung" zusammenfasste. Wie erfolgreich und umfangreich dieses Gebiet wurde, sieht man daran, dass die 1898 erschienene 2. Auflage über 600 Seiten umfasste.

Viel Zeit investierte Landolt in diesen Jahren in die Ausarbeitung chemischer Vorlesungsversuche. Da das Experimentieren in Vorlesungen damals noch eine Seltenheit war, erhielten seine Vorlesungen einen großen Zulauf.

Das Gebäude der im Jahr 1881 neu gegründeten Landwirtschaft-lichen Hochschule in Berlin.

An dieser Hochschule waren Hans Landolt und Richard Börnstein als Professoren für Chemie bzw. Phy-sik tätig, als sie ihre "Physika-lisch-chemischen Tabellen" veröffentlichten.

Das Schriftenverzeichnis Landolts in diesen Jahren umfasst unter anderen auch Publikationen, die von praktischer Bedeutung in der Zuckerindustrie waren. Man findet schon 1867 Titel, wie "Bericht über die chemischen Analysen, welche bei der auf Veranlassung des Kgl. Preußischen Ministeriums für Handel etc. im Herbst 1866 angestellten Raffinierungsversuchen mit Rüben-Rohrzucker ausgeführt worden sind" (publiziert in den "Verhandlungen des Vereins für Gewerbefleiß in Preußen"), "Über die Analyse der Rohrzucker und Sirupe", "Über Polarisationssaccharimeter und die Analyse der Rohrzucker und Melassen".

Diese Arbeiten bekamen für Landolt eine entscheidende Bedeutung. Denn er wurde im Jahr 1880 auf Betreiben des Direktoriums des Vereins der Deutschen Zuckerindustrie vom preußischen Ministerium für Landwirtschaft an die neu gegründete Landwirtschaftliche Hochschule in Berlin berufen. In Berlin fand Landolt für seine Forschung ausgezeichnete Verhältnisse vor. Geld war genug vorhanden, da sein Institut nicht nur vom Staat unterhalten wurde, sondern ihm auch noch das Vereinslaboratorium der Zuckerindustriellen angegliedert war.

Einige Worte zur Landwirtschaftlichen Hochschule Berlin:

Mitte der 1860er Jahre ließ der damalige Minister für Landwirtschaft Graf von Itzenplitz in Berlin ein landwirtschaftliches Institut errichten, welches dem Ministerium unterstand und der

Universität angegliedert war. Es wurde zunächst in einem Stock eines Privathauses untergebracht. Im Jahr 1881 wurde dieses Institut mit einem 1867 gegründeten landwirtschaftlichen Museum und mit Teilen der damals aufgelösten landwirtschaftlichen Akademien in Möglin, Eldena und Proskau unter dem Namen Königliche Landwirtschaftliche Hochschule zusammengefasst. Für diese Hochschule, sowie für die Preußische Bergakademie und Geologische Landesanstalt und für das Museum für Naturkunde wurde ein dreiteiliges Gebäude auf dem Gelände der ehemaligen Königlichen Eisengießerei vor dem Neuen Tor (Oranienburger Vorstadt, Invalidenstraße) errichtet. Zahlreiche Professoren wurden berufen oder von den aufgelösten landwirtschaftlichen Akademien übernommen. Zu letzteren gehörte, wie wir im Weiteren sehen werden, der Physiker Richard Börnstein, der von Proskau nach Berlin kam.

Die Landwirtschaftliche Hochschule wurde 1937 zusammen mit der Veterinärmedizinischen Hochschule als Fakultät der Friedrich-Wilhelms-Universität angegliedert, gehört heute also zur Humboldt-Universität.

Kehren wir zu Hans Landolt zurück. Offensichtlich war er einer der ältesten und angesehendsten neu berufenen Professoren. Denn er wurde sogleich zum ersten Rektor gewählt, in ein Amt, das er zwei Jahre innehatte. Dies betrifft besonders unser Thema: Denn während seinem Rektorat 1881 bis 1883, während der Zeit des Aufbaus seines neuen Instituts in Berlin entstand die erste Auflage des "Landolt-Börnstein". Hiermit werden wir uns in Kürze zu beschäftigen haben.

Zunächst zum weiteren Lebensweg Landolts. Zusätzlich zu allen diesen Belastungen der ersten Berliner Jahre gründet er ein weiteres Projekt: die "Zeitschrift für Instrumentenkunde". Treibende Kraft war ein Reg.Rat Dr. Loewenherz vom Normal-Eichamt. (Den Namen Loewenherz werden wir später wiederfinden bei den Physikern, die schon an der ersten Auflage der "Physikalisch-chemischen Tabellen" mitarbeiteten.)

Auch seine optischen Untersuchungen nimmt Landolt sofort nach seiner Übersiedlung nach Berlin wieder auf. Studien über die Molekularrefraktion flüssiger organischer Verbindungen werden durchgeführt. Eine Untersuchung der bekannten Lorentz-Lorenz-Formel folgt.

1882 wird Landolt in die Kgl. Preußische Akademie der Wissenschaften aufgenommen. Der Einfluss elektrischer Ströme auf Zuckerlösungen wird untersucht. Bekannt und in Vorlesungen oft gezeigt wurde "die Zeitdauer der Reaktion zwischen Jodsäure und schwefliger Säure, bei der nach einer genau bestimmbaren Zeit eine plötzliche Blaufärbung auftritt".

Es ist hier nicht der Ort, alle weiteren Forschungsfelder Landolts zu schildern, zumal eine sehr ausführliche Würdigung seines Lebens durch seinen Schüler P. Přibram vorliegt (Berichte der Deutschen Chemischen Gesellschaft, Jahrgang XXXXIV, 1910, 3336 – 3394).

Im Jahr 1887 lehnt er einen Ruf auf ein Ordinariat für physikalische Chemie in Leipzig ab. Hierzu gibt es eine Schilderung Landolts in einem Brief an einen Freund. Zur Feier der Ablehnung wurde er zu einem Essen geladen, von dem er annahm, es fände in einem kleinen Kreis statt. Zu seiner Überraschung wurde der ganze Vorstand der Chemischen Gesellschaft und die ganze Akademie der Wissenschaften geladen. Es heißt in diesem Brief:

"Ich ging herum wie ein brüllender Löwe, denn nun musste ich eine große Rede vorbereiten, was mir das entsetzlichste auf Erden ist. Ich dachte schon daran, mich an diesem Tage gelinde zu vergiften, um mich krank melden zu können. Stets habe ich in meinem Leben über diejenigen gespottet, welche sich feiern lassen. Und nun fiel ich selbst so dumm in die Grube. Es ging aber doch dann glücklich vorbei, das Essen war wenigstens gut, ob die Reden auch, will ich nicht beurteilen. Soviel weiß ich aber doch, daß ich mich zu einer Feier niemals mehr hergebe, es ist ein unbeschreiblich unangenehmes Gefühl. Diejenigen Menschen, denen das Freude macht, müssen ein unglaublich dickes Fell haben".

Skizzieren wir noch kurz den weiteren Lebensweg Landolts:

1891 wird Landolt an die Berliner Universität berufen und zum Direktor des II. Chemischen Institutes ernannt.

1898 erscheint eine zweite Auflage seines Buches über das optische Drehvermögen organischer Substanzen.

Im gleichen Jahr erscheint eine weitere größere Arbeit. In der 3. Auflage eines damals sehr bekannten Lehrbuches der Chemie von Graham und Otto übernimmt er als Herausgeber den Abschnitt "Beziehungen zwischen physikalischen Eigenschaften und chemischer Zusammensetzung der Körper", den er mit acht Mitarbeitern in einem umfangreichen Band publiziert.

Sein Institut wächst in diesen Jahren weiter. Zahlreiche Schüler und Assistenten arbeiten auf den verschiedensten Gebieten der physikalischen Chemie. Landolt selbst beschäftigt sich seit 1890 bis zum Ende seiner Lehr- und Forschungstätigkeit fast ausschließlich mit einem neuen Problem, das aus heutiger Sicht leicht skurril aussieht, bei dem damaligen Stand der Chemie aber wohl ein notwendiger Schritt war:

Nach einer schon 1815 von Proust aufgestellten Hypothese sollten alle Elemente auf einen Urstoff, nach Proustscher Annahme den Wasserstoff, zurückzuführen sein. Bei Richtigkeit diese Hypothese mussten die Atomgewichte der Elemente rationelle Vielfache des Atomgewichts des Wasserstoffs sein - im Widerspruch zu den experimentellen Ergebnissen.

Als eine der Erklärungsmöglichkeiten wurde vorgeschlagen, dass die Atome nicht nur "Teilchen der Urmaterie" enthielten, sondern auch "größere oder geringere Mengen des nicht gewichtslosen Weltäthers". Dies wiederum führte zu der Möglichkeit, dass bei chemischen Umsetzungen gewisse Mengen des Weltäthers ein- oder austreten.

Dieser Fragestellung, der Möglichkeit der "Änderungen des Gesamtgewichtes chemisch sich umsetzender Körper" widmet sich Landolt ab 1890 für siebzehn Jahre. Ständig wurden die Waagen verbessert, alle möglichen Messfehler analysiert und ausgeschaltet. Allein 27 700 von Landolt persönlich durchgeführte Wägungen sind dokumentiert. 1907 kann Landolt feststellen, dass keine Gewichtsänderungen nachgewiesen werden konnten.

In seinen letzten Lebensjahren war Landolt von Krankheiten gezeichnet. Seinen wechselnden Gesundheitszustand misst er in Briefen an der Anzahl der Zigarren, die ihm täglich schmecken auf einer Skala, die von 0 bis 10 reicht.

Im Jahr 1905 lässt er sich von seinen Vorlesungsverpflichtungen entbinden. Am 15. März 1910 stirbt Hans Landolt im Alter von achtzig Jahren.

Richard Börnstein

In der Beschreibung des Lebens Richard Börnsteins folgen wir eng dem Nachruf, den F. Linke im Jahr 1913 in der Meteorologischen Zeitschrift (Bd. 30, 347 – 349) veröffentlichte.

Richard Börnstein wurde im Januar 1852 geboren, war also zwanzig Jahre jünger als Hans Landolt. Sein Vater war Kaufmann in Königsberg.

In Königsberg besuchte er das alt-städtische Gymnasium, das er, erst siebzehnjährig, mit dem Zeugnis der Reife verließ. Schon auf der Schule hatte einer seiner Lehrer seine Befähigung erkannt und ihn für die Naturwissenschaften zu interessieren gewusst. Er studierte dann in Heidelberg bei Kirchhoff, Bunsen, Königsberger, vom Jahre 1870 an in Göttingen bei Klebsch, Wilhelm Weber, Felix Klein u. a., und promovierte schon mit 20 Jahren in Göttingen, obgleich er im deutsch-französischen Kriege als 18-jähriger Freiwilliger ins Feld gezogen und vor Metz am Typhus erkrankt war.

Einige Jahre arbeitete Börnstein dann bei Neumann in Königsberg und bei G. Wiedemann in Leipzig und habilitierte sich als Assistent Quinkes im Jahre 1877 in Heidelberg. Seine Habilitationsschrift behandelte das Thema „Der Einfluss des Lichtes auf den elektrischen Leitungswiderstand an Metallen".

Schon im nächsten Jahr, 1878, bekam Börnstein einen Ruf an die landwirtschaftliche Akademie in Proskau als Nachfolger von Pape. Und als die Akademie 1881 als Landwirtschaftliche Hochschule nach Berlin übersiedelte, verlegte er seinen Wohnsitz endgültig nach Berlin, wo er – wie er gerne erzählte – mit drei Hörern und einem „halben Diener" (in dessen Dienst er sich nämlich mit einem Kollegen teilen musste) seine Tätigkeit begann.

Im Laufe der Zeit hat er dann aber sein Institut zu immer größerer Vollkommenheit gebracht, und zwar vermöge seiner praktischen Veranlagung und seiner technischen Fertigkeit mit verhältnismäßig kleinen Mitteln. Nach 20 Jahren waren seine Kollegs von mehreren hundert Studenten besucht, so dass der große Hörsaal der Hochschule nicht mehr ausreichte. Allerdings hatte Börnstein mittlerweile auch den Physikunterricht für die tierärztliche Hochschule und die Bergakademie übernommen, ja in den letzten Jahren hatte er seine Tätigkeit sogar auf die Friedrich-Wilhelm-Universität ausgedehnt, an der er sich als Privatdozent habilitierte.

Dieser Vergrößerung seines Wirkungskreises entsprach das ehemalige physikalische Kabinett mit seinen drei Räumen längst nicht mehr, und es war ihm daher eine große Genugtuung, dass er in den Jahren 1907 bis 1909 ein allen Anforderungen entsprechendes großes physikalisches Institut erbauen konnte, in dem für drei Assistenten und viele Praktikanten Platz war. Den Bau dieses Instituts plante und leitete er mit so viel Überlegung und Hingabe, und er erhoffte von ihm mit jugendlichem Tatendrang so viel neue wissenschaftliche Erfolge, dass sein überschneller Abschied von diesem Institut jeden schmerzlich berühren muss, dem er – mit berechtigtem Stolze – sein Institut gezeigt hat.

Obgleich Börnstein Professor der Physik war, so sind doch seine rein physikalischen Forschungen nicht sehr zahlreich. Er selbst pflegte das damit zu erklären, dass er in Proskau auf viele Meilen im Umkreis der einzige Physiker gewesen sei und es ihm dadurch an den nötigen Anregungen gefehlt hätte. Sein Interesse war vielmehr schon früh auf die Meteorologie gerichtet, was seiner Lehrtätigkeit vor Landwirten auch durchaus entsprach. Er richtete an der

Hochschule eine meteorologische Station erster Ordnung mit sämtlichen Registrierapparaten ein. Er erfand auch selbst einige Apparate, wie z. B. einen Winddruckmesser (1883), verbesserte die Regenmesseraufstellung (1884) und gab seinen Assistenten reichliche Gelegenheit, selbständig neue Apparate zu bauen. Seine theoretischen Untersuchungen aus der Meteorologie behandelten den oft bestrittenen Mondeinfluss auf den Luftdruck, die Niederschlagsverhältnisse in Berlin (1897), Temperatur- und Luftdruckverhältnisse Berlins auf Grund der langjährigen, fast lückenlosen Registrierungen seines Instituts.

Richard Börnstein (9.1.1852 - 13.5.1913)

Börnstein wuchs in Königsberg auf, studierte in Heidelberg und Göttingen, wo er auch promovierte. Schon mit 26 Jahren bekam er einen Ruf als Physiker an die Landwirtschaftliche Hochschule Proskau, die drei Jahre später nach Berlin verlegt wurde.

Richard Börnstein blieb bis zu seinem Tod an der Landwirtschaftlichen Hochschule, wechselte aber sein wissenschaftliches Interesse von der Physik zur Meteorologie. In diesem damals noch jungen Fach erwarb er bleibende Verdienste.

Schon frühzeitig, nämlich im Jahre 1882, trat Börnstein für die Wetterprognose ein, indem er einige wissenschaftliche, populäre und Propagandaschriften über den Wert der Wetterprognose schrieb. Diese Tätigkeit setzte er von 1900 an in erhöhtem Maße fort und trat mit seinem Leitfaden der Wetterkunde an die Öffentlichkeit, der gerade an dem Tage seines Todes in dritter Auflage erschien. Wenn dieser Tätigkeit sehr bald die Einrichtung des öffentlichen Wetterdienstes – zuerst probeweise in Brandenburg, dann in ganz Norddeutschland – folgte und gerade das Königlich Preußische Landwirtschaftsministerium sich dazu bereit erklärte, so lässt sich das mit Sicherheit auf den Einfluss Börnsteins zurückführen. Ihm sind auch zweckmäßige Einzelheiten der Organisation des Wetterdienstes zuzuschreiben, insbesondere der Nachdruck, der von vornherein auf eine möglichst große und schnelle Verbreitung der Wetterkarte gelegt wurde. Börnstein vertrat den Grundsatz: Jeder soll sein eigener Wetterprophet sein, und verstand darunter, dass jeder durch Anstellung lokaler Beobachtungen in Verbindung mit dem Studium der Wetterkarte imstande sein solle, sich selbst eine Wetterprognose zu machen, die dann, weil sie gewöhnlich für eine kürzere Zeit aufgestellt zu werden braucht und die lokalen Eigenheiten eines Ortes berücksichtigt, sicherer sein kann, als die von einer Zentralstelle für einen großen Bezirk aufgestellte Prognose.

Um 1900 war Börnstein Herausgeber der "Fortschritte der Physik", einer von der Physikalischen Gesellschaft zu Berlin getragenen Zeitschrift, in deren Schriftleitung auch der junge Karl Scheel tätig war, dessen Name mit den folgenden Auflagen des Landolt-Börnstein eng verbunden ist.

Als in den 90er Jahren unter Assmann, Süring, Berson, Gross und den übrigen Luftschiffern der alten Schule in Berlin die berühmte Reihe wissenschaftlicher Ballonfahrten nach einheitlichem Plane ausgeführt wurde, fiel Börnstein die Anstellung luftelektrischer Beobachtungen zu. Diese Wissenschaft befand sich damals in den ersten Anfängen. Bei Ballonfahrten waren nur von Wiener Physikern einige Messungen angestellt worden, die, weil die Ballons nur geringe Höhen erreichten, das unerwartete Resultat ergaben, dass das elektrische Feld der Erde mit der Höhe an Intensität zunahm. Börnsteins Verdienst war es, nachzuweisen, dass unter normalen Verhältnissen das Umgekehrte der Fall ist, und er berechnete daraus die in der Luft vorhandene freie räumliche Ladung. Bei diesen Ballonfahrten wurde das luftelektrische Instrumentarium erheblich verbessert. Auch später, nach Aufkommen der Ionentheorie, hat Börnstein sich an den luftelektrischen Forschungen beteiligt. Mit Rücksicht auf diese Untersuchungen gehörte er der luftelektrischen Kommission der kartellierten Akademien an.

Am 13. Mai 1913 starb Richard Börnstein unerwartet ohne jeden Vorboten einer Krankheit mit 61 Jahren.

2. Die erste Auflage (1883)

Das Erscheinen der ersten Auflage

Wann die ersten Kontakte zwischen den Herausgebern und der Verlag geknüpft wurden, läßt sich heute nicht mehr feststellen. Es wird wohl das Jahr 1880 gewesen sein. Aus dem Jahr 1881 sind jedenfalls Gespräche über das Aussehen der Tabellen bezeugt.

Aber erst im Frühjahr 1882 wurden konkrete Verhandlungen begonnen. Im Mai schrieb Ferdinand Springer an Hans Landolt den folgenden Brief, den wir unten als Faksimile abbilden:

26 Mai [1882]

Herrn Geheim-Rath Professor Dr. Landolt

Verehrter Herr! In Verfolg unserer neulichen Unterredung erlaube ich mir bei Ihnen anzufragen, ob Ihnen eine Abmachung convenieren würde, nach welcher für die "Chemisch-Physikalischen Tabellen" bei einem Auflass von 1250 - 1500 Exemplaren meinerseits ein Honorar von M 60 pro Bogen gezahlt würde. Lassen Sie mich Ihre Ansicht bald wissen, damit ich darauf Ihnen den Entwurf eines Verlagsvertrages vorlegen kann. – Soll der Vertrag nur zwischen Ihnen und mir, oder auch mit Herrn Prof. Dr. B. abgeschlossen werden?

Mit freundlichen Empfehlungen Ihr sehr ergebener Julius Springer

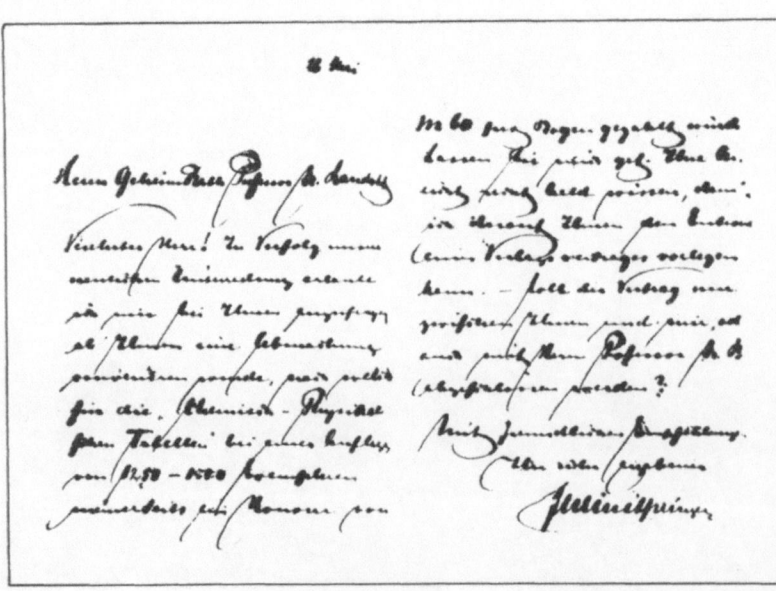

Einer der ersten noch erhaltenen Briefe Ferdinand Springers an Hans Landolt, in dem der Firmeninhaber um Landolts Einverständnis zur Honorarfestsetzung bittet.

An diesem Brief fällt nicht nur auf, dass der Chef des Verlags Ferdinand Springer selbst seine Korrespondenz führte (auf Briefe in der Handschrift eines Sekretärs und erst recht mit der Schreibmaschine geschriebene Briefe trifft man erst Jahrzehnte später). Auch die generelle Unterschrift "Julius Springer" für alle von der Firmenleitung unterzeichneten Verlagsbriefe findet man hier wieder.

Ein Einverständnis wurde rasch erzielt, denn zwei Monate später wurde der Vertrag unterzeichnet, den wir am Anfang des ersten Kapitels vorgestellt haben.

Nach Vertragsunterzeichnung dauert es noch fast ein Jahr, bis der erste Band der 1. Auflage erschien. Am 28. Juli 1882 wurde der Vertrag unterzeichnet. Genau ein Jahr später, am 28. Juli 1883 konnte Hans Landolt an Ferdinand Springer schreiben:

Berlin - Hindersin-Str. 2º, 28/7.83

Hochverehrter Herr!

Soeben erhielt ich das erste Exemplar des Buches u. war sehr erfreut, dasselbe in so hübscher Ausstattung zu erblicken. Dieselbe giebt mir zu gar keinen weiteren Wünschen Veranlassung, wohl aber dazu, Ihnen meinen besten Dank für das Interesse u. die Sorgfalt auszudrücken, welche Sie dem Unternehmen zugewendet haben.

Diese Woche war es mir leider nicht möglich bei Ihnen vorzusprechen, ich werde mich aber nächsten Montag Nachmittag einfinden, um Ihnen die Liste der später zu versendenden Exemplare vorzulegen. Die Absendung des Honorars kann ja bis dahin auch aufgeschoben werden.

Mit vorzüglicher Hochachtung Ihr H. Landolt

Dankesbrief von Hans Landolt an Ferdinand Springer nach Erhalt des ersten Exemplares der 1. Auflage.

Der Brief wurde genau ein Jahr nach Abschluss des Verlagsvertrages geschrieben.

Die neue Datensammlung wurde positiv aufgenommen. Zahlreiche Besprechungen erschienen in den verschiedensten Zeitschriften, interessanterweise nicht in den Fachjournalen, sondern in allgemeineren Periodika, die einen weiteren Leserkreis versorgten. Beispiele sind:

Chemiker Zeitung, A. Woldt's wissenschaftliche Correspondenz, Literarisches Zentralblatt, Deutsche Literaturzeitung, Chemische Industrie, Kölnische Zeitung.

So schreibt die Kölnische Zeitung in ihrer Nummer 343 (1883):

"In einem stattlichen Quartbande liegt uns hier eine Sammlung von physicalischen und chemischen Tabellen vor, wie solche schon längst ein frommer Wunsch vieler gewesen ist, die auf physicalischem oder chemischem Gebiete arbeiten. Es ist merkwürdig, daß unsere wissenschaftliche Literatur ein Werk dieser Art, wenigstens aus neuerer Zeit, nicht besitzt, während doch ein solches als wirkliches Bedürfnis erscheint. Umso erfreulicher ist es freilich, daß mit dem vorliegenden Tabellenwerke eine überaus sorgsame und reichhaltige Arbeit erscheint, die mit kritischem Blick die zuverlässigsten Werte der einzelnen Constanten sichtet und allenthalben auf die Originalquellen zurückgreift. Daneben sind für gewisse Gruppen von Tabellen reiche Literaturzusammenstellungen gegeben, kurz, den Bedürfnissen des Theoretikers wie des Praktikers ist in vollem Maße Rechnung getragen. Das Werk wird sich gewiß in den Kreisen, an die es gerichtet ist, rasch einbürgern.

Das Literarisches Centralblatt (1984 Nr.5) ahnt noch nicht die Datenflut, die später über den Landolt-Börnstein hereinbrechen wird, wenn es heißt:

...... Dabei ist die, durch ein gutes Register unterstützte Anordnung eine so übersichtliche, daß <u>trotz der großen Masse der angeführten Zahlenergebnisse</u> die Benutzung der Tafeln sehr bequem ist. .....

A. Woldt's wissenschaftliche Correspondenz (Heft 39 vom 29.9.83) versteigt sich zu folgendem Lob:

..... Den Ausspruch, den man auf die Logarithmentafeln seiner Zeit gethan hat, daß durch ihr Erscheinen das Leben der Gelehrten auf das Fünffache verlängert worden sei, paßt recht gut auch auf dieses Werk, das in stattlichem Umfang von 32 Bogen nicht weniger als 110 Tabellen enthält, deren jede einzelne dem Mann der Wissenschaft vom höchsten Werthe ist. Die Ausstattung des Buches ist so elegant und nobel, wie Alles, was aus dem J. Springer'schen Verlag hervorgeht.

Was war nun das Charakteristische des Buches, das Aufsehen erregte und zu der Beliebtheit des "Landolt-Börnstein" führte?

Das Programm

Über die Veranlassung der Autoren Hans Landolt und Richard Börnstein, physikalisch-chemische Tabellen zusammenzustellen und als Buch zu veröffentlichen, schreiben sie ausführlich im Vorwort zur ersten Auflage.

Landolt hatte schon im Laufe seiner Lehrtätigkeit für seine Mitarbeiter ein Anzahl von Tabellen gesammelt und einige auch schon drucken lassen.

Dazu gehörten zunächst die für Reduktionsrechnungen erforderlichen Tabellen, also z.B. Reduktion von Wägungen auf den luftleeren Raum, Reduktion eines Gasvolumens auf 0 °C und 760 mm Hg, Reduktion von Wasserdruck auf Quecksilberdruck und vieles mehr. Dann gehörten dazu allgemeine Tabellen, wie Atomgewichte der chemischen Elemente, Luftdichte bei verschiedenen Temperaturen, Dichte und Volumen von Wasser und von Quecksilber bei verschiedenen Temperaturen, Schmelzpunkte und spezifische Gewichte von Gasen, Flüssigkeiten und festen Körpern usw. Solche Tabellen gab es natürlich damals schon in verschiedenen Büchern.

Zu diesen allgemein interessierenden Tabellen kamen spezielle Datensammlungen, die im Landoltschen Labor bei der experimentellen Arbeit benötigt und dort zusammengestellt worden waren.

Gerade diese letzteren Tabellen gaben wohl den Anstoß – zusammen mit seinem jungen Kollegen Börnstein, den er bei seiner Berufung nach Berlin kennengelernt hatte und mit dem er sich angefreundet hatte, – alles Vorliegende zu einer halbwegs vollständigen Sammlung zu erweitern.

Dass sich Landolt und Börnstein gerade an den Verlag Julius Springer wendeten, war naheliegend. Wir haben schon weiter oben festgestellt, dass unter Ferdinand Springers Regie der Verlag sich immer stärker in die technisch-naturwissenschaftliche Richtung entwickelte.

Zu Beginn der 80er Jahre bot Springer eine Anzahl Zeitschriften und Jahrbücher im Bereich der physikalischen und chemischen Technik an. Die "Zeitschrift für Instrumentenkunde" und die "Elektrotechnische Zeitschrift" haben wir schon erwähnt. Hinzu kamen auf dem chemischen Gebiet als Jahrbücher und Buchserien unter anderem das "Technisch-chemische Jahrbuch", der "Chemiker-Kalender" und – monatlich erscheinend – "Die Chemische Industrie". Aber auch Tabellenwerke wurden schon verlegt, so die "Sammlung aller wichtigen Tabellen, Zahlen und Formeln für Chemiker" von Dr. Robert Hoffmann, nach den neuesten Fortschritten der Chemie zusammengestellt von Dr. Carl Schädler (1883 in 2. Auflage) und die "Hülfstabellen für das Laboratorium zur Berechnung der Analysen" von M. Richter.

Es waren drei Gesichtspunkte, die dem Konzept der neuen Datensammlung zugrunde lagen und diese wesentlich von allen ihren Vorgängern unterschied:

<u>1. Nennung aller Quellen für die mitgeteilten Daten</u>

Wir lassen dies die Autoren selbst begründen:

"Unsere Absicht war, neben den für Reductionsrechnungen erforderlichen Tabellen eine Zusammenstellung physikalischer Constanten zu liefern, und zwar mit Quellenangabe für jede mitgetheilte Zahl. Dieser Gesichtspunkt ist bei den bisher erschienenen physikalischen und chemischen Tafeln wenig oder gar nicht berücksichtigt worden, wie z. B. in dem "Annuaire du Bureau des Longitudes", der "Sammlung von Tabellen, Zahlen und Formeln für Chemiker von Hoffmann-Schädler", dem "Chemikerkalender von R. Biedermann" und andern. Bloss die "Constants of nature von F. W. Clarke" enthalten Litteraturnachweise, allein dieselben gehen bloss bis zum Jahre 1875; außerdem erstreckt sich das Werk nur auf wenige Körpereigenschaften und besitzt überhaupt einen andern Charakter.

Da ferner von speciell physikalischen Tabellen keine neuern vorliegen, als diejenigen von E. L. Schubarth, deren letzte Auflage vom Jahre 1841 stammt, so schien uns ein Buch der bezeichneten Art einem vorhandenen Bedürfniss zu entsprechen."

Titelseite der ersten Auflage von 1883

Dieser Titelseite folgten in 125 Jahren über vierhundert Titelseiten nachfolgender Bände, auf denen die Namen "Landolt" und "Börnstein" genannt werden - ein Zeichen des Verdienstes dieser Forscher, wie es wenige Wissenschaftler des 19. Jahrhunderts aufweisen können.

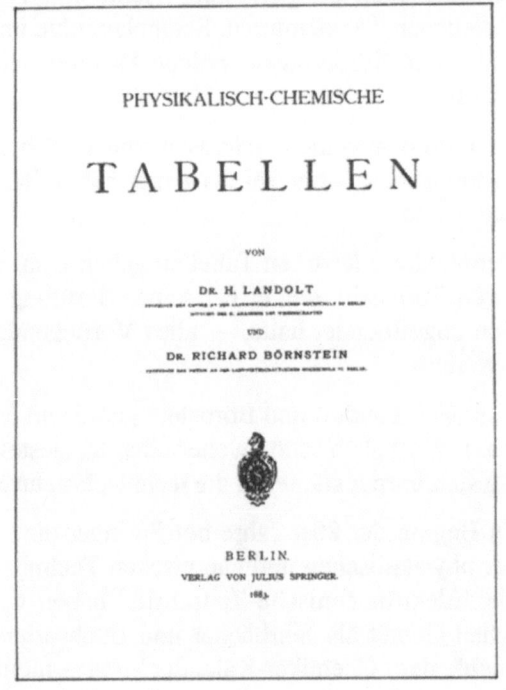

2. Kritische Sichtung der Literaturdaten

"Bei der Bearbeitung der Tabellen lag es nicht in unserm Plane, eine erschöpfende Zusammenstellung aller in der Litteratur auffindbaren Werthe der einzelnen physikalischen Constanten zu geben, sondern wir hielten es für zweckmäßiger, Beschränkungen vorzunehmen, und zwar in der Art, dass manche älteren Beobachtungen, welche durch neue von anerkannter Sicherheit ersetzt worden sind, weggelassen wurden; ebenso auch solche Angaben, deren Mangelhaftigkeit bestimmt nachgewiesen oder leicht erkennbar ist. In einigen Fällen nöthigte auch der beschränkte Rahmen der Tabellen zu Streichungen, welche jedoch alle der Art sind, dass kaum eine merkliche Lücke entstanden sein dürfte. Soviel es irgendwie möglich war, haben wir den Grundsatz festgehalten, die Zahlen direct den Originalquellen zu entnehmen, und nur in verhältnissmässig wenigen Fällen waren wir gezwungen, uns auf die Angaben der Jahresberichte zu verlassen. In den meisten Tabellen sind die Original-Abhandlungen selbst citirt, in einigen und zwar chemischen Inhalts wurde dagegen in Folge des beschränkten Raumes neben dem Namen des Beobachters bloss das Jahr der Veröffentlichung der bezüglichen Angabe mitgetheilt, was hinreicht, um mit Hülfe des Giessener Jahresberichtes der Chemie die directe Quelle rasch aufzufinden."

3. Beschränkung auf Daten von allgemeinem Interesse

"Wir haben ferner nicht beabsichtigt, eine vollständige Sammlung aller möglichen physikalischen und chemischen Tabellen zu geben. So fehlen eine Menge solcher, welche nur in der chemischen Technik in Gebrauch kommen, und es konnten diese um so eher wegfallen, als hierfür bestimmte Werke bereits existiren. Aber auch einzelne theoretische Zweige wurden fast unberücksichtigt gelassen, wie namentlich die Thermochemie, und zwar weil die betreffenden Zahlen einen viel grössern Raum in Anspruch genommen hätten, als ihrer etwaigen Verwendung entspricht und ausserdem Zusammenstellungen derselben bereits in den bekannten Werken von A. Naumann, J. Thomsen und M. Berthelot enthalten sind."

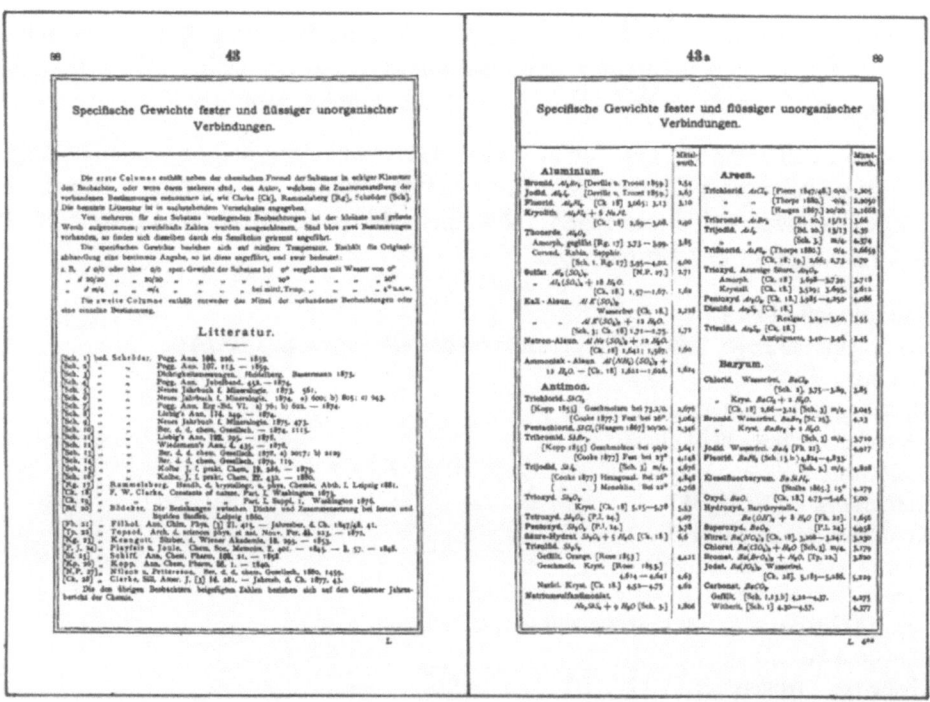

Zwei Seiten der ersten Auflage. Rechts: Seite mit Daten zum spezifischen Gewicht fester und flüssiger anorganischer Verbindungen. Links: Hinweise zum Gebrauch der Tabelle und Literaturangaben

Mit diesen drei Maximen haben vor 125 Jahren Landolt und Börnstein den Charakter ihrer Datensammlung geprägt und damit den Grundstein dafür gelegt, dass dieses Werk in vielen Auflagen und der jeweiligen wissenschaftlichen Entwicklung angepassten Formen als "Der Landolt-Börnstein" noch heute jedem Physiker und Chemiker ein Begriff ist. So gehören Hans Landolt und Richard Börnstein zu den wenigen Wissenschaftlern, deren Name über mehr als ein Jahrhundert die Titelblätter wissenschaftlichen Schrifttums zieren.

Struktur und Inhalt der ersten Auflage

Wenden wir uns jetzt dieser ersten Auflage näher zu. Sie umfasst 249 Seiten. Als Autoren sind neben H. Landolt und R. Börnstein genannt: Dr. Fock, Dr. Less, Reg.-Rath Löwenherz, Dr. Plath . Bei drei dieser Herren handelt es sich offensichtlich um Mitarbeiter Landolts, die kleine Aufgaben übernommen hatten. So berechnete Fock drei kürzere Tabellen zu Thermometer- und Barometerablesungen. Plath lieferte eine 23-seitige Tabelle zum spezifischen Gewicht, Schmelzpunkt und Siedepunkt wichtiger organischer Substanzen und Dr. Less einige Tabellen vorwiegend optischen Inhalts. Der einzige Beitrag, der nicht aus dem Landoltschen Institut bzw. von R. Börnstein stammte, ist eine 2-seitige Tabelle von Löwenherz über das spezifische Gewicht wasserhaltigen Alkohols. Man kann also sagen, dass die beiden Herausgeber praktisch auch die alleinigen Autoren waren, die lediglich einige Auftragsarbeiten durch Mitarbeiter durchführen ließen. Dr. Less las auch die Korrekturen. Der Beitrag von Löwenherz ist wohl eher zufällig. Denn Landolt war mit Löwenherz – wie wir früher schon erwähnten – durch die Herausgabe der Zeitschrift für Instrumentenkunde bekannt.

Der Band enthält 110 Tabellen. Die Tabellen sind ohne Zwischengliederung aneinandergereiht und umfassen die folgenden Themen. Wir fassen diese Themen so zusammen, wie sie in späteren Auflagen gegliedert sind und fügen Tabellenanzahl, Seitenanzahl und L bzw. B für den zuständigen Herausgeber in Klammern bei:

    Atomgewichte (1,1,L)
    Geographische Lage, Schwerkraft, Reduktion der Wägungen (2,3,B+L)
    Luftdichte (1,4,B)
    Messung der Gasvolumina (4,16,B)
    Reduktion gemessener Drucke (3,8,B)
    Dichte und Volumen von Wasser und Quecksilber (6,7,L)
    Dampftension (10,19,B)
    Kondensierte Gase (2,4,B)
    Thermische Ausdehnung (9,11,B)
    Dichte, Schmelzpunkt, Siedepunkt (10,62,L)
    Spezifisches Gewicht und Siedepunkt von Lösungen (11,14,L)
    Zähigkeit (1,1,B)
    Löslichkeit, Absorption (3,17 L+B)
    Kältemischungen (1,2,B)
    Spezifische Wärme (7,14,B)
    Latente Wärme (3,5,B)
    Verbrennungswärme (1,2,B)
    Wärmeleitung (3,4,B)
    Optische Interferenz, Wellenlänge (5,5,L)
    Brechungsexponenten (12,21,L(Less))
    Optische Drehung (4,8,L)
    Elektrische Leitung (7,7,B)
    Erdmagnetismus (1,1,B)
    Schallgeschwindigkeit (1,1,B)
    Jahres- und Bandzahlen wichtiger Zeitschriften (1,7,L)

Man erkennt sofort die Handschrift Landolts: neben allgemein nützlichen Tabellen für Physik und Chemie treten vorwiegend Tabellen mit physikalisch-chemischen Daten auf. Lediglich die 7 Seiten zur elektrischen Leitung zeigen Börnsteins Interessenrichtung, der ja über dieses Thema promoviert hatte. Das heißt nicht, dass die Arbeit nicht redlich geteilt wurde. Hundert Seiten tragen den Vermerk B für Börnsteins Zuständigkeit, achtzig Seiten den Vermerk L. Die verbleibenden siebzig Seiten muss man wohl mehr Landolts Zuständigkeit zurechnen.

Genug der Statistik. Man könnte jetzt analysieren, welche wichtigen Gebiete der damaligen Physik und physikalischen Chemie fehlen. Dies erübrigt sich, da wir auf den folgenden Seiten die Entwicklung des Bandes in den folgenden Auflagen besprechen werden, aus deren Gliederung man die Erweiterung des – in einer ersten Auflage naturgemäß noch ungleichmäßig berücksichtigten – Datenmaterials erkennen kann.

Das physikalische und chemische Schrifttum um 1883

Wie oben ausgeführt, war es die Absicht der Herausgeber "*eine Zusammenstellung physikalischer Constanten zu liefern, und zwar mit Quellenangabe für jede mitgetheilte Zahl*". An Hand dieser Quellenangaben lässt sich leicht ein Überblick über das naturwissenschaftliche Schrifttum der damaligen Zeit geben, das die Autoren herangezogen haben.

Die Zahl der zitierten physikalischen und chemischen Zeitschriften und Periodika lässt sich bei einem 250-seitigen Band schnell erfassen: 75 Titel wurden zitiert, die meisten nur wenige Male. Ein Grundstock der wichtigsten Quellen beschränkt sich auf einige wenige Namen:

– Zunächst eine Enttäuschung: Für viele, vor allem chemische Daten wird die Originalzeitschrift nicht angegeben. Im Vorwort schreiben die Herausgeber dazu: "*In einigen Tabellen und zwar chemischen Inhalts wurde in Folge des beschränkten Raumes neben dem Namen des Beobachters bloss das Jahr der Veröffentlichung der bezüglichen Angabe mitgetheilt, was hinreicht, um mit Hülfe des Giessener Jahresberichtes der Chemie die directe Quelle rasch aufzufinden*". Leider sind dies nicht "einige" sondern viele Tabellen.

Für den damaligen Benutzer war dies wohl hinreichend, da die "*Giessener Jahresberichte*" überall in Gebrauch waren. Es handelt sich dabei um die von Justus von Liebig seit 1849 herausgegebenen "*Jahresberichte über die Fortschritte der Chemie, Physik, Mineralogie und Geologie*" (in anderen Quellen auch "*Jahresberichte über die Fortschritte der Chemie und verwandten Theilen anderer Wissenschaften*" genannt).

– Weitaus die meisten Originalzitate stammen aus den "*Annalen der Physik und Chemie*". Im Jahr 1799 gegründet wird diese Zeitschrift jeweils nach dem Namen des Herausgebers zitiert: 1799 bis 1824: "*Gilbert's Annalen*", 1824 bis 1877: "*Poggendorff's Annalen*", seit 1877: "*Wiedemanns Annalen*". Daneben werden häufig zitiert: die 1832 gegründeten "*Annalen der Chemie und Pharmacie*", die seit 1873 ebenfall nach ihrem Herausgeber "*Liebig's Annalen der Chemie und Pharmacie*" hießen.

An deutschen Zeitschriften werden ferner oft genannt: "*Berichte der Deutschen chemischen Gesellschaft*" (ab 1871), "*Dingler's polytechnisches Journal*" (ab 1820), "*Journal für praktische Chemie*" (1835 bis 1864 "*Erdmann's Journal*", ab 1864 "*Kolbe's Journal*").

Insgesamt wird aus 34 deutschsprachigen Periodika zitiert, darunter auch aus ausgefallenen Titeln, wie: "*Berg- und hüttenmännische Zeitung*", "*Polytechnische Notizblätter*", "*Wittsteins Vierteljahresschrift*" oder "*Zeitschrift des Vereins für die Rübenzucker-Industrie des Deutschen Reiches*".

Unter den zitierten ausländischen Zeitschriften (insgesamt 41 Titel) fallen vor allem aus England, aber auch Frankreich Titel auf, die heute noch bekannt sind: "*Philosophical Transactions of the Royal Society of London*" (seit 1781), "*Proceedings of the Royal Society of London*" (seit 1856), "*Journal of the Chemical Society of London*" (seit 1849), "*Philosophical Magazine and Journal of Science*" (seit 1789), "*Comptes Rendus de l'Academie des Sciences*". Erstaunlich hoch ist auch die Zahl der russischen Zeitschriftentitel. Man findet zahlreiche an Akademien oder wissenschaftliche Gesellschaften gebundene Titel (Berlin, Edinburgh, Göttingen, München, St. Petersburg, Stockholm, Upsala, Venedig, Wien), aber auch Curiosa, wie "*Sillimans American Journal*", "*Archive de Musée Teyler*" oder einfach "*Mém. de l'Acad.*".

Anscheinend hatten die beiden Herausgeber sich nicht abgesprochen, welche Abkürzungen jeweils für eine Zeitschrift gebraucht werden sollen. So findet man in den Landolt zugeordneten Tabellen in einigen Fällen andere Abkürzungen als in den Börnsteinschen Tabellen.

Die große Zahl der herangezogenen Zeitschriftentitel zeigt andererseits die Sorgfalt, mit der die Herausgeber die Literatur gesichtet haben. Sie haben die Quellenangaben bei Messdaten eingeführt, die heute allgemein üblich ist. So sollte man ihnen nicht verübeln, dass dieser erste Schritt noch nicht die Vollkommenheit brachte, die heute bei Landolt-Börnstein-Bänden Selbstverständlichkeit ist.

Ein Wort noch zu den Periodika. Von den damals existierenden Zeitschriften existieren heute nur noch wenige. Dagegen ist die Zahl der Zeitschriften ebenso wie die Zahl der Daten im Laufe der Zeit stark gestiegen. Fünfzig Jahre später hat ein Herausgeberkollegium die 6. Auflage vorbereitet. In der Disposition zur 6. Auflage befindet sich eine Liste der Abkürzungen der gängigsten Zeitschriften. Diese Liste hat 375 Einträge – das Fünffache der in der ersten Auflage zitierten Titel.

3. Von der zweiten Auflage bis zur fünften Auflage

1250 Exemplare der 1. Auflage wurden gedruckt und harrten des Verkaufs. Ein Jahrzehnt verging, und eine neue Auflage wurde notwendig.

Wann erfährt ein wissenschaftliches Werk eine Neuauflage?

Die einfachste Antwort ist, dass das Werk - bei anhaltendem Bedarf - vergriffen ist. Besteht kein Änderungsbedarf, so kann ein "unveränderter Nachdruck" erfolgen. Bei kleineren Berichtigungen wird der Nachdruck "2. Auflage" genannt, was auch schon aus Werbungsgründen besser klingt.

Häufiger ist, dass die wissenschaftliche Entwicklung eine Revision und/oder eine Erweiterung des Inhalts erfordert. Die neue Auflage heißt dann "revidiert" oder "erweitert" bzw. "wesentlich erweitert".

Es kann schließlich erforderlich sein, das Werk so umzuarbeiten, dass es sich in seiner Struktur deutlich von der ursprünglichen Konzeption unterscheidet. Dies wird dann durch eine Änderung des Titels oder Untertitels kenntlich gemacht.

Alle diese Möglichkeiten finden wir in der 125-jährigen Geschichte des "Landolt-Börnstein", wie das Werk heute allgemein genannt wird. Es trägt heute anstatt des Namens "Physikalisch-chemischen Tabellen" den Untertitel "Numerical Data and Functional Relationsships in Science and Technology. New Series". Wann und warum es zu dieser Namensänderung kam, werden wir weiter unten berichten.

Der Springer-Verlag zwischen 1894 und 1933

Im Jahr 1894 erschien die zweite Auflage, im Jahr 1923 die fünfte Auflage. Ergänzungsbände zu dieser Auflage folgten bis 1936.

In den vier Jahrzehnten nach 1894 erlebt der Verlag eine Blütezeit, die ihn zum größten wissenschaftlichen Verlag Deutschlands machte.

Schon unter Ferdinand und Fritz Springer hatte sich der Verlag immer stärker in die naturwissenschaftlich-technische Richtung entwickelt. Zugleich war er stark gewachsen.

Von 701 Buchtiteln, die zwischen 1878 und 1887 herauskamen, gehörten 196 in den Bereich Technik/Naturwissenschaft, also 28%. In der Zeitspanne von 1898 bis 1906 kamen von 1070 Buchtiteln 494 aus diesem Bereich, also 46%.

Zählt man Medizin und Pharmazie dazu, so wuchs der Anteil in den zwei Dekaden von 36% auf 64%. Um 1905 gehörten also zwei Drittel der vom Verlag herausgegebenen Bücher in den Bereich Technik/Naturwissenschaften/Medizin/Pharmazie.

Weitere Zahlen: Hatte der Verlag 1877 nur vier Mitarbeiter, so wuchs die Mitarbeiterzahl bis 1906 auf 65!

Wichtig ist hier vor allem die Verlagerung des Verlagsinteresses von Politik und Geisteswissenschaften hin zu den Naturwissenschaften. Der Anstieg der Produktion war ein Zeitphänomen. Alle Verlage wuchsen. Der Springer-Verlag wuchs dabei überdurchschnittlich.

Der zweite, hier zu erwähnende Vorgang ist, dass es in den Jahren um 1905 einen Führungswechsel im Verlag gab. Im Jahr 1904 nahmen Ferdinand und Fritz Springer ihre ältesten Söhne Ferdinand (der Jüngere) und Julius (der Jüngere) als Mitarbeiter in ihren Verlag auf. Beide hatten nach ihrer Schulzeit, der ein England-Aufenthalt folgte, eine intensive Buchhändler-Lehre erhalten, um sie auf eine Tätigkeit im Verlag ihrer Väter vorzubereiten. An Weihnachten 1906 wurden sie als Teilhaber aufgenommen. Drei Tage nach ihrer Aufnahme starb Ferdinand Springer der Ältere. Auch Fritz Springer zog sich mehr und mehr zurück.

Ferdinand Springer der Ältere (1846 – 1906, links) und sein Bruder Fritz Springer (1850 – 1944, rechts) führten den Verlag ins 20. Jahrhundert.

Seit 1906 lag also die Verantwortung für den Verlag in den Händen des damals 25-jährigen Ferdinand und des damals 26-jährigen Julius Springer. Die beiden Vettern besaßen die gleiche unternehmerische Begabung wie schon ihre Väter und ihr Großvater.

Besonders Ferdinand Springer (der Jüngere) war eine Persönlichkeit, die den Verlag prägte.

In seinem "Lebensbericht" schildert er rückblickend das verlegerische Konzept, das er seit 1906 konsequent sein ganzes Arbeitsleben lang verfolgte:

"Schon 1907 seigten sich Anfänge weitgehender Spezialisierung und Zersplitterung in der Wissenschaft. Es war daher erforderlich, einen Plan für die Organisation der wissenschaftlichen Literatur auf meinen Arbeitsgebieten aufzustellen. Es sah folgendermaßen aus:

1) Veröffentlichung und Verbreitung der Resultate der Forschung. Dies geschieht in Zeitschriften und Archiven.

2) Vermittlung von Berichten über die Forschungsresultate des Inlandes an das Ausland und von solchen des Auslandes an das Inland. Dies geschieht durch die "Zentralblätter", die die gesamte Weltliteratur objektiv erfassen. Aus diesen "Zentralblättern" sieht der Forscher, ob ihm das betreffende Referat genügt, oder ob er auf die Originalarbeit (s. Punkt 1) zurückgreifen muss.

3) Während die Zentralblätter rein objektiv den Inhalt der Weltliteratur referieren, berichten in den sogenannten "Ergebnissen" für das betreffende Thema zuständige Forscher kritisch über den Stand einer aktuellen Frage.

4) Es schient mir zweckmäßig, zu einer Zeit, als die Spezialisierung und Zersplitterung begann, den Stand der Wissenschaft in Form umfassender, kritisch die ganze Literatur verarbeitender Handbücher niederzulegen.

5) Auch die Herausgabe von Monographien, in denen ein auf dem Gebiet produktiv tätiger Autor über neue Forschungsergebnisse berichtet, die zu einem gewissen Abschluss geführt haben, schien notwendig."

Es ist offensichtlich, dass der "Landolt-Börnstein" in einem Verlag, der nach diesen Produktionsrichtlinien arbeitete, gut aufgehoben war.

Über das Wachsen des Verlags in den nächsten vier Jahrzehnten können hier nur einige Schlaglichter berichtet werden.

Sein verlegerisches Konzept setzte Ferdinand Springer nicht nur in der günstigen Wirtschaftslage bis zum ersten Weltkrieg fort, sondern auch in dem ersten Weltkrieg und in der folgenden Inflationszeit.

Noch im Krieg, im Jahr 1917 wurde der Verlag J.F. Bergmann übernommen, der als bedeutender Medizinverlag diese Sparte des Springer-Verlags stark erweiterte.

Anfang 1921 wurde dann die Hirschwald'sche Buchhandlung gekauft, ein Unternehmen, das über 100 Jahre in Berlin ansässig war. Dieser Zuwachs – insbesondere elf im Hirschwald'schen Verlag herausgegebene medizinische Zeitschriften verstärkten die Bedeutung des Springer-Verlags.

Leiter des unter dem Namen "Hirschwald'sche Buchhandlung für Medizin, Naturwissenschaften und Mathematik" weitergeführten Unternehmens wurde der damals 33jährige Tönjes Lange, der später eine entscheidende Rolle im Verlag spielen sollte. Dieser machte die Buchhandlung zu einer "wissenschaftlichen Versandbuchhandlung", die nach 1945 jahrzehntelang und dem Namen "Lange & Springer" eine wichtige Rolle innerhalb des Verlags spielte.

Die Expansion des Verlags erfolgte nach dem Ersten Weltkrieg nicht nur durch solche Zukäufe, sondern auch Neugründung von Zeitschriften.

Zwischen 1918 und 1933 wurden ca. 50 Handbücher herausgegeben, von denen in dieser Zeitspanne über 300 Bände erschienen. Eines der bekanntesten Handbücher war das "Handbuch der Physik", dessen 24 Bände zwischen 1926 und 1933 von Hans Geiger und Karl Scheel herausgegeben wurden.

Der Landolt-Börnstein

Es war ein Wagnis von Ferdinand Springer, in der Inflationszeit besonders stark zu expandieren. Aber der Versuch war erfolgreich und entscheidend für das Schicksal des Verlags. Im Jahr 1906 hatte der Verlag 65 Angestellte, im Jahr 1926 waren es über 300.

Nun aber zurück zum "Landolt-Börnstein" und seinen Neuauflagen.

Die zweite Auflage (1894)

Die erste Auflage war Anfang der 90er Jahre weitgehend verkauft. Ferdinand Springer drängte auf eine neue Auflage. 1891 antwortete Richard Börnstein auf einen dieser Mahnbriefe:

Berlin W Landgrafenstraße 16, d. 1.3.91

Herrn Julius Springer, Hier

Auf Ihr heute an mich gelangtes gefälliges Schreiben von gestern beehre ich mich zu erwiedern, daß ich fleißig an der neuen Auflage der Tabellen arbeite. Da hierbei die Literatur bis zur Ausgabe des Buches möglichst vollständig benutzt werden muß, habe ich den natürlichen Wusch, die Arbeit ohne Unterbrechung und thunlichst bald zu vollenden. Aber im Monat März kann ich bei aller Mühe das Manuscript nicht fertigstellen, denn es ist so sehr viel an neueren Arbeiten zu benutzen, daß wahrscheinlich keine Seite der älteren Auflage unverändert bleibt. Ich bitte Sie also, einen etwas späteren Termin für die Vollendung mir gönnen zu wollen. Landolt ist, so viel ich weiß, auch nicht in der Lage noch während dieser Woche seinen Antheil zu vollenden.

Eine Aenderung, die mir vortheilhaft genug scheint, um sie Ihnen vorzuschlagen, wäre die Aufnahme von alphabetischen Inhaltsverzeichnissen in englischer und französischer Sprache. Dadurch ist die Benutzung den betreffenden Ausländern noch bequemer gemacht.

Mit Hochachtung Ihr ergebener R. Börnstein

Ferdinand Springer antwortet postwendend:

2. März 91

Herrn Prof. Dr. Börnstein, Hier

Sehr geehrter Herr! So wünschenswerth es auch wäre, im März mit der .... der neuen Auflage des Tabellenwerkes beginnen zu können, so muss ich natürlich Ihrem "non Possum" Rechnung tragen. Gewiss stimmen Sie aber auch mit mir überein, daß der 1. Mai von den Herren Verfassern und mir als Termin für die Ablieferung des druckfertigen Manuscripts angesetzt wird, und bestimmen auch Herrn Landolt, bis dahin seinen Antheil an der Arbeit zu leisten.

Mit Ihrem Vorschlag, ein 3 sprachiges alphabetisches Inhaltsverzeichnis zu geben, bin ich selbstredend ganz einverstanden.

Ich erinnere bei dieser Gelegenheit an Ihre Absicht, in den maßgebenden physikalischen und chemischen Zeitschriften (und in den elektrotechnischen?) eine Aufforderung zu erlassen, für die neue Auflage des Tabellenwerkes Fehlerberichtigungen sowie etwaige Wünsche für neu aufzunehmende Tabellen einzureichen.

Mit freundlichen Empfehlungen Ihr sehr ergebener Julius Springer

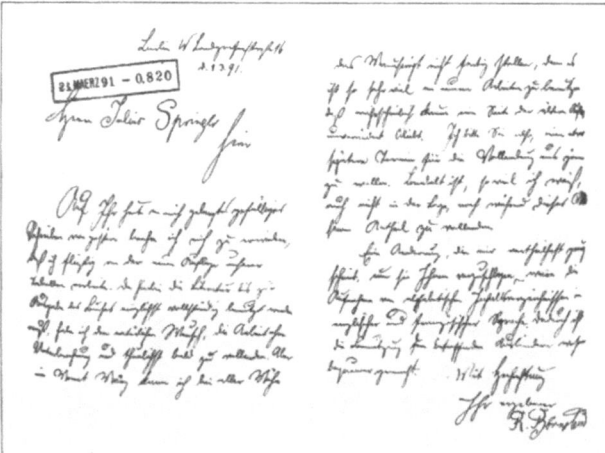

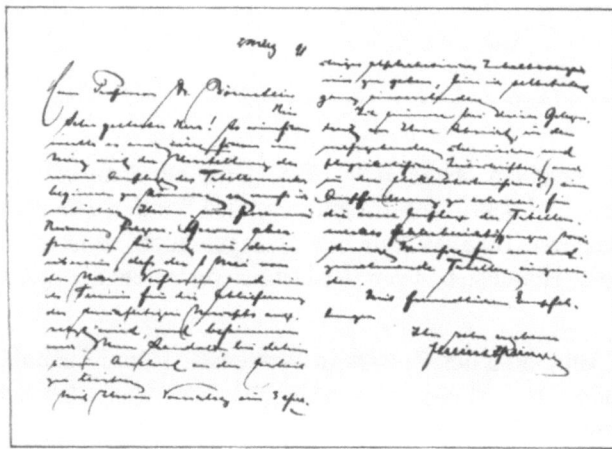

Antwortbrief Börnsteins auf das Drängen des Verlags auf eine neue Auflage vom 1. März 1891 und Erwiderung von Ferdinand Springer vom folgenden Tag

Auch dieses Drängen scheint ohne Erfolg gewesen zu sein. Denn Ferdinand Springer schreibt neun Monate später:

8. Dezbr. 91, Stenogramm

Herrn Prof. Dr. R. Börnstein. Hier

Sehr geehrter Herr! Ich bin leider in der unangenehmen Lage, Ihnen mittheilen zu müssen, dass Ihr gemeinsam mit Herrn Geheimrat Dr. Landolt herausgegebenes Tabellenwerk jetzt vollständig vergriffen ist, und ich Exemplare nicht mehr liefern kann. Ich möchte nun das dringende Ersuchen an Sie richten, Vorkehrungen zu treffen, dass wir bestimmt in den ersten Tagen des neuen Jahres mit der Herstellung der neuen Auflage beginnen können.

Ich würde Ihnen dankbar sein, wenn Sie mir recht bald mitteilen könnten, ob es den Herren Verfassern und Bearbeitern möglich ist, meinem Wunsche zu entsprechen. Es liegt unzweifelhaft im Interesse unseres Unternehmens und seiner Fortentwicklung, das es nicht zu lange auf dem Buchmarkte fehlt.

Mit freundlichen Begrüßungen Ihr sehr ergebener Julius Springer

Mahnbrief von Ferdinand Springer vom 8.12.91

Während frühere Briefe des Firmenchefs selbst geschrieben waren, trägt dieser nur die Unterschrift Springers. Dies ist links oben durch den Vermerk "Stenogramm" gekennzeichnet.

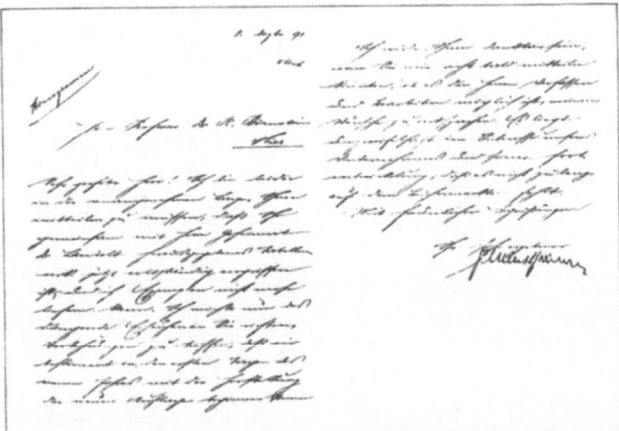

Die "Zweite, stark vermehrte Auflage" erschien schließlich 1894. Dies lag natürlich im wesentlichen an der völligen Umarbeitung und deutlichen Erweiterung des Bandes. Die erste Auflage war ja aus einer Sammlung kleinerer Tabellen "für den Hausgebrauch" entstanden und durch weitere Tabellen, für die die Herausgeber ein Bedürfnis vermuteten, ergänzt worden.

Die Resonanz des Buches, die positive Aufnahme des Buches in Wissenschaft und Technik, aber auch die Kritik der Kunden werden den Herausgebern gezeigt haben, was alles neu aufgenommen oder verändert werden sollte.

Schon äußerlich lässt sich die Änderung am Umfang erkennen. Ein Wachstum von 245 auf 563 Seiten bedeutete eine Steigerung auf mehr als das Doppelte. Aber auch die Hinzuziehung von 15 Kollegen als Autoren zeigt, dass das Werk jetzt Gebiete der Physik und Chemie überdeckte, auf denen die Herausgeber sich nicht mehr hinreichend kompetent fühlten, um die betreffenden Tabellen selbst zu kompilieren (oder von ihren Assistenten kompilieren zu lassen). Man findet unter den Autoren vor allem Berliner Kollegen, aber auch drei Namen "von auswärts": Dr. C. Barus (Washington), Prof. Dr. H. Kayser (Hannover) und den Geheimen Admiralitätsrath Prof. Dr. G. Neumayer aus Hamburg. Auf einen Berliner Namen sei schon hier hingewiesen: Dr. Karl Scheel. Auf diesen Namen werden wir später häufiger zurückkommen. Denn Scheel wurde nicht nur Autor in der 2., 3. und 4. Auflage, sondern auch Mitherausgeber der 5. Auflage und ihrer Ergänzungsbände. An der Vorbereitung der 6. Auflage war er noch beteiligt, starb dann aber im Jahr 1936.

Die Struktur der 1. Auflage blieb in der 2. Auflage erhalten. Die von uns im letzten Kapitel benutzte Aufgliederung der 110 Tabellen der 1. Auflage wurde in der 2. Auflage durch Zwischenüberschriften offiziell eingeführt und half dem Benutzer wesentlich, sich in der Gliederung des Werkes zurechtzufinden. Auf eine genauere Analyse der Änderungen kommen wir später in diesem Kapitel in einer zusammenfassenden Diskussion der 2. bis 5. Auflage zurück.

Die dritte Auflage (1905)

Wieder verging ein Jahrzehnt bis eine neue Auflage erschien.

Diesmal war es nicht der Verlag, der drängte. Es war H. Landolt. Schon im Sommer 1901 schrieb er an Ferdinand Springer und schlug eine Neuauflage vor. Die in diesem Brief geschilderten Schwierigkeiten sind typisch für den Sprung, den das ursprüngliche Konzept machen musste, um dem Fortschritt der Wissenschaft folgen zu können. Es war nicht mehr möglich, dass zwei Herausgeber – unterstützt in der 2. Auflage durch engere Kollegen und Mitarbeiter – die Arbeit allein machen konnten. Weitere Autoren mussten hinzu gewonnen werden, Fachleute für Gebiete, die den Herausgebern ferner lagen. Und das kostete Geld!

Wir geben diesen Brief in voller Länge wieder:

Berlin N.W., d. 14 Juli 1901, 14, Albrechtstraße

Hochgeehrter Herr!

Nach langer Zeit habe ich wieder einmal das Vergnügen, mit Ihnen in Verbindung zu treten.

Wie mir kürzlich Hr. Prof. Börnstein mittheilte, liegt das Bedürfniß vor, an eine neue Auflage der Phys. Chem. Tabellen zu denken, welche in etwa 2 Jahren ausgegeben werden müßte.

Wenn man die Neubearbeitung überlegt, so stellt sich sofort heraus, daß eine solche gegenwärtig weit größeren Schwierigkeiten unterliegen wird, als zur Zeit der II^{n} Auflage. Erstens ist das Material in so bedeutendem Grade angewachsen, daß eine vollständige Umarbeitung, theilweise auch neue Berechnung vieler Tabellen vorgenommen werden muß. Zweitens stehen mehrere der früheren Mitarbeiter jetzt nicht mehr zur Verfügung, und es fällt sehr schwer, neue geeignete Hilfs-Kräfte zu finden. Der einzig zweckmäßige Weg zur Erlangung solcher ist der, sich an die Physikal. technische Reichsanstalt zu wenden, und es haben bereits Prof. Börnstein sowie ich vorläufige Rücksprache mit dem Hn. Präsidenten sowie auch einigen Mitgliedern der Anstalt genommen. Dabei stellte sich vor allem heraus, daß die Honorarbedingungen, welche bei den früheren Auflagen galten (5 M pro Seite), nicht mehr innegehalten werden können, sondern eine Erhöhung um das 4 fache (20 M. pro Seite) eintreten muß, wenn tüchtige Mitarbeiter gewonnen werden sollen.

Ein weiterer mangelhafter Punkt in dem früheren Contracte war der, daß Hn. Prof. Börnstein sowie mir für die Redaction des ganzen Werkes, welche durch die umfangreiche Correspondenz und die Nachrechnung zahlreicher Tabellen viel Zeit und Mühe verursacht hat, gar kein Honorar ausgesetzt war. Wir würden die Einsetzung eines solchen für die neue Auflage durchaus beanspruchen.

Indem ich Sie, geehrter Herr, ersuche, Ihre Ansichten über die bezüglichen Punkte aussprechen zu wollen, möchte ich mittheilen, daß ich am 19ⁿ d. M. auf längere Zeit (bis Mitte September) verreise, und bitte Sie, falls Ihre Antwort bis zu jenem Tage nicht erfolgen kann, dieselbe an Prof. Börnstein (Wilmersdorf, Landhausstr. 10) zu richten.

Mit der Versicherung vorzüglichster Hochachtung Ihr ergebener H. Landolt

Der Verlag antwortet postwendend, aber verzögernd. Die 2. Auflage sei noch nicht verkauft. Die Nachricht, eine neue Auflage sei in Vorbereitung, erschwere den Verkauf der Restbestände. Erhöhte Honorare wären eine zusätzliche Belastung, die der Verlag – auch wenn er dem Vorschlag positiv gegenüberstände – nur schwer leisten können. Zusätzlich sei Ferdinand Springer auf Reisen. Kurz – man möge die Diskussion auf den Herbst verschieben.

Bei dieser Diskussion wurden dann die Herausgeber beauftragt, eine neue Auflage vorzubereiten.

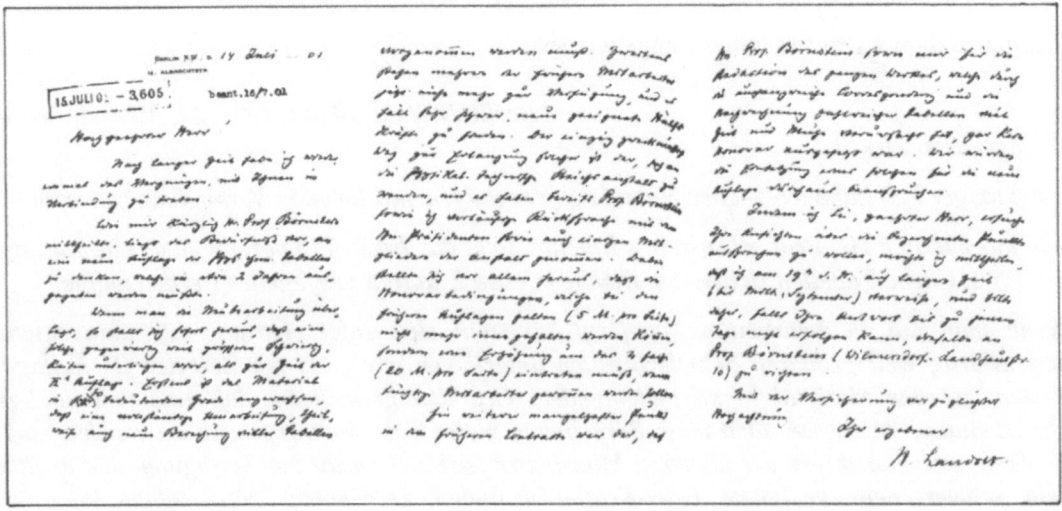

Brief von Hans Landolt an Ferdinand Springer vom 17. Juli 1891. Landolt schlägt eine neue Auflage vor, nennt aber gleichzeitig die Schwierigkeiten: Hinzuziehung einer größeren Zahl von neuen Autoren und damit stark erhöhte Honorarkosten.

Eine neue Schwierigkeit kam hinzu. Ende 1891 wurde Landolt 70 Jahre. Er dachte an einen Rückzug von seinen Ämtern, dabei auch an eine Beendigung seiner Arbeit als verantwortlicher Mitherausgeber seines Tabellenwerks.

Ein Nachfolger musste gefunden werden. Man dachte an W.A. Roth, a.o. Professor für physikalische Chemie in Greifswald, einen Schüler von Landolt, der für diese Auflage als Autor vorgesehen war. Dann ergab sich jedoch eine einfachere Lösung. Im Juli 1892 konnte R. Börnstein Ferdinand Springer mitteilen:

2.7.02

Herrn Julius Springer, Berlin

Gleichzeitig mit Ihren Zeilen erhielt ich soeben eine Zuschrift von Landolt, der als Redakteur für den chemischen Theil der "Tabellen" Herrn Prof. Meyerhoffer (Laboratorium von van't Hoff) gewonnen hat. Das scheint mir eine recht günstige Entwicklung der Sache, und ich werde nun mit diesem Herrn die Bearbeitung der 3. Auflage in Angriff nehmen.

Mit Hochachtung ergebenst Börnstein

Wilhelm Meyerhoffer (13.9.1864 - 21.4.1906) war Chemiker und Mineraloge. Nach ihm ist das Mineral Meyerhofferit ($Ca_2(H_3B_3O_7)_2 \cdot 4H_2O$) benannt, das er synthetisierte. Meyerhoffer war lange Jahre Mitarbeiter von J.H. van't Hoff, der seit 1895 in Berlin lehrte. Meyerhoffer wurde dort Honorarprofessor und Privatdozent. Mit Hans Landolt war er in enger Verbindung. Es war deshalb naheliegend, dass er Landolt nach dessen Rückzug von seinen Ämtern im Jahr 1904 als Mitherausgeber der "Physikalisch-chemischen Tabellen" ablöste. Einen prägenden Einfluss auf dieses Werk konnte er nicht gewinnen, da er sein Amt erst drei Jahre vor dem Erscheinen der dritten Auflage übernahm. Ein Jahr nach dem Erscheinen dieser Auflage starb Meyerhoffer im Alter von 41 Jahren.

Titelseite der dritten Auflage von 1905

Neben dem Namen eines neuen Herausgebers, Prof. Dr. Wilhelm Meyerhoffer anstelle Hans Landolts, fällt besonders die größere Anzahl von Autoren auf. Waren in der 1. Auflage keine selbständigen Autoren beteiligt, so trugen zur 2. Auflage 15 Autoren, zu dieser 3. Auflage 45 Autoren bei.

Wie schon bei der 2. Auflage, so wuchs auch bei der 3. Auflage der Umfang des Bandes. Von 245 Seiten der 1. Auflage über 563 Seiten der 2. Auflage stieg jetzt die Seitenzahl auf 861. Auch die Zahl der Autoren stieg. Gegenüber der 2. Auflage verdreifache sie sich auf 45.

Die Wichtigkeit des Landolt-Börnstein war inzwischen auch von offizieller Seite anerkannt worden. In ihrem Vorwort bedanken sich die Herausgeber für das tätige Interesse, das der Präsident der Physikalisch-Technischen Reichsanstalt Prof. Dr. F. Kohlrausch dem Werk erwiesen hat. Als besondere Auszeichnung betrachten die Herausgeber auch, dass die Königlich-Preußische Akademie der Wissenschaften die Herausgabe der 3. Auflage mit einer Subvention unterstützt habe.

Die vierte Auflage (1912)

Kurz nach dem Erscheinen der 3. Auflage starb Wilhelm Meyerhoffer, der gerade Hans Landolt als Herausgeber abgelöst hatte. An seine Stelle trat jetzt Walther A. Roth.

Zu dieser Auflage ist wenig zu sagen. In ihrer Gliederung entspricht sie den vorhergehenden Auflagen. Umfang und Autorenzahl erhöhten sich wieder: 50 Autoren und 1313 Seiten stellen wieder einen erheblichen Zuwachs dar. Auch diese Auflage wurde mit einer Subvention von der Königlich-Preußischen Akademie unterstützt.

Mehr zu sagen ist dafür zu dem neuen Herausgeber Walther A. Roth, der schon Autor bei der 3. Auflage war und dem Landolt-Börnstein als Mitherausgeber und Autor über viele Jahrzehnte verbunden blieb.

Walther A. Roth

Walther A. Roth wurde 1873 geboren. Sein Vater war ordentlicher Professor der Geologie in Berlin, seine Mutter entstammte der Gelehrtenfamilie Trendelenburg.

Abitur machte er mit 17 Jahren. In seinen lesenswerten Erinnerungen (Naturwissenschaften **36** (1949) 225-229) schreibt Roth: "Da mein Vater mich für ein ernsthaftes Studium für zu jung hielt, schickte er mich für ein Semester nach Lausanne mit den drei Ermahnungen: lerne Französisch, vergiß die Kunstgeschichte und werde ein "durcher Käse"! (Letzteres bedeutete wohl, dass er die notwendige Reife erlangen solle.) Nur die erste Forderung habe ich erfüllt."

Auf drei Semester in Tübingen folgten acht Semester in Berlin, wo er sich für die physikalische Chemie begeisterte. Vorlesung auf diesem Gebiet hielten damals Landolt, van 't Hoff und Jahn. Roth siedelte um die Jahrhundertwende in das Landoltsche Institut um, wo er als Doktorand, Assistent und Privatdozent bis 1906 blieb.

Landolt war damals wohl schon in der Phase seiner über 27 000 Wägungen zur Überprüfung von Gewichtsänderungen bei chemischen Reaktionen. Roth jedenfalls bezeichnet Landolts Vorlesungen als "experimentell glänzend, aber leicht altmodisch". Zu dem Übergang der Institutsleitung von Landolt auf Nernst im Jahr 1904 bemerkt er: "Nernst wurde Landolts Nachfolger und brachte einen neuen, frischen Wind, ja Sturm in das alte kleine Institut".

Roth promovierte bei Landolt über die Löslichkeit von Stickoxydul in Lösungen von Nicht-Elektrolyten und habilitierte sich 1903 mit einer Arbeit über Präzisionskryoskopie von Nichtelektrolytlösungen bei Emil Fischer. Nach Landolts Rücktritt blieb er noch ein Jahr als Assistent von Nernst und ging dann 1906 als a.o. Professor nach Greifswald.

Links: Walther A. Roth (1873 - 1950)

Seit der 4. Auflage war W. A. Roth Mitherausgeber des Landolt-Börnstein. Noch als Emeritus war Roth an der Vorbereitung der 6. Auflage beteiligt. Roth war künstlerisch sehr interessiert und begabt. Die Zeichnung rechts zeigt H. Landolt im Jahr 1904, als Roth am Landoltschen Institut arbeitete, die Zeichnung in der Mitte dessen Nachfolger Nernst "kritisch bei einem Kolloquiumsreferat".

Während seiner Greifswalder Zeit erhielt er das Angebot, als Nachfolger des verstorbenen Meyerhoffer Mitherausgeber des Landolt-Börnstein zu werden, "nachdem ich unter der Redaktion des unbequemen Meyerhoffer ein größeres Kapitel [für die 3. Auflage] erstmals bearbeitet hatte".

In Greifswald wandte er sich auch der Thermochemie zu, in der er im Laufe seines Lebens internationales Ansehen erlangte.

Nach Ende des ersten Weltkriegs wurde Roth als Ordinarius für physikalische Chemie nach Braunschweig berufen, wo er bis zu seiner Emeritierung blieb. Thermochemische Untersuchungen, Messungen von Bildungswärmen folgten. Ein größeres Projekt war die Messung der kalorimetrischen Grundlagen der Metallurgie vor allem an Elementen wie Ge, Rh, Ga, In, Hf, As, Tl, Ti, Cr, Zr u.a. Neben der Laborarbeit opferte Roth viel Zeit für die 5. Auflage des Landolt-Börnstein und die Planung der 6. Auflage.

Als Emeritus zog Roth nach Freiburg i.Br., da in seinem Braunschweiger Institut für ihn keine Möglichkeit bestand weiterzuarbeiten. Dort wurde ihm seit 1939 als Gast in der wissenschaftlichen Abteilung der medizinischen Klinik ein Arbeitsplatz zur Verfügung gestellt.

1944 wurde die Klinik ausgebombt. Roth verlor alles, Bibliothek, Manuskripte, Notizen für den Landolt-Börnstein, seine Apparaturen, seine Skizzenbücher. 1949 zog er nach einer schweren Krankheit nach Braunschweig zurück.

Die Erinnerungen des 76-Jährigen schließen mit den Satz: "Nun muß ich hier in der mir noch vergönnten Zeit versuchen, die sämtlichen in Freiburg und beim Verlag verlorengegangenen thermochemischen Tabellen für den "Landolt-Börnstein" neu herzustellen."

Walther A. Roth starb ein Jahr später, am 29. März 1950.

Karl Scheel

Durch den ersten Weltkrieg wurde die Planung der 5. Auflage unterbrochen. Auf Grund der starken Nachfrage nach der inzwischen vergriffenen 4. Auflage wurde bald nach dem Krieg ein mechanischer Neudruck dieser Auflage hergestellt.

Die Planung der 5. Auflage stieß auf Schwierigkeiten. Zunächst musste ein neuer Herausgeber gefunden werden, denn Richard Börnstein war 1913 gestorben.

Es war ein Glück für den Verlag, Prof. Dr. Karl Scheel gewinnen zu können. Als Autor seit der 2. Auflage war er schon fast 20 Jahre dem Landolt-Börnstein verbunden. Als Physiker konnte er sich in der Nachfolge Börnsteins den physikalischen Bereichen des Tabellenwerks widmen, während Walther A. Roth – inzwischen Professor für Physikalische Chemie in Braunschweig – weiterhin die physikalisch-chemische Seite betreute.

Karl Scheel wurde 1866 in Rostock geboren. Nach Studienjahren in Rostock und Berlin promovierte er 1890 bei Pernet mit einer Arbeit über die "Ausdehnung des Wassers". Hier zeigten sich bereits die Grundzüge der Scheel'schen Arbeitsweise: größte Sorgfalt, höchste Genauigkeit und strengste Gewissenhaftigkeit.

Karl Scheel (10.3.1866 - 8.11.1936)

Karl Scheel, Professor an der Physikalisch-Technischen Reichsanstalt in Charlottenburg, hat sich um die Herausgabe wichtiger Zeitschriften und Sammelwerke verdient gemacht. So gründete er mit Hans Geiger 1921 die "Zeitschrift für Physik" und gab, ebenfalls mit Hans Geiger, später das "Handbuch für Physik" heraus.

Als Autor war er schon seit der 2. Auflage mit dem Landolt-Börnstein verbunden. Als er Mitherausgeber wurde, war er schon lange Jahre Berater des Verlags in physikalischen Fragen.

Im gleichen Jahr trat Scheel in die drei Jahre vorher gegründete "Physikalisch-technische Reichsanstalt" ein. Als Stellenbezeichnung findet man in biographischen Notizen aus dieser Zeit "technischer Hülfsarbeiter an der Kaiserlichen Normal-Aichungs-Kommission".

Seine Arbeiten aus den folgenden Jahren stammten vor allem aus dem Bereich der Thermometrie (Temperaturskalen, Wärmeeinheit, Dichte- und Dampfdruckmessungen, Ausdehnung fester Körper u.a.).

Wichtiger im Zusammenhang mit seiner späteren Herausgebertätigkeit des Landolt-Börnstein waren seine Tätigkeiten für die "Deutsche Physikalische Gesellschaft" und – ganz allgemein – seine Arbeit für das physikalische Schrifttum.

1899 begann diese Tätigkeit mit seinem Eintritt in die Schriftleitung der "Fortschritte der Physik". Herausgeber dieser Zeitschrift war damals Richard Börnstein! Drei Jahre später übernahm er die Redaktion der "Verhandlungen der Deutschen Physikalischen Gesellschaft". Später war er dann an mehreren großen Vorhaben beteiligt: der Herausgabe der "Physikalischen Berichte" und der Herausgabe (mit Hans Geiger) des "Handbuches der Physik", das ähnlich wie der "Landolt-Börnstein" allgemein als der "Geiger-Scheel" bekannt wurde.

Hinzu kamen seit 1902 die Autorentätigkeit und nach dem Tod von Richard Börnstein die Herausgebertätigkeit am Landolt-Börnstein.

Scheel gründetet die "Zeitschrift für Physik", deren 100. Band kurz vor seinem Tod 1936 erschien.

Schon kurz nach der Jahrhundertwende wurde Scheel Geschäftsführer der Deutschen Physikalischen Gesellschaft, ein Amt, das er 35 Jahre ausübte. In dieser Stellung wurde er allgemein bekannt. "Geheimrat Scheel" war in den Jahren 1819 bis 1936 - wie es in einem Nachruf heißt - der "Getreue Ekkehart der deutschen Physiker". Er organisierte die Physikertagungen; jeder kannte ihn und er kannte jeden.

Mit unbändiger Arbeitskraft war er für die Physik, besonders für "seine" Deutsche Physikalische Gesellschaft tätig.

Neben Hans Landolt und Richard Börnstein war Karl Scheel einer der treibenden Kräfte, denen der Landolt-Börnstein seinen Erfolg und über Jahrzehnte seine Existenz verdankte.

Die fünfte Auflage (1923 - 1936)

Nach der 4. Auflage konnte man das Werk nicht im alten Sinn weiterführen. Mit über 1300 Seiten war die 4. Auflage an die Grenzen gestoßen, die einen Band für den Gebrauch handlich hielten. Zumindest war eine Aufteilung in zwei Bänden notwendig.

Aber auch die Fortschritte der Wissenschaft erforderten eine Umstrukturierung. Die bisherigen Auflagen enthielten keine Kapitel über Atomphysik. Optik, Elektrizität, Magnetismus waren Gebiete, die zwar in früheren Auflagen schon berücksichtigt wurden, die aber in ihrer Bedeutung für die Physik gewaltig gewachsen waren. Lag bisher der Schwerpunkt eher bei der physikalischen Chemie, so traten jetzt physikalische Gebiete in den Vordergrund, die weit von der Chemie entfernt lagen.

Auf Einzelheiten kommen wir später zurück. Zu den allgemeinen Schwierigkeiten gehörten neben der Umstrukturierung die Folgeerscheinungen des Krieges, beim Verlag die steigende Inflation, bei den Autoren die Erschwerung bei der Beschaffung der ausländischen Literatur.

Der Umfang der im Jahr 1923 erschienen beiden Bände betrug 1695 Seiten. Die Zahl der Autoren war 63. Damit setzte sich der in den letzten Auflagen festgestellte Anstieg fort.

Diese Entwicklung konnte nur aufgefangen werden durch einen weiteren Beschluss:

An eine neue Auflage "in circa 10 Jahren" war nicht mehr zu denken. Um das Werk laufend auf der Höhe zu halten, planten die Herausgeber in Abständen von rund zwei Jahren Ergänzungsbände herauszugeben, um die inzwischen veröffentlichten Daten aufzunehmen und etwa verbleibende Lücken aufzufüllen.

Der erste Ergänzungsband erschien 1927, der zweite 1931. Der dritte Ergänzungsband erschien in drei Teilbänden in den Jahren 1935 und 1936. Die Zahl der Autoren war auf 82 gestiegen, die Gesamtzahl der Seiten betrug 3039!

Damit war eine grundlegende Revision des Landolt/Börnsteinschen Konzeptes dringend erforderlich. Bevor wir uns der 6. Auflage zuwenden, in der eine solche Revision versucht wurde, sei eine genauere Analyse der 2. bis 5. Auflage eingeschoben.

Das Titelblatt des ersten von drei Teilbänden des dritten Ergänzungsbandes der fünften Auflage.

87 Autoren grüßen vom Titelblatt. Hinter diesem Titelblatt verbergen sich etwa 3000 Seiten. Eine 6. Auflage war bei dem zu erwartenden weiteren Anstieg der wissenschaftlichen Forschungsergebnisse ohne Änderung des gesamten Konzeptes nicht möglich.

Änderungen der Schwerpunkte in den folgenden Auflagen

Fassen wir zunächst nochmals das oben geschilderte äußere Wachstum der "Physikalisch-chemischen Tabellen" in der Tabelle auf der nächsten Seite zusammen. (Vgl. auch die ausführlichen Listen im Anhang).

Auflage	Zahl der Teilbände	Seitenzahl	Erscheinungsjahr	Herausgeber	Zahl der Autoren
1. Auflage	1	249	1883	Landolt/Börnstein	2
2. Auflage	1	563	1894	Landolt/Börnstein	15
3. Auflage	1	861	1905	Börnstein/Meyerhoffer	45
4. Auflage	1	1313	1912	Börnstein/Roth	50
5. Auflage	2	1695	1923	Roth/Scheel	63
5. Auflage, 1. Ergänzungsband	1	919	1927	Roth/Scheel	66
5. Auflage, 2. Ergänzugsband	2	1717	1931	Roth/Scheel	77
5. Auflage, 3. Ergänzungsband	3	3039	1935/6	Roth/Scheel	82

Aus bescheidenen Anfängen war im Laufe eines halben Jahrhunderts ein Mammutwerk geworden. Zählte die erste Auflage knapp 250 Seiten, so umfasste die fünfte Auflage einschließlich ihrer Ergänzungsbände über 7000 Seiten!

Die Ergänzungsbände allein hatten über 5600 Seiten. Diese Zahl ist nicht unbedingt aussagekräftig für den Zuwachs an Datenmaterial. Denn selbst wenn die zwischen 1927 und 1936 erschienenen Bände den Anspruch erhoben, nur ergänzende Daten zur 5. Auflage von 1923 zu liefern, so wurden doch in vielen Fällen Einzeldaten oder ganze Tabellen der 5. Auflage wiederholt, um den Gebrauch des Bandes zu erleichtern.

Bevor wir uns den Änderungen in der Gewichtung der einzelnen Tabellen und Kapitel im Laufe der Jahre zuwenden sei eine Äußerlichkeit erwähnt, die charakteristisch für die Entwicklung des Werkes ist.

Auf den Titelseiten der 1. und 2. Auflage findet man als Titel "Physikalisch-Chemische Tabellen" mit dem Zusatz "von Dr. H. Landolt ...... und Dr. Richard Börnstein" (1. Auflage) bzw. "Unter Mitwirkung von ..... herausgegeben von Dr. Hans Landolt ..... und Dr. Richard Börnstein" (2. Auflage). Bei der 3. Auflage, an der H. Landolt nicht mehr mitwirkte, heißt der Titel; "LANDOLT-BÖRNSTEIN – PHYSIKALISCH-CHEMISCHE TABELLEN". Damit war der "Der Landolt-Börnstein" geboren, der Name, unter dem das Werk nun über 100 Jahre zu einem festen Begriff wurde.

Nochmals zurück zu dem ursprünglichen Titel:

Die 1. Auflage wurde von dem physikalischen Chemiker Hans Landolt geprägt. Der zwanzig Jahre jüngere Physiker Richard Börnstein trug zwar Tabellen mit rein physikalischen Daten bei. Aber das Schwergewicht lag doch auf dem Wort "physikalisch-chemisch". Es waren Tabellen für den physikalischen Chemiker, noch nicht Tabellen für den Physiker und den Chemiker. Dies wurden sie erst im Verlauf der Auflagen des kommenden halben Jahrhunderts.

Die Schwerpunkte des Buches änderten sich, wie sich auch die Schwerpunkte der Naturwissenschaften änderten. Beibehalten wurde das Prinzip zweier Herausgeber, von denen einer physikalischer Chemiker und einer reiner Physiker war. Jeder der beiden Herausgeber hatte seinen Zuständigkeitsbereich. Der eine mit dem Schwerpunkt Chemie, der andere mit dem Schwerpunkt Physik, wobei die Grenzen nicht scharf eingehalten wurden, ja auch nicht eingehalten werden konnten.

War die erste Auflage noch eine Sammlung von 110 Tabellen ohne äußere Gliederung, so wurden die Tabellen seit der 2. Auflage durch Zwischentitel in Kapitel zusammengefasst.

Einige Tabellen verschwanden. In den ersten Auflagen war ein nicht unbedeutender Teil der Reduktion von Wägungen und Drucken vorbehalten, ein Gebiet, das in der 5. Auflage langsam verschwand. Auch die in den ersten Auflagen ausführlichen Verzeichnisse der wichtigsten Zeitschriften mit Jahres- und Bandzahlen verschwanden im Laufe der Zeit.

Die Abschnitte mit chemischen Daten wuchsen schnell, jedoch ohne wesentliche Änderung in den ausgewählten Daten. Die Zahl der untersuchten chemischen Verbindungen wuchs und somit die Länge der Tabellen. Im physikalischen Teil wuchs die Zahl der Themen mit der wachsenden Bedeutung neuer physikalischer Forschungsgebiete. Die Atomphysik kam erst in der 5. Auflage hinzu. Schon im dritten Ergänzungsband dieser Auflage beanspruchte sie ca. 20% der Seiten.

Elektrizität und Optik waren Schwerpunkte mit stetig wachsender Bedeutung. Der Magnetismus, in den ersten zwei Auflagen praktisch nicht vertreten, kam dann als neuer Schwerpunkt hinzu, wenn auch nur langsam ansteigend. Wir werden später sehen, welche gewaltigen Datenmengen über magnetische Eigenschaften der Materie in der "Neuen Serie" enthalten sind.

Insgesamt erkennt man den Beginn einer Verlagerung des Schwerpunkts in Richtung physikalischer Themen. Es ist nur ein Beginn. Denn große Gebiete, wie die Kristallstrukturen, die Halbleiter, die Supraleiter, die Kernphysik und die Elementarteilchenphysik, die Astronomie und viele andere heute im Vordergrund stehende Bereiche sind bis zur 5. Auflage für die Aufnahme in "den Landolt-Börnstein" noch nicht von hinreichender Bedeutung. Sie kamen erst später hinzu.

Entwicklung einiger Schwerpunktgebiete in den fünf ersten Auflagen

(angegeben sind die Seitenzahlen der entsprechenden Abschnitte)

	1	2	3	4	5	5-1	5-2	5-3
Atome und Spektren	-	-	-	-	96	114	139	593
Optik	34	94	118	122	126	119	277	485
Elektrizität	7	53	48	134	169	115	211	357
Magnetismus	-	-	17	21	18	11	11	27
Thermische Eigenschaften	29	80	77	80	108	45	134	205

4. Die sechste Auflage

Die Vorbereitung der 6. Auflage: Das neue Herausgeberkollegium

Der letzte Ergänzungsband der 5. Auflage erschien 1936. Im selben Jahr starb Karl Scheel.

Ein neuer Herausgeber musste gefunden werden. Gleichzeitig musste ein neues Konzept für den Landolt-Börnstein entwickelt werden. Denn es war allen klar, dass nach der fünften Auflage mit insgesamt ca. 7000 Seiten das Werk ein anderes Gesicht bekommen musste.

So wurde ein Herausgeberkollegium gegründet. Ihm gehörten die Herrn J. D'Ans (Berlin), J. Bartels (Potsdam), A. Eucken (Göttingen), G. Joos (Göttingen), E. Schmidt (Braunschweig) und der bisherige Mitherausgeber W. A. Roth (Braunschweig / Freiburg i. Br.) an.

Zunächst einige Worte zu den neuen Herausgebern.

Das neue Herausgeberkollegium:

obere Reihe: *J. D'Ans, J. Bartels, A. Eucken*
untere Reihe: *G. Joos, E. Schmidt, W. A. Roth*

J. D'Ans: Professor Dr. Jean D'Ans wurde 1881 in Fiume geboren, studierte 1899 bis 1904 und promovierte 1904 in Darmstadt. Nach Assistententätigkeit bei van't Hoff in Berlin und L. Wöhler in Darmstadt habilitierte er sich 1909 im Fach Chemische Technologie. Nach fünf Jahren Dozententätigkeit ging er in die chemische Industrie (Feldmühle, Auer-Gesellschaft, Kali-Forschungsanstalt). Nach 1945 wurde er o. Professor für anorganische und technische Chemie an der TU Berlin, wo er 1953 emeritiert wurde.

J. D'Ans bearbeitete schon vor dem ersten Weltkrieg ein Lehrbuch von Smith "Einführung in die allgemeine und anorganische Chemie", gab später die Zeitschriften "Fortschritte der anorganischen Chemie" und "Chemische Apparatur" heraus. Seit 1943 erscheint in vielen Auflagen der "D'Ans-Lax", eine Datensammlung, die sich im Konzept vom Landolt-Börnstein vor allem dadurch unterscheidet, dass sie ein einbändiges Kompendium darstellt. "D'Ans-Lax" und "Landolt-Börnstein" dienen also verschiedenen Zwecken und ergänzen sich, ohne Konkurrenten zu sein.

J. Bartels: Prof. Dr. Julius Bartels wurde 1899 geboren, studierte Mathematik, Physik und Geographie und promovierte 1923. Nach einer Tätigkeit am Magnetischen Observatorium in Potsdam wurde er 1928 Professor in Eberswalde. 1936 wurde er o. Professor in Berlin und Direktor des Potsdamer Geophysikalischen Instituts. Zwischen 1931 und 1940 war er außerdem Research Associate am Department of Terrestrial Magnetism bei der Carnegie-Stiftung in Washingten/USA. Nach 1945 wurde Bartels Professor in Göttingen und seit 1955 zugleich Direktor des Max-Planck-Instituts für die Physik der Stratosphäre in Lindau/Harz. J. Bartels starb 1964.

Auf Grund seiner umfassenden geophysikalischen Kenntnisse war Bartels der geeignete Herausgeber für den geplanten geophysikalischen Teil des Landolt-Börnstein. Auch die Nähe seines Arbeitsplatzes zu Berlin mag Anlass dafür gewesen sein, Julius Bartels in das neugebildete Herausgeberkollegium zu berufen.

A. Eucken: Prof. Dr. Arnold Eucken wurde am 7. März 1884 in Jena geboren. Nach dem Studium in Kiel, Jena und Berlin promovierte er 1906 bei Walther Nernst über "Den stationären Zustand zwischen polarisierten Wasserstoffelektroden", habilitierte sich fünf Jahre später mit einer Arbeit "Über die Temperaturabhängigkeit der Wärmeleitfähigkeit fester Nichtmetalle". Im Jahr 1915 erhielt er einen Ruf auf den ordentlichen Lehrstuhl für physikalische Chemie in Breslau, von wo er 1930 als Nachfolger von Tammann nach Göttingen wechselte. Eucken starb am 16. Juni 1950 in Seebruck am Chiemsee.

Arnold Eucken wurde nach 1945 einer der entscheidenen Herausgeber-Persönlichkeiten des Landolt-Börnstein. Wir werde deshalb auf ihn später in diesem Kapitel und im nächsten Kapitel ausführlich zurückkommen.

G. Joos: Prof. Dr. Georg Joos wurde 1894 geboren. Nach Studium und Promotion habilitierte er sich 1922 in München. Im Jahr 1927 wurde er als Professor für Theoretische Physik nach Jena berufen und wurde dort Direktor des Physikalischen Instituts der Universität. Im Jahr 1935 wechselte er auf eine Professur an der Universität Göttingen. Er ging dann 1941 als Mitglied der Geschäftsführung zu den Carl-Zeiss-Werken nach Jena. Von 1946 bis zu seiner Emeritierung war er o. Professor und Direktor des Physikalischen Instituts der Technischen Hochschule München.

Georg Joos war ein vielseitiger Physiker, der sowohl experimentierte als auch theoretisch arbeitete. Bekannt ist sein "Lehrbuch der theoretischen Physik", das in über 10 Auflagen über Jahrzehnte erfolgreich war. Viele werden sich auch an den "Lorenz-Joos-Kaluza" erinnern, ein "Lehrbuch der Höheren Mathematik für Praktiker", das gerade in den Anfangssemestern vielen Studenten unentbehrlich wurde.

E. Schmidt: Prof. Dr. Ernst Schmidt - 1892 geboren - studierte Elektrotechnik, was seit 1919 Assistent bei O. Knoblauch am Laboratorium für Technische Physik der TH München. Seit 1925 hatte er den Lehrstuhl für Thermodynamik an der TH Danzig inne, war von 1937 bis 1945 o. Professor für Luftfahrtforschung an der TU Braunschweig und ab 1952 bis zu seiner Emeritierung o. Professor an der TU München.

Ernst Schmidt's Arbeitsgebiete waren neben der Thermodynamik Wärmekraftmaschinen, Kältetechnik und Flugzeugmotoren. Bei dieser Breite technischer Arbeitsgebiete war er für die geplante Einbeziehung der Technik in den Rahmen des Landolt-Börnstein der geeignete Wissenschaftler.

Über das sechste Mitglied des Kollegiums, **W. A. Roth**, haben wir schon im letzten Kapitel berichtet.

Das Herausgeberkollegium war sich schnell über den allgemeinen Rahmen der 6. Auflage einig.

Eine detaillierte Disposition wurde ausgearbeitet und als Vorlage für die Herausgeber und Autoren in einer 20-seitige Broschüre gedruckt.

Die Grundidee war, an Stelle *eines* neuen Bandes *vier* Bände vorzusehen, die unter verschiedenen Herausgebern verschiedene Teilgebiete des Landolt-Börnstein überdecken sollten. Für jeden Band wurde eine bis in Einzelheiten genaues Inhaltsverzeichnis aufgestellt. Es war von vornherein klar, das jeder dieser Bände in einer größeren Anzahl von Teilbänden erscheinen würde.

Um dieser Neugliederung auch äußerlich Ausdruck zu geben, wurde anstelle des bisherige Untertitels "Physikalisch-chemischen Tabellen" der neue Untertitel "Physikalische, chemische und technische Zahlenwerte" vorgesehen.

Der *1. Band* sollte "Atomphysikalische und astrophysikalische Zahlenwerte" umfassen. Herausgeber sollte G. Joos werden. Um die Sorgfalt der detaillierten Planung zu zeigen, sei die Untergliederung für diesen Band skizziert: Sieben Kapitel wurden vorgesehen (Zum Gebrauch der Tabellen; Grundkonstanten der Physik; Kerne; Atome und Ionen; Molekeln; Kristalle; Astrophysikalische Daten). Diese Kapitel wurden wiederum in 37 Unterkapitel aufgeteilt, von denen z.B. das Unterkapitel "Elektronenhülleneigenschaften der Atome" wiederum aus acht Abschnitten bestand.

Der *2. Band* mit dem Titel "Makroskopische Zahlenwerte (Erster Teil)" sollte die folgenden Themenkreise überdecken: Mechanisch-thermische Konstanten homogener Stoffe; mechanisch-thermische Konstanten für das Gleichgewicht heterogener Systeme; charakteristische Konstanten für das Gleichgewicht an Phasengrenzflächen; akustische Konstanten. Als Herausgeber wurden J. D'Ans, A. Eucken und W. A. Roth vorgesehen, denen jeweils einzelne Themenkreise zugeordnet wurden: J. D'Ans wurde zuständig für die mechanisch-thermischen Konstanten homogener Stoffe, W.A. Roth für die heterogenen Systeme, während Eucken die Phasengrenzflächen und die akustischen Konstanten überlassen wurden.

Der *3. Band* mit dem Titel "Makroskopische Zahlenwerte (Zweiter Teil)" sollte die kalorischen, dynamischen, elektrischen, optischen und magnetischen Konstanten umfassen. Herausgeber wurden W.A. Roth (für das Kapitel über kalorische Konstanten) und A. Eucken (für die restlichen Kapitel).

Der *4. Band* schließlich war für "Technische und geophysikalische Zahlenwerte" vorgesehen, im Einzelnen: die Mechanik fester und flüssiger Körper; die Akustik; die Wärme; die Strahlung und das Licht; ferner Elektrotechnik; Röntgentechnik; Geophysik. Als Herausgeber sollte neben E. Schmidt, der für die Technik zuständig wurde, J. Bartels, Potsdam, für den geophysikalischen Teil gewonnen werden.

Auf Grund dieses detaillierten Plans wurden schon seit dem Jahr 1937 Autoren geworben. Die ersten Manuskripte kamen im Laufe des Jahres 1938. Nach Beginn des Krieges lief die Drucklegung langsam und war mit Schwierigkeiten verbunden. Immerhin waren im Jahr 1944 über hundert Druckbogen im Satz.

Dieser gesamte Satz sowie weitere 35 Druckbogen wurden dann aber durch einen Bombenangriff völlig vernichtet.

So musste nach dem Krieg alles praktisch von vorne beginnen. Fahnenkorrekturen der gesetzten Bogen waren noch vorhanden. Aber weder war das Herausgeberkollegium noch vollständig, noch standen alle Autoren weiterhin zur Verfügung. Hinzu kamen die gleichen Schwierigkeiten wie nach dem ersten Weltkrieg: Beschaffung ausländischer Literatur, Überarbeitung der vorhandenen Beiträge u.s.w.

Zunächst müssen wir uns dem Verlag zuwenden, der vor und im Zweiten Weltkrieg eine schwere Zeit durchmachte.

Der Springer-Verlag zwischen 1933 und 1945

Die Jahre nach 1933 brachten dem Verlag schwere Sorgen. Die Emigration vieler Autoren und Herausgeber führte zu Schwierigkeiten. In Deutschland verbliebene jüdische Autoren bekamen Publikationsverbot. Von offiziellen Stellen wurden dem Verlag das Leben so schwer wie möglich gemacht. Insbesondere Johannes Starck, nach 1933 zum Präsidenten der Physikalisch-technischen Reichsanstalt ernannt, versuchte, dem Verlag massiv zu schaden.

Julius Springer wurde nach den "Rassengesetzen" der Nationalsozialisten als Jude eingestuft, da drei seiner Großeltern Juden waren. Ferdinand Springer, mit zwei jüdischen Großeltern, war "nur" Halbjude. Der Verlag war also ein "jüdischer Verlag" und deshalb zahlreichen Schikanen ausgesetzt.

Die internationale Bedeutung des Verlags war jedoch so groß, dass er als Verlag unbehelligt blieb. Sein naturwissenschaftliches Arbeitsgebiet war einer Zensur praktisch unzugänglich. Gebiete, auf denen eine politische Zensur drohte, wurden eingestellt. Außerdem war die Exportleistung der Firma von größter wirtschaftlicher Bedeutung.

Trotzdem musste Julius Springer 1935 ausscheiden. An seine Stelle rückte Tönjes Lange, Generalbevollmächtigter des Verlags und eng mit der Familie Springer verbunden. Als Mitinhaber hatte dieser wesentliche Verdienste am Weiterbestehen der Firma.

*links: Ferdinand Springer
(1881 bis 1965)
rechts: Julius Springer
(1880 bis 1968)*

Die beiden Vettern leiteten den Verlag seit 1906 und machten ihn bis zum Ende der zwanziger Jahre zum größten deutschen wissenschaftlichen Verlag.

Nach 1945 bauten sie den Ver-lag neu auf und brachten ihn zu seiner ehemaligen Größe und Bedeutung zurück.

Tönjes Lange (1889 bis 1961)

Generalbevollmächtigter des Springer-Verlags in den dreißiger Jahren übernahm er den Verlag 1942, um seine Zerschlagung zu verhindern. Nach dem Krieg gab er ihn an Ferdinand und Julius Springer zurück, blieb aber neben den beiden Vettern Mitteilhaber.

Auf Grund einer Verordnung aus dem Jahr 1941 mussten jüdische Namen im Verlagswesen eliminiert werden. Aus dem "Verlag von Julius Springer" wurde der "Springer-Verlag". Im Signet des Verlages musst JS durch SV ersetzt werden. Auch für den "Landolt-Börnstein" hatte dies Konsequenzen. So musste für die im Druck befindliche Neuauflage der Titel auf "Physikalisch-chemische Tabellen" reduziert werden. Die Namen der Begründer durftem nicht mehr genannt werden, – weil Richard Börnstein Jude gewesen war!

Damals wurde auch aus der dem Verlag gehörigen "Hirschwald'schen Buchhandlung" die Buchhandlung "Lange & Springer".

Im Jahr 1943 musste auch Ferdinand Springer ausscheiden. Alleinige Gesellschafter wurden Tönjes Lange und sein Bruder Otto Lange, der bis dahin den Wiener Springer-Verlag geleitet hatte.

Das folgende Jahr 1944 brachte die wirtschaftliche und menschliche Katastrophe. Das Berliner Verlagshaus brannte bei einem Bombenangriff völlig ab, die Produktion kam fast völlig zum Erliegen. Die beiden Söhne des Firmengründers Fritz und Ernst Springer verloren ihr Leben. Fritz Springer nahm sich 94-jährig das Leben, als er deportiert werden sollte. Der 84-jährige Ernst Springer wurde nach Theresienstadt deportiert, von wo er nicht mehr zurückkam.

Zum Glück konnten die beiden Enkel das Kriegsende überleben. Ferdinand Springer wurde nach seinem Ausscheiden aus dem Verlag von Freunden auf einem Gut in Pommern aufgenommen, wurde dort im Februar 1945 von den Russen verhaftet, aber bald freigelassen. Auch Julius Springer überstand zurückgezogen die Kriegsjahre.

Tönjes Lange gab die Firma sofort den alten Inhabern zurück. Der Wiederaufbau konnte beginnen.

Der Start der 6. Auflage

Es ist hier nicht der Ort, die Firmengeschichte in der Zeit nach 1945 nachzuzeichnen. Wir beschränken uns auf den Neustart der 6. Auflage.

Ferdinand Springer hatte im Mai 1945 wieder die Leitung des Verlags übernommen. Es war klar, dass Berlin nicht mehr der einzige Standort sein konnte. Die Berliner Gebäude waren größtenteils zerstört, die Verbindungen nach Westen durch die Insellage Berlins schwierig.

So begann der Wiederaufbau mit einer Dezentralisation. Berlin blieb weiterhin ein Schwerpunkt der Verlagstätigkeit. Aber als neuer Standort kam Heidelberg hinzu. Ferdinand Springer zog im Herbst 1946 nach Heidelberg und begann dort schrittweise eine Herstellungsabteilung aufzubauen.

Ein weiterer Standort wurde – zumindest für einige Jahre – Göttingen. Dort trafen sich zwei Persönlichkeiten, die schon vor dem Krieg am Landolt-Börnstein mitgearbeitet hatten.

Henrik Salle baute den Göttinger Standort auf. Arnold Eucken, Göttinger Ordinarius für Physikalische Chemie, war schon vor dem Krieg Mitglied des Herausgeberkollegiums für die 6. Auflage. Beide gemeinsam ergriffen die Initiative, die Planungen für ein 6. Auflage wiederzubeleben.

Henrik Salle (1910 bis 2004)

Henrik Salle war von 1947 bis 1962 Direktor der Verlags-Niederlassung in Göttingen. Danach übernahm er in Berlin die Leitung des Fachbereichs Technik des Verlags und war damit auch für den Landolt-Börnstein zuständig. Salle leitete in Berlin gleichzeitig bis 1976 den Herstellungsbereich.

Nach seiner Pensionierung behielt er noch bis ins hohe Alter die Verantwortung für den Landolt-Börnstein, die er 1991 an Rainer Poerschke übergab.

Henrik Salle und Arnold Eucken

Henrik Salle war seit 1935 Mitarbeiter des Verlags. Schon sein Vater was als medizinischer Berater des Verlags, als Redakteur der schon in den 20er Jahren gegründeten "Medizinischen Wochenschrift" eng mit dem Verlag verbunden.

Als Henrik Salle 1935 in den Verlag eintrat wurde er Assistent von Ferdinand Springer für den Bereich Technik. Nach Kriegsende gelangte Salle durch Zufall nach Göttingen, wo er zunächst blieb. Der Verlag nutzte diesen Zufall aus, indem er Salle mit der Gründung einer Niederlassung in Göttingen beauftragte. Ziel des Verlags war, bei den unsicheren Verhältnissen in Berlin "ein Bein im Westen" zu haben, um eventuell ganz in den Westen überzusiedeln.

Dazu kam es dann aber nicht. Im Gegenteil, Salle wurde nach Berlin gerufen, um nach dem Ausscheiden von Julius Springer am 1. Januar 1962 die Leitung des Fachbereiches Technik des Verlags zu übernehmen.

Arnold Eucken (1884 - 1950)

Eucken war einer der bekanntesten physikalischen Chemiker der dreißiger- und vierziger Jahre des letzten Jahrhunderts. Als Schüler von Nernst bildete er selbst eine große Schule, aus der als letzter Manfred Eigen promovierte.

Eucken war besonders prädestiniert, den Landolt-Börnstein nach dem zweiten Weltkrieg in die richtige Bahn zu lenken, da er neben seiner wissenschaftlichen Leistung durch zahlreiche Bücher sein Wissen über physikalische Chemie weiter gegeben hatte. Neben der Herausgabe des Landolt-Börnstein gab Eucken nach dem Krieg auch "Die Naturwissenschaften" heraus.

Vorher hatte er aber noch einen entscheidenden Schritt getan: er hatte in Göttingen Arnold Eucken dafür gewonnen, die Herausgabe des Landolt-Börnstein voranzutreiben. Eucken hatte schon den Herausgeberkollegium angehört, das vor dem Krieg die 6. Auflage vorbereitete. Mit Arnold Eucken hatte der Verlag eine Persönlichkeit gewonnen, die die Weichenstellung beim Landolt-Börnstein prägte. Eucken galt als einer der damals führenden physikalischen Chemiker. Er hatte mehrere Lehrbücher geschrieben, von denen der "Grundriss der Physikalischen Chemie" und das "Lehrbuch der chemischen Physik" besonders bekannt wurden.

Die neue Konzeption der 6. Auflage

Ein Neubeginn war notwendig. Wie gesagt, nicht mehr alle Mitglieder des Herausgeber-Kollegiums und nicht mehr alle Autoren standen zur Verfügung. Viele Manuskripte waren verbrannt, viele schon gesetzte Kapitel nur noch teilweise vorhanden.

Auch einige Änderungen an dem 1936 entworfenen Gliederungs-Konzept wurden notwendig.

Unverändert blieb selbstverständlich das seit der 1. Auflage zu Grunde liegende Prinzip, exakte, d.h. numerisch angebbare Ergebnisse der physikalischen, chemischen und technischen Forschung einem großen Leserkreis zugänglich zu machen und dabei jede mitgeteilte Information durch eine Literaturangabe nachprüfbar zu machen.

Die notwendigen Änderungen waren aber doch einschneidend.

– Die Entwicklung der naturwissenschaftlichen Forschung hatte in den 60 Jahren seit Erscheinen der 1. Auflage immer stärker den Wunsch der Forscher geweckt, in einer Datensammlung nicht einzelne Messwerte zu finden, sondern seine funktionelle Abhängigkeit von Parametern, wie Temperatur, Druck, Wellenlänge, chemische Zusammensetzung u.a.. Demgemäß traten Diagramme immer stärker gleichberechtigt neben Tabellen. Die Tabellen dienten einer genauen Angabe einzelner Messwerte. Die Diagramme dienten einer Darstellung seiner funktionellen Abhängigkeit von anderen Parametern.

Um dieser Änderung auch äußerlich Ausdruck zu geben, wurde der Titel nochmals geändert. Sah die Disposition von 1936 den neuen Untertitel "Physikalische, chemische und technische Zahlenwerte" vor, so wurde dieser Titel jetzt in "*Zahlenwerte und Funktionen aus Physik, Chemie und Technik*" erweitert.

– Schon die 5. Auflage sprengte den Rahmen einer kompakten Datensammlung, da der Benutzer nicht nur in den zwei Teilbänden der eigentlichen 5. Auflage suchen musste, sondern auch drei Ergänzungsbände mit insgesamt sechs Teilbänden hinzuziehen musste. Die bisherige Prämisse, eine Auflage zu einem Zeitpunkt auf den Markt zu bringen, wurde deshalb aufgegeben. Stattdessen sollten – wie bereits 1936 konzipiert – gemäß einer vorgegebenen Gliederung eine vorgegebene Anzahl von Einzelbänden (mit einer zunächst unbestimmten Zahl von Teilbänden) erscheinen. Das Erscheinen eines Bandes war damit von der Fertigstellung der anderen Bände der 6. Auflage abgekoppelt und die Aktualität der Bände bei ihrem Erscheinen sichergestellt.

Vorgesehen wurden vier Einzelbände mit einer gegenüber dem Konzept von 1936 etwas geänderten Aufteilung: Band I: Atom- und Molekularphysik, Band II: Eigenschaften der Materie in ihren Aggregatzuständen, Band III: Astronomie und Geophysik, Band IV: Technik.

– Diese vier Einzelbände wurden gemäß dem alten Konzept verschiedenen Bandherausgebern überlassen, die die Verantwortung für das jeweilige Teilgebiet trugen.

– Um den Umfang der 6. Auflage einigermaßen in Grenzen zu halten, wurden zwei Einschränkungen vorgenommen:

Dem Autor eines Beitrags wurde aufgetragen, aus der Fülle der Angaben eines Messwertes in den Publikationen verschiedener Autoren einen "Bestwert" auszusuchen bzw. einen "wahrscheinlichsten Wert" abzuleiten. Die subjektive Bewertung der Literaturangaben wurde also einem Fachmann überlassen, der nach Möglichkeit die Gründe seiner Beurteilung offenlegen sollte.

Dem Autor wurde ferner aufgetragen, aus der Fülle der Substanzen diejenigen auszuwählen, für die man ein Interesse bei den meisten Benutzern des Landolt-Börnstein vermuten konnte.

Gerade im Bereich der organischen Chemie war die Zahl der untersuchten Substanzen so groß geworden, dass man unmöglich alle mitgeteilten Daten in einem Band aufnehmen konnte. A. Eucken schrieb damals, dass im Jahr 1950 nach seiner Schätzung die Zahl exakter Datenangaben das Hundertfache der entsprechenden Zahl im Jahr 1900 sei.

– Die letzte Änderung von Bedeutung war, dass nicht nur Diagramme verstärkt neben Tabellen traten, sondern dass auch Text zur Erläuterung der vorgestellten Daten notwendig wurde. Denn Daten werden häufig mit verschiedenen Messverfahren gewonnen. Messverfahren müssen also im Grundsatz erläutert werden. Viele Daten werden außerdem nur verständlich, wenn die theoretischen Grundlagen bekannt sind, mit Hilfe derer die Daten aus den Messungen abgeleitet werden.

Der erste Teilband des ersten Bandes erschien 1950 unter dem Titel "Atome und Ionen". Er hatte 441 Seiten und enthielt 248 Figuren. 27 weitere Teilbände der 6. Auflage sollten im Verlauf der folgenden 30 Jahre erscheinen. Sie umfassten am Ende zusammen 22 360 Seiten und 21 929 Figuren. (Siehe hierzu auch das Diagramm am Beginn des folgenden Kapitels).

Diese Zahlen bedeuten eine gewaltige Steigerung gegenüber der 5. Auflage. Gegenüber der "Neuen Serie", die der 6. Auflage folgte, sind diese Zahlen dagegen niedrig! Wir werden dies im folgenden Kapitel sehen.

Der erste Teilband trägt als Herausgeber den Namen Arnold Eucken. Ursprünglich war hierfür Georg Joos vorgesehen. Da dieser von 1947 bis 1949 in Boston arbeitete, stand er nicht zur Verfügung. Eucken übernahm selbst die Herausgabe, zog aber sogleich einen Physiker hinzu.

Dieser Teilband trägt deshalb den Vermerk: "Herausgegeben von A. Eucken unter Mitarbeit von K.H. Hellwege". Der zweite Teilband trägt als Herausgeber beide Namen gleichberechtigt. Von Band I/3 ab liest man nur noch K.H. Hellwege. Arnold Eucken war 1950 gestorben.

Damit tritt ein neuer Herausgeber auf, der die Geschicke des Landolt-Börnstein entscheidend prägen sollte.

Karl-Heinz Hellwege

Karl-Heinz Hellwege wurde 1910 in Bremerhaven geboren. Nach seinem Studium in Marburg, München und Kiel ging er nach Göttingen, wo er 1934 bei James Franck promovierte. 1939 habilitierte er sich bei G. Joos mit einer Arbeit über langwellige Infrarotstrahlung. In den folgenden Jahren beschäftige er sich mit Energieniveaus in Kristallen, vor allem von Seltenen Erden, worüber er zahlreiche Untersuchungen zusammen mit seiner Frau Anne Marie Röver-Hellwege publizierte.

1950 wurde Hellwege apl. Professor in Göttingen und bekam 1952 einen Ruf auf den Lehrstuhl für Technische Physik an der TH Darmstadt, wo er bis zu seiner Emeritierung im Jahr 1976 lehrte. Von 1955 bis 1968 leitete er außerdem das Deutsche Kunststoff-Institut in Darmstadt.

Für den Landolt-Börnstein liegt die Bedeutung Hellweges in seiner über dreißigjährigen Tätigkeit als Gesamtherausgeber und in dem in dieser Zeit erfolgten Übergang von der

"Auflagen-Struktur" des Landolt-Börnstein zu der im nächsten Kapitel zu schildernden "Neuen Serie".

Karl-Heinz Hellwege (1910 bis 1999)

Hellwege leitete über dreißig Jahre lang als Gesamtherausgeber den Landolt-Börnstein. In diese Zeit hatte er zunächst die Haupt-verantwortung für die 6. Auflage. 1960 änderte er erfolgreich das Konzept des Landolt-Börnstein durch Gründung der "Neuen Serie".

Die 6. Auflage im Einzelnen

Zunächst ein tabellarischer Überblick (siehe die Tabelle auf der nächsten Seite, für genauere Informationen über alle Bände und Teilbände der 6. Auflage siehe Anhang 1).

Die Tabelle auf der folgenden Seite zeigt, dass das Ziel der 6. Auflage, durch eine straffe Gliederung in vier Bände (und einer Folge von Teilbänden) der Datenmengen Herr zu werden, nur unvollkommen gelöst wurde. Nicht nur die Zahl der jeweils einem Teilkapitel gewidmeten Teilbände wuchs unverhältnismäßig. Einzelne Teilbände mussten nochmals in "Unter-Teilbände" aufgegliedert werden. Und schließlich vergingen 30 Jahre bis die gesamte 6. Auflage erschienen war.

Wir kommen hierauf zurück, wenn wir am Beginn des folgenden Kapitels die Notwendigkeit einer weiteren Änderung der Gesamtkonzeption analysieren.

Zunächst zu den vier Bänden I ... IV, in die die 6. Auflage von Anfang an geteilt wurde. Elf Herausgeber zeichneten dafür verantwortlich.

Der **erste Band** trug den Titel "Atom- und Molekularphysik". Damit war er einem Gebiet gewidmet, das in den ersten Auflagen überhaupt noch nicht in Erscheinung getreten war.

Der Band gliederte sich in fünf Teilbände mit den Titeln "Atome und Ionen", "Moleküle I", Moleküle II", "Kristalle" und "Atomkerne und Elementarteilchen".

Herausgegeben bis zu seinem Tod von A. Eucken und fortgeführt von K.H. Hellwege erschienen die fünf Teilbände relativ zügig. Nur fünf Jahre vergingen zwischen dem Erscheinen des ersten Teilbandes und dem des fünften Teilbandes. Mit 3213 Seiten hatte er knapp die Hälfte des Umfangs der 5. Auflage inklusive deren Ergänzungsbände! Mit 2473 Figuren übertraf er die Figurenzahl früherer Auflagen.

Es mag verwundern, dass in einem Band über Atom- und Molekularphysik ein Teilband über Kristalle erscheint. Dies liegt an der Schwierigkeit, ein wissenschaftliches Fach eindeutig zu gliedern. Ziel des ersten Bandes war eine Sammlung derjenigen atom- und molekularphysikalischen Zahlenwerte und Funktionen, die sich im Prinzip auf *Eigenschaften der in sich abgeschlossenen Bauelemente der Materie* beziehen. Dabei kommen aber neben Eigenschaften von Atomen, Ionen und Molekülen auch Eigenschaften von Kristallen in Frage. So findet man hier beispielsweise Symmetrien und Raumgruppen von Kristallen, Ionenradien, Gitterschwingungen, Spektren etc.

Band	Zahl der Teilbände	Herausgeber	Anzahl der Autoren	Erscheinungsjahr	Anzahl der Figuren	Anzahl der Seiten
I-1	1	A.Eucken, K.H.Hellwege	14	1950	248	441
I-2	1	A.Eucken, K.H.Hellwege	9	1951	460	571
I-3	1	A.Eucken, K.H.Hellwege	16	1951	364	724
I-4	1	K.H.Hellwege	17	1955	930	1007
I-5	1	K.H.Hellwege	19	1952	471	470
II-1	1	K.Schäfer, G.Beggerow	15	1971	131	944
II-2	3	K.Schäfer, E.Lax	18	1960-1964	2947	2689
II-3	1	K.Schäfer, E.Lax	13	1956	998	535
II-4	1	K.Schäfer, E.Lax	11	1961	210	863
II-5	2	K.Schäfer	17	1968-1969	483	1126
II-6	1	K.H. Hellwege, A-M. Hellwege	22	1959	1777	1018
II-7	1	K.H. Hellwege, A.M. Hellwege, K.Schäfer, E.Lax	8	1960	405	959
II-8	1	K.H. Hellwege, A.M. Hellwege	15	1962	212	901
II-9	1	K.H. Hellwege, A.M. Hellwege	35	1962	2256	935
II-10	1	K.H. Hellwege, A.M. Hellwege	4	1967	-	173
III	1	J.Bartels, P. ten Bruggencate	65	1952	339	795
IV-1	1	E.Schmidt	22	1955	1104	881
IV-2	3	H.Borchers, E.Schmidt	45	1963-1965	4182	2864
IV-3	1	E.Schmidt	19	1957	2117	1076
IV-4	4	H.Hausen	28	1967-1980	2295	3388

Erwähnt werden sollte noch, dass diesem ersten Band ein Kapitel "Zum Gebrauch des Bandes" vorangestellt wurde, das unter anderem Abschnitte über das Periodische System der Elemente, über Maßsysteme und Grundkonstanten der Physik enthält.

Der zweite Band mit dem etwas aufwendigen Titel "Eigenschaften der Materie in ihren Aggregatzuständen" (im ersten Entwurf "Makrophysik und Chemie" genannt) war mit zehn

Teilbänden der umfangreichste. Während die Daten des ersten Bandes meist indirekt aus Experimenten hergeleitet werden müssen, ergeben sich die Daten des zweiten Bandes in der Regel aus direkten Messungen an normalen makroskopischen Objekten (elektrische Leitfähigkeit, Wärmeleitfähigkeit, Viskosität, Magnetisierung etc.). Diese Zielsetzung zeigt sich auch in den Titeln der zahlreichen Teilbände:

1. Mechanisch-thermische Zustandsgrößen, 2. Gleichgewichte außer Schmelzgleichgewichten, 3. Schmelzgleichgewichte und Grenzflächenerscheinungen, 4. Kalorische Zustandsgrößen, 5. Transportphänomene, Kinetik, homogene Gasgleichgewichte, 6. Elektrische Eigenschaften, 7. Elektrochemische Systeme, 8. Optische Konstanten, 9./10. Magnetische Eigenschaften.

Immer noch dominiert in vielen Titeln die physikalische Chemie. Aber – wie schon in den letzten Auflagen – die rein physikalischen Themen gewinnen an Umfang. Dieser Trend wird sich später in der Neuen Serie fortsetzen.

Für die physikalisch-chemischen und die physikalischen Kapitel wurden verschiedene Herausgeber verpflichtet.

Weitere Herausgeber der 6. Auflage: Dr. Ellen Lax (das Bild zeigt sie an ihrem 90. Geburtstag), Paul ten Bruggencate, Helmut Hausen, Heinz Borchers, Klaus Schäfer

So übernahm Klaus Schäfer die Verantwortung für die physikalische Chemie.

K. Schäfer: Prof. Dr. Klaus Schäfer (1910 bis 1984) studierte in Frankfurt, Göttingen und Marburg und promovierte bei Arnold Eucken, dessen Assistent er von 1936 bis 1940 war. 1040 habilitierte er sich in Göttingen und wurde 1948 o. Professor für physikalische Chemie in Heidelberg.

Als Mitherausgeberin für drei Teilbände verpflichtete er Frau Dr. Ellen Lax.

E. Lax: Dr. Ellen Lax wurde 1885 geboren. Nach dem Physik-Studium - verzögert durch den ersten Weltkrieg, in dem sie Röntgen- und Operationsschwester, Bakteriologin und Laborleiterin war - promovierte sie 1919 bei Walther Nernst. Von 1919 bis 1936 war sie bei der Firma Osram als wissenschaftliche Mitarbeiterin. Dann wechselte sie zum Springer-Verlag, blieb dort bis 1945, verbrachte dann fünf Jahre im Institut für Lehrmittelforschung der Humboldt-Universität, um schließlich für weitere fünf Jahre zum Springer-Verlag zurückzukehren. Zur Mitarbeit am Landolt-Börnstein kam später die Mitherausgabe des D'Ans-Lax, des oben schon erwähnten anderen physikalischen Tabellenwerks des Verlags.

163 Autoren trugen zu diesem zweiten Band der 6. Auflage bei. 10 143 Seiten mit 9 419 Diagrammen – einen solchen Umfang hatte bisher noch kein Landolt-Börnstein Band.

Auf Schwierigkeiten stieß die Aufteilung des Stoffes auf diesen Band und den der Technik gewidmeten vierten Band. Die Aufteilung wurde – soweit es überhaupt möglich war – nach dem Prinzip durchgeführt, dass Band II diejenigen Ergebnisse enthielt, die an einem physikalisch wie chemisch gut definierten Material erhalten worden waren, während Band IV den "technischen Materialien" gewidmet war, über deren Struktur und chemische Zusammensetzung häufig keine sicheren Aussagen möglich waren.

Der **dritte Band** – gewidmet der Astronomie und der Geophysik – machte keine Aufteilungsschwierigkeiten. Jedes der beiden Gebiete hatte einen verantwortlichen Herausgeber:

Paul ten Bruggencate war zuständig für den astronomischen Teil. Geboren 1901 studierte er 1920 bis 1924 in Stuttgart, München und Göttingen. Dann ging er an die Göttinger Sternwarte (vorübergehend auch an eine Sternwarte in Java), habilitierte sich 1929 in Greifswald, wo er auch zwei Jahre später eine Professur erhielt. Seit dem Jahr 1941 war er o. Professor und Direktor der Universitätssternwarte Göttingen.

Paul ten Bruggencate war einer der bekanntesten Astrophysiker seiner Zeit. Daneben war er langjährig Vorsitzender der Astronomischen Gesellschaft und Präsident der Akademie der Wissenschaften zu Göttingen. 1961 starb er im Alter von 60 Jahren.

J. Bartels übernahm die Herausgabe des geophysikalischen Teils. Als Mitglied des ursprünglichen Herausgeberkollegiums für die 6. Auflage haben wir ihn schon früher vorgestellt.

Die Gliederung des dritten Bandes ergab sich zwangsläufig. Die Zahl der Autoren war zwar hoch (65), die Seiten- und Figurenzahlen (795 bzw. 331) hielten sich jedoch in Grenzen.

Der **vierte Band** schließlich – der Technik vorbehalten – gliederte sich in: 1. Stoffwerte und mechanisches Verhalten von Nicht-Metallen, 2. Stoffwerte und Verhalten von metallischen Werkstoffen, 3. Elektrotechnik, Lichttechnik, Röntgentechnik, 4. Wärmetechnik.

Herausgeber war **E. Schmidt**, der schon in ursprünglichen Redaktionkollegium dieses Kapitel geplant hatte.

E. Schmidt verpflichtete zwei Mitherausgeber:

H. Hausen: Prof. Dr. Helmuth Hausen, geboren 1895, gestorben 1987, war von 1922 bis 1949 wissenschaftlicher Mitarbeiter der Gesellschaft für Linde's Eismaschinen, habilitierte sich 1928 und war seit 1950 o. Professor an der Technischen Hochschule Hannover. Dort leitete er das Institut für Thermodynamik und Dampfkesselwesen.

H. Borchers: Prof. Dr. Heinz Borchers, geboren 1903, gestorben 1993, studierte 1922 bis 1926 in Aachen, ging dann für einige Jahre in die Industrie, promovierte 1930 und wurde Oberingenieur und (später) Privatdozent am Institut für Metallhüttenwesen und Elektrometallurgie an der TH Aachen. 1939 erhielt er einen Ruf an die TH München, wo er bis zu seiner Emeritierung im Jahr 1966 blieb.

Mit 114 Autoren, 9 698 Figuren und 8 209 Seiten liegt dieser vierte Band der 6. Auflage zwar noch an der Grenze des für die 6. Auflage "Üblichen". Überblickt man jedoch den Inhalt im Einzelnen, so sieht man die Heterogenität und den Umfang all dessen, was sich an Gebieten unter dem Namen "Technik" versammelt. Vor allem zeigt sich, dass man die "Technik" im Rahmen des Landolt-Börnstein nicht erschöpfend behandeln kann. So interessant die im vierten Band behandelten Gebiete auch sein mögen, eine Grenze wurde hier aufgezeigt. In die Neuen Serie wurden deshalb technische Bände nur vereinzelt aufgenommen und auch nur da, wo eine *neue* Technik noch in engem Zusammenhang mit der Physik oder der Chemie steht.

So schreibt der Herausgeber E. Schmidt im Vorwort zu Band IV/1:

"Durch die Hinzufügung des Bandes "Technik" geht die Neuauflage dieses Werkes über den bisherigen Rahmen hinaus, der im wesentlichen Messergebnisse an wohl definierten Stoffen umfasste. Technisch verwendete Stoffe sind aber selten eindeutig im physikalischen Sinne zu kennzeichnen. Naturstoffe, wie Gesteine und Hölzer, oder Faserstoffe, haben eine große Schwankungsbreite der Eigenschaften. Auch Metalle, die man als chemische Elemente am ehesten als wohl definiert anzusehen geneigt ist, ändern sich durch geringe Verunreinigungen oder Zusätze erheblich, und ihre Eigenschaften hängen außerdem in hohem Maß von der thermischen und formgebenden Vorgeschichte ab. Glas, Keramik und ähnliche Erzeugnisse sind komplizierte, in der Zusammensetzung in weiten Grenzen schwankende Mehrstoffgemische. Bei organischen Kunststoffen sind in manchen Fällen zwar die Ausgangsstoffe chemisch gut definiert, aber bei der Herstellung werden z.B. durch Polymerisation hochmolekulare Strukturen erzeugt, die durch Angabe des Molekulargewichts oder des Polymerisationsgrades nur sehr roh gekennzeichnet sind. Trotz dieser Unsicherheit besteht ein großes Bedürfnis nach Zusammenstellung der Eigenschaften solcher Stoffe, dem hier entsprochen werden soll."

5. Die Neue Serie

Die Notwendigkeit einer Neugliederung

Nach dem Überquellen des Materials in der 5. Auflage und deren drei Ergänzungsbänden war bei der Planung der 6. Auflage eine Neugliederung des Landolt-Börnstein notwendig geworden.

Das neue Konzept der 6. Auflage – Gliederung in vier Bände mit einer jeweils noch unbestimmten Anzahl von Teilbänden – war zwar ein Fortschritt. Im Grunde genommen hat es sich aber nicht bewährt.

Man erkennt dies an dem folgendem Diagramm.

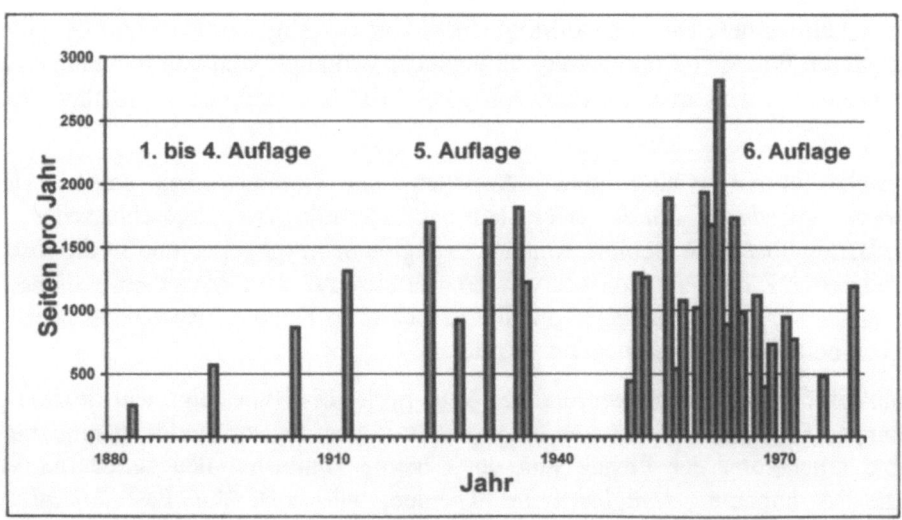

Seitenzahlen pro Jahr der Bände der ersten sechs Auflagen des Landolt-Börnstein. Die Hoffnung, durch Herausgabe von Einzelbänden in der 6. Auflage die mit dem Anwachsen des Umfangs verbundenen Schwierigkeiten in den Griff zu bekommen, erfüllte sich nicht, da die 6. Auflage in 28 Teilbänden über einen Zeitraum von 30 Jahren erschien und einen größeren Umfang hatte als alle vorherigen Auflagen zusammen genommen.

Der wesentliche Fehler der Konzeption der 6. Auflage war die Vorgabe, die Gesamtgliederung in Bände, Kapitel und Abschnitte mit von vornherein festgelegten Titeln vorzunehmen.

Denn diese Vorgabe erforderte eine Vorplanung, an der im Lauf der Herausgabe nicht mehr viel geändert werden konnte. Es war also nötig, die Auflage in einem überschaubaren Zeitrahmen auf den Markt zu bringen. Bei der Schnelligkeit des wissenschaftlichen Fortschritts nach dem Zweiten Weltkrieg war dies nicht mehr möglich. Vom Erscheinen des ersten Teilbandes bis zum Erscheinen des letzten (28.) Teilbandes vergingen 30 Jahre!

Die fünf Teilbände des I. Bandes erschienen zwar innerhalb von fünf Jahren 1950 bis 1955. Auch der Band III erschien frühzeitig (1952). Der II. Band mit seinen 10 Teilbänden kam aber erst relativ spät heraus, verteilt über die Jahre 1956 bis 1971. Einzelne Teilbände mussten des Umfangs wegen nochmals unterteilt werden. Die Schwierigkeiten bei Band IV, dem Technik-Band, waren dann kaum zu meistern. Der erste Teilband erschien 1955; aber bis zum Erscheinen des abschließenden Bandes vergingen 25 Jahre.

Nach 10 Jahren, also lange vor Abschluss der gesamten 6. Auflage, war der 1951 erschienene Teilband I/1 über Atome und Ionen schon ergänzungsbedürftig, der Teilband I/5 über Atomkerne und Elementarteilchen schon in Teilen überholt, obwohl damals erst die Hälfte der Bände der 6. Auflage erschienen waren.

So musste mitten während der Herausgabe der 6. Auflage eine Neuauflage geplant werden.

Eine 7. Auflage, in welcher Form auch immer, erschien aussichtslos. Ein völlig neues Konzept musste entwickelt werden. Die einzige Möglichkeit war ein Abgehen von einer Gliederung in "Auflagen", deren Bände von vornherein mit einander verknüpft sind und in einem so kurzen Zeitraum erscheinen, dass man wirklich von einer in sich geschlossenen Auflage sprechen kann.

An die Stelle immer wieder neuer Auflagen des Gesamtwerkes sollten vielmehr *nebeneinander geordnete Bände* erscheinen, die jeweils ein abgeschlossenes Gebiet behandeln. Bände über neue Gebiete konnten zwanglos herausgegeben und in die lose Folge bereits publizierter Bände eingeordnet werden. Bereits auf dem Markt befindliche Bände könnten dann je nach dem Fortschritt auf ihrem Gebiet in längeren Abständen oder rascher Folge neu bearbeitet oder supplementiert werden.

Dieses Konzept, dem die damals gegründete "Neue Serie" bis heute folgt, war flexibel genug, den Änderungen des wissenschaftlichen Interesses zu folgen. Es war flexibel genug, die bisher vorgegebene Gliederung der Physik und der Chemie zugunsten neugegliederter Gebiete aufzugeben. So konnten zwanglos neue Themen, wie z.B. die Festkörperphysik in Bandgruppen zusammengefasst werden. Man konnte auch – bei Bedarf – solche Gebiete im Lauf der Zeit weiter untergliedern, z.B. die Festkörperphysik (nach Substanzgruppen) in Halbleiterphysik, Supraleiterphysik, oder auch (nach Eigenschaftsgruppen) in Diamagnetismus, in Transporteigenschaften, elektronische Eigenschaften usw.

Die Flexibilität des neuen Konzepts bewährte sich in drei Richtungen. Die Datenmassen, die im Laufe der Jahre von der Wissenschaft "produziert" wurden, konnten leichter bewältigt werden. Man konnte leichter der Spezialisierung folgen und Teilgebiete neu zusammenfassen. Man konnte schließlich besser der Verschiedenartigkeit der Darstellungsform Genüge tun, die für ein jeweiliges Teilgebiet angemessen war.

Wenn schon die Neue Serie eine völlig andere Struktur bekam als die sechs Auflagen, so konnten auch andere Änderungen vorgenommen werden, die die wissenschaftliche Entwicklung erforderte.

Dazu gehört, dass die Sprache im Laufe der Jahre konsequent auf Englisch umgestellt wurde. In den ersten Jahren wurde als Übergang noch Titel, Inhaltsverzeichnis und Vorwort zweisprachig gesetzt. Aber auch dieser Kompromiss fiel schnell weg.

So heißt der Untertitel jetzt nur noch:

LANDOLT-BÖRNSTEIN. Numerical Data and Functional Relationships in Science and Technology, *New Series*.

Die Konsequenzen des Konzepts der "Neuen Serie" für den Verlag

Es war offensichtlich, dass sich mit dem neuen Konzept auch Konsequenzen für die Herausgabe der Neuen Serie ergaben.

Das "Auflagen-Konzept" beschränkte sich jeweils auf einen definierten Zeitraum: die Planung und Herausgabe einer neuen Version. Diese befriedigte den Markt dann wieder für einen längeren Zeitraum, bis sie vergriffen war oder der wissenschaftliche Fortschritt eine Neubearbeitung erforderte.

Die Herausgabe der "Neuen Serie" war dagegen ein kontinuierlicher Prozess. Ein sachverständiger Wissenschaftler (oder eine Herausgebergruppe) musste ständig den physikalischen und chemischen Fortschritt überwachen und die Produktionspläne dementsprechend lenken.

Oder anders gesagt: Ein *Gesamtherausgeber* musste gefunden werden. Seine Aufgabe bestand in der Suche nach aktuellen Themen, die einen neuen Band oder eine neue Bandgruppe nahelegten.

Dafür hatte er einen Fachmann als *Bandherausgeber* zu suchen. Die Aufgabe des Bandherausgebers, als Fachmann auf dem entsprechenden Spezialgebiet, war zunächst ein Detailentwurf für den Band und dann die Verpflichtung der *Autoren*. Dies erforderte ein Zusammenspiel zwischen Verlag, Gesamtherausgeber, Bandherausgeber und Autoren, welches viel differenzierter war, als der bisherige Weg.

Die Bandherausgeber hatten eine doppelte Verpflichtung:

Sie mussten zunächst die Autoren anleiten, damit deren Manuskripte in den Gesamtrahmen passten. Dies war schon deshalb notwendig, da manche Bände 10 bis 20 Autoren hatten, deren Arbeit koordiniert werden musste.

Bei Ablieferung der Manuskripte oder vorläufiger Teile eines Manuskripts hatten sie diese zu überprüfen und mit dem Gesamtherausgeber abzustimmen. Erst wenn hier keine Probleme mehr zu lösen waren konnte ein Manuskript an den Verlag gehen. Die Organisation der Neuen Serie erforderte also neue Wege.

Alles dies ließ sich nur koordinieren, wenn eine nur für den Landolt-Börnstein zuständige *Redaktion* existierte, die die Detailarbeiten durchführte. Sie musste dem Gesamtherausgeber zugeordnet werden, der die wissenschaftliche Verantwortung für das Gesamtwerk hatte.

Auf Seiten des Verlags musste ein "*Planer*" die wirtschaftliche und finanzielle Seite der Drucklegung der Bände übernehmen und alle Maßnahmen dem Verlag gegenüber verantworten.

Auf solche organisatorischen Fragen gehen wir im folgenden Kapitel ein. Im vorliegenden Kapitel wollen wir nun die Bände der "Neuen Serie" inhaltlich verfolgen – zunächst in einem allgemeinen Überblick, dann im Einzelnen innerhalb der Gesamtplanung der Neuen Serie.

Ein Überblick über die Neue Serie 1961 bis 2007

Im Jahr 1960 wurde die Planung der Neue Serie aufgenommen. Ein Jahr später erschien der erste Band I/1 "Energy Levels of Nuclei". Die ersten Bände der Neuen Serie waren, wie schon gesagt, in Titel, Vorwort und allen einführenden Texten zweisprachig. Später wurde des internationalen Interesse wegen durchgängig die englische Sprache benutzt.

Die Gruppen der Neuen Serie des Landolt-Börnstein und ihre Untergliederung

Group I	Elementary Particles, Nuclei and Atoms	General Topics Elementary Particles Nuclei Atoms and Plasmas
Group II	Molecules and Radicals	Structure and Molecular Constants Acoustical and Optical Properties Magnetic Properties Reaction Kinetics
Group III	Condensed Matter	Crystallography, Structure and Morphology Semiconductors Electronic Properties Electrical Properties Magnetic Properties Optical Properties Atomic Defects and Diffusion Spectroscopic Methods
Group IV	Physical Chemistry	Mechanical Properties Electrical Properties Thermodynamic Properties
Group V	Geophysics	
Group VI	Astronomy and Astrophysics	
Group VII	Biophysics	
Group VIII	Advanced Materials und Technologies	
–	Units and Fundamental Constants	Units Fundamental Constants
–	Indexes	Comprehensive Index Inorganic Substance Index Organic Substance Index

Bei der Nennung der Titel in der folgenden Diskussion beschränken wir uns deshalb auf die englischen Titel, die heute allein in Zusammenstellungen der Bände der Neuen Serie benutzt werden.

Das schnelle Erscheinen des ersten Bandes hatte wohl drei Gründe – genau lässt sich dieses nicht mehr nachprüfen. Zum einen war es wichtig, nach Ankündigung der Neuen Serie schnell einen Band folgen zu lassen.

Andererseits lief noch die Publikation der 6. Auflage, von der erst die Hälfte der Bände erschienen war. Verlagstechnisch war es also wichtig, den Schwerpunkt der Produktion weiterhin auf der 6. Auflage zu lassen.

Hinzu kam schließlich, dass offensichtlich Tabellen zum Thema "Energy Levels of Nuclei" vorlagen, die nur überarbeitet und zusammengestellt werden mussten. Figuren wurden nicht benötigt, die Herstellung war also relativ einfach.

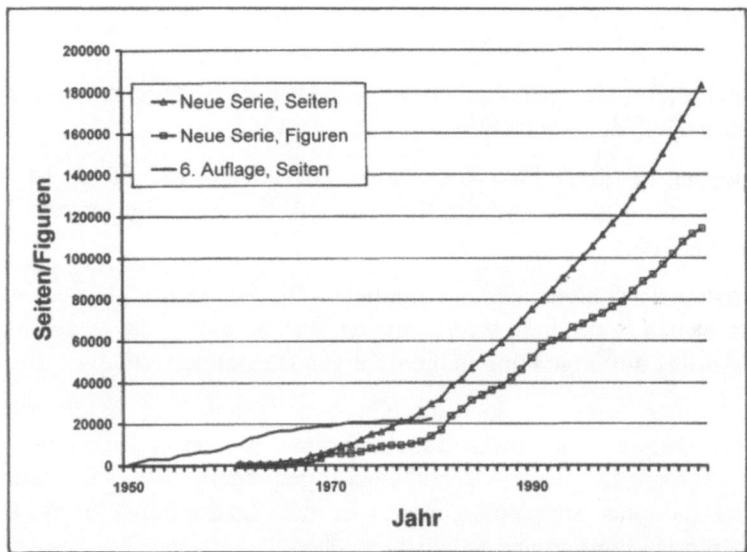

Anwachsen der Seitenzahlen der 6. Auflage (vom Erscheinen des ersten Teilbandes 1951 bis zum Erscheinen des 28. und letzten Teilbandes 1980) und der Neuen Serie (von ihrer Gründung bis 2007). Hinzugefügt ist die Gesamtzahl der Figuren der Neuen Serie.
Zu Erkennen ist der Trend zu einer immer größeren jährlichen Seitenzahl, die sich seit Bestehen des Werks fortsetzt. Weder das Konzept der 6. Auflage noch das Konzept der Neuen Serie konnten diesen Trend stoppen.
Um dem Bedürfnis der Wissenschaftler nachzukommen war schon nach wenigen Jahrzehnten ein Übergang zu wieder einem neuen Konzept notwendig. Dieses Konzept ist der heutige "Landolt-Börnstein Online" (Kapitel 9).

Für diese Deutung spricht auch, dass der nächste Band der Neuen Serie (II/1: Magnetic Properties of Free Radicals") erst vier Jahre später erschien. Inzwischen waren 20 der insgesamt

28 Teilbände der 6. Auflage erschienen, die weiteren acht Bände folgten langsam in den kommenden 15 Jahren. Das Schwergewicht der Produktion konnte sich also auf die Neue Serie verschieben.

Für die Gliederung der Neuen Serie wurde nur *ein* Rahmen vorgegeben: eine Aufteilung in sechs Gruppen: Group I: Nuclear and Particle Physics, Group II: Atomic and Molecular Physics, Group III: Solid State Physics, Group IV: Macroscopic and Technical Properties of Matter, Group V: Geophysics, Group VI: Astronomy and Astrophysics.

Später wurden noch zwei Gruppen hinzugefügt: "Biophysics" und "Advanced Materials and Technologies". Zu dieser Zeit wurden auch die Titel der ursprünglichen Gruppen geringfügig geändert.

Hinzugefügt wurden ferner außerhalb der Gruppeneinteilung Indexbände und zwei Bände über "Units" und "Fundamental Constants".

Die obige Übersicht listet diese 8 Gruppen (unter ihren heutigen Bezeichnungen) auf. Diese Übersicht enthält ferner eine Untergliederung der Gruppen, die nicht vorbestimmt war, sich vielmehr im Laufe der Jahrzehnte von selbst ergab.

Struktur und Inhalt dieser Gruppen werden wir weiter unten besprechen. Zunächst noch einige Worte zum "Lebenslauf" der Neuen Serie.

Insgesamt erschienen bis 2007 über 400 Bände. Die Anzahl der Bände ist jedoch weniger aussagekräftig als die gesamte Seitenzahl, die auf der vorhergehenden Seite in einem Diagramm dargestellt ist.

Der ständige Anstieg der Seitenzahlen – ein Zeichen für die wachsende Zahl von Messdaten – war auch in der Neuen Serie nicht zu vermeiden. Das Konzept der Neuen Serie konnte nur leichter diesen Anstieg auffangen und in die richtigen Bahnen lenken.

Wir werden dies sehen, wenn wir jetzt die einzelnen Gruppen im Detail besprechen. Dabei stellen wir jeder Gruppe eine kurze Tabelle voran, die nach Teilgebieten (kursiv) und innerhalb der Teilgebiete nach Bandthemen gegliedert ist. Für jedes Bandthema (ursprünglicher Band plus Supplementbände) ist die Bandnummer sowie die Anzahl der Teilbände, der Autoren, Figuren und Seiten angegeben.

Für eine detaillierte Übersicht verweisen wir auf Anhang 1.

Bevor wir uns den einzelnen Gruppen zuwenden soll noch kurz auf ihren Anteil am gesamten Tabellenwerk eingegangen werden. Die Graphik auf der nächsten Seite zeigt die Anteile der acht Gruppen Ende des Jahres 2007.

Von oben im Uhrzeigersinn fortschreitend sieht man:

Gruppe I (Elementarteilchen, Kerne, Atome): 18 719 Seiten, 11%; Gruppe II (Moleküle und Radikale): 34 374 Seiten 20%, Gruppe III (Kondensierte Materie): 77 659 Seiten, 44%, Gruppe IV (Physikalische Chemie): 28 842 Seiten, 26%, Gruppe V (Geophysik): 5 373 Seiten, 3%, Gruppe VI (Astrophysik): 2 880 Seiten, 2%, Gruppe VII (Biophysik): 2209 Seiten, 1%, Gruppe VIII (Moderne Materialien und Technologien): 5 131 Seiten 3%.

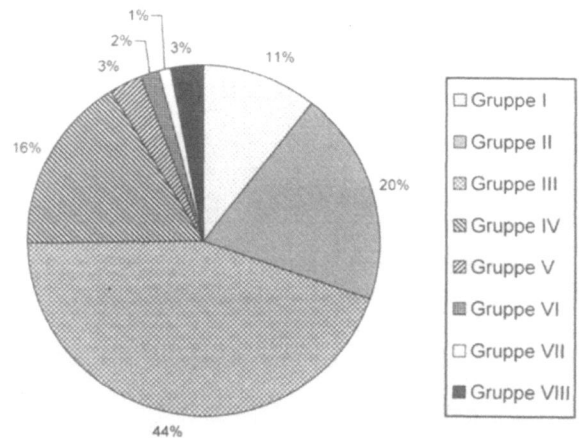

Anteile der einzelnen Gruppen am gesamten Volumen der Neuen Serie.

Gruppe I: *Elementary Particles, Nuclei, and Atoms*

Mit Band I/1 "Energy Levels of Nuclei, A = 5 to A = 257" wurde die neue Serie 1961 begonnen. Bandherausgeber waren der Initiator der Neuen Serie Karl-Heinz Hellwege und seine Frau Anne-Marie Hellwege.

Es folgte dann allerdings ein zeitlicher Einschnitt. Erst sechs Jahre später erschien der nächste Band I/2 "Nuclear Radii". Herausgeber war Herwig Schopper. Er war ein Glücksgriff für die weitere Gestaltung dieser Gruppe, denn er blieb dem Landolt-Börnstein als Herausgeber der Gruppe I treu.

Ein Überblick über die bisher erschienenen Bände dieser Gruppe zeigt wichtige Einzelheiten (siehe die Tabelle auf der folgenden Seite):

Kernphysik und Elementarteilchenphysik ist ein schnell wachsendes Gebiet. Teilchenbeschleuniger wie bei CERN in Genf, bei DESY in Hamburg, weitere in Dubna, in Stanford und an anderen Standorten liefern so viele Daten, dass es unmöglich ist auch nur einen Bruchteil davon für eine systematische Überdeckung des Gesamtgebietes zu ordnen.

Die Übersicht am Anfang dieses Abschnittes zeigt deshalb auch Themengruppen, innerhalb derer Einzelthemen – anscheinend willkürlich ausgewählt – behandelt werden.

Dieser Eindruck ist nicht korrekt. Er zeigt aber doch sehr deutlich die Schwierigkeiten der Neuen Serie, deren Anspruch gleichzeitig "Vollständigkeit" und "Aktualität" ist.

Eine Vollständigkeit auf dem Gebiet der Elementarteilchenphysik ist illusorisch. Deshalb musste hier der Aktualität der Vorzug gegeben werden. Nur ein ausgewiesener Fachmann wie Herwig Schopper, der den größten Teil seines Forscherlebens bei CERN verbracht hat und der dieses Forschungszentrum viele Jahre leitete, konnte beurteilen, was die Wissenschaft gerade brauchte, welchen Themen also jeweils Bände gewidmet werden sollten.

Natürlich spielen auch äußere Gründe bei der Wahl der Themen eine Rolle. Für welches Gebiet sind gerade Autoren verfügbar, die für einen Band gewonnen werden können? Gibt es vielleicht schon interne Datensammlungen, die Kondensationskeime für neue Bände sein können?

Thema	Band	Teilbände	Autoren	Figuren	Seiten
General Topics:					
Angular Correlation Computations	I/3	1	1	-	1202
Electroweak Interactions	I/10	1	2	188	300
Radiation Shielding	I/11	1	5	158	427
Elementary Particles:					
Production Spectra of Elementary Particles	I/6	1	6	30	164
Exchange Scattering of Elementary Particles	I/7,9	4	9	595	2198
Photoproduction of Elementary Particles	I/8	1	3	165	341
Electron-Positron-Interactions	I/14	1	6	356	332
Low-Energy Neutron Physics	I/16	4	23	999	1872
Nuclei:					
Energy and Structure of Nuclear Levels	I/1,18	4	20	761	2036
Nuclear Radii and Charge Radii	I/2,20	2	5	219	441
Beta-Decay and Electron Capture	I/4	1	2	4	316
Parameters of Nuclear Reactions	I/5	3	5	982	1416
Cross-Sections for High-Energy Reactions	I/12	2	4	386	828
Production of Radionuclides	I/13	9	5	2317	3506
Nuclear States	I/19	5	2	-	2486
Atoms and Plasmas:					
Photon and Electron Interactions with Atoms, Molecules and Ions	I/17	3	9	344	764

Insgesamt wurden bisher 19 Bände mit 42 Teilbänden herausgegeben. Der Gesamtumfang von ca. 17 000 Seiten übersteigt den Umfang der 5. Auflage einschließlich ihrer Ergänzungsbände um mehr als das Doppelte und erreicht schon fast die Seitenzahl der gesamten 6. Auflage. Und dies, obwohl die behandelten Themen nur eine aktuelle Auswahl aus allen relevanten Themen der Kern- und Elementarteilchenphysik darstellen.

Das Konzept der "Neuen Serie" erwies sich also als richtig. Solche Datenmengen ließen sich nur durch unabhängige Einzelbände bewältigen.

Gruppe II: Molecules and Radicals

Die Bemerkungen zu Gruppe I treffen im wesentlichen auch für die Bände der Gruppe II zu. Ein Unterschied wird allerdings deutlich, wenn man die obige Tabelle betrachtet: Die Zahl der behandelten Themen aus dem Gebiet der Molekülphysik ist klein, das Schwergewicht liegt auf zwei Themengruppen: "Struktur freier Moleküle und molekulare Konstanten" und "Eigenschaften von Radikalen".

Thema	Band	Teilbände	Autoren	Figuren	Seiten
Structure and Molecular Constants					
Molecular Constants from Microwave Spectroscopy	II/4,6,14,19,24	14	10	620	5431
Molecular Constants from Infrared Spectroscopy	II/20	9	2	-	2662
Structure Data of Free Polyatomic Molecules	II/7,15,21,23,25,28	12	13	-	4494
Theoretical Structures of Molecules	II/22	2	1	-	353
Acoustical and Optical Properties					
Luminescence of Organic Substances	II/3	1	2	270	416
Molecular Acoustics	II/5	1	1	321	286
Magnetic Properties					
Magnetic Properties of Free Radicals	II/1,9,17,26	21	47	156	10460
Magnetic Properties of Transition Metal Compounds	II/2,8,10,11,12	6	2	1625	4754
Diamagnetic Susceptibility	II/16,27	2	4	18	844
Reaction Kinetics					
Radical Reaction Rates in Liquids	II/13,18	12	22	22	4675

In einem weiteren Aspekt unterscheiden sich die Themen dieser Gruppe von den Themen der Gruppe I: Die Bände der Gruppe II liefern Grunddaten auf Gebieten, die sich in schneller Entwicklung befinden. In dichter Folge erscheinen also Supplementbände. Molekulare Konstanten werden bis heute in 23 Teilbänden präsentiert, die seit 1969 erschienen und auch weiterhin ergänzt werden. Magnetische Eigenschaften freier Radikale ist ein Thema, das 1965 in einem 154-seitigen Band behandelt wurde, dessen Supplementierung bis heute fast 20 Bände mit ca. 10000 Seiten erforderte. Herausgeber waren in den 60er und 70er Jahren K.H. und A.M. Hellwege, für die Radikale vor allem dann ein früherer Mitarbeiter von K.H. Hellwege: H. Fischer, Zürich.

Gruppe III: Condensed Matter

Thema	Band	Teilbände	Autoren	Figuren	Seiten
Crystallography, Structure and Morphology					
Structure Data of Organic Crystals	III/5,10	3	3	-	1912
Structure Data of Elements and Metallic Phases	III/6,14	4	4	758	2473
Structure Data of Inorganic Compounds	III/7,43	19	15	612	9515
Epitaxy Data	III/8	1	2	-	186
Physics of Solid Surfaces	III/24	4	26	1600	1725
Phase Diagrams of Nonequilibrium Alloys	III/37	1	8	415	295
Physics of Covered Solid Surfaces	III/42	5	58	987	2262

Semiconductors					
Semiconductors	III/17,22,41	19	136	13044	10207
Semiconductor Quantum Structures	III/34	4	20	865	1211
Electronic Properties					
Metals: Phonon and Electron States	III/13	3	8	2503	1325
Metals: Electronic Transport Phenomena	III/15	3	10	1889	1346
Superconductors	III/21	6	22	-	2427
Photoemission Spectra of Solids	III/23	4	14	2402	1259
Electrical Properties					
Elastic, Piezoelectric, Piezooptic, and Electrooptic Constants	III/1,2,11,18,29,30	14	16	3687	4073
Ferro- and Antiferroelectrics and Related Substances	III/3,9,16,28,36	11	39	11478	6605
Magnetic Properties					
Magnetic Properties of Oxides and Related Compounds	III/4,12,27	34	67	7902	14015
Magnetic Properties of Metals	III/19,32	17	55	12015	6791
Optical Properties					
Optical Constants	III/38	2	2	-	821
Atomic Defects and Diffusion					
Atomic Defects in Metals	III/25	1	4	509	437
Diffusion in Solid Metals and Alloys	III/26	1	14	650	747
Diffusion in Semiconductors and Non-Metals	III/33	2	20	827	1050
Spectroscopic Methods					
Nuclear Quadrupole Resonance Data	III/20,31,39	6	2	709	3404
Nuclear Magnetic Resonance Data	III/35	11	10	-	3003

Diese, ursprünglich "Kristall- und Festkörperphysik" genannte Gruppe übersteigt in ihrem Umfang und in ihren Themengebieten die anderen Gruppen bei weitem. Eine volle Würdigung aller Themengebiete würde hier zu weit führen. Die obige Übersicht zeigt die Breite der behandelten Themen und den Umfang der bisher publizierten Bände.

Wir beschränken uns im Folgenden auf einige Schwerpunkte.

Kristallstrukturen und weitere Strukturdaten:

Kristallstrukturen wurden in der 6. Auflage schon im Band I/4 "Kristalle" behandelt. Es war trotzdem eine der vordringlichsten Aufgaben, dieses Gebiet in einer Folge von Bänden neu in Angriff zu nehmen. So umfassten in der 6. Auflage (1955) die als gesichert angesehenen Strukturdaten für organische und anorganische Substanzen insgesamt nur 160 Seiten für ca. 5000 Substanzen. Inzwischen waren aber nicht nur die Daten von über 40 000 Substanzen bekannt, für jede Substanz war auch die Menge informativer Angaben beträchtlich gewachsen.

Bis Ende der 80er Jahre lagen 24 Teilbände vor, die Strukturdaten von Elementen und metallischen Phasen, von organischen und anorganischen Verbindungen sowie Epitaxiedaten umfassten. Ein wesentliches Verdienst gebührt hier Alarich Weiß und Wolfgang Pies, Darmstadt, die über mehr als ein Jahrzehnt Daten über die Struktur anorganischer Verbindungen sammelten und in fünfzehn Teilbänden mit mehr als 6000 Seiten publizierten.

Hinzu kommen Bände über die Struktur organischer Verbindungen, die Struktur von Metallen und metallischer Phasen, sowie Supplementierungen früher erschienener Bände. Die Zahl der bis jetzt erschienen Bände erreicht fast 30, die Seitenzahl beträgt jetzt über 12 000.

Halbleiter

Die Halbleiterphysik ist ein typisches Beispiel für ein Gebiet, das die Flexibilität der Neuen Serie auf die Probe stellte.

Im Jahr 1979 begann die Planung für einen "Halbleiterband". Als Bandherausgeber wurden O. Madelung (Marburg) und H. Weiß (Erlangen) gewonnen. Beide stammten aus der Arbeitsgruppe von H. Welker im Forschungslaboratorium der Siemens-Schuckert-Werke und waren seit 1951 an der Entdeckung und Erforschung der halbleitenden Eigenschaften der sog. III-V-Verbindungen beteiligt, die heute neben Silizium zu den wichtigsten Halbleitern der modernen Elektronik gehören.

Bei Beginn der Planung war man sich einig, dass nicht nur Silizium, Germanium und die III-V-Verbindungen behandelt werden sollten, sondern auch ein Überblick über die wichtigsten Daten aller damals bekannter Halbleiter gegeben werden sollte. Dies schien um so wichtiger, als es bis dahin keine Zusammenstellung gab, aus der man überhaupt die Zahl der bekannten Elemente und Verbindungen mit halbleitenden Eigenschaften feststellen konnte.

Man einigte sich schnell, dass Madelung die Kapitel über die physikalischen Eigenschaften aller Halbleiter übernehmen solle und Weiß die Kapitel über die technischen Aspekte der Halbleiterphysik unter Beschränkung auf Si, Ge, III-V. Für die Herstellung des Bandes wurde ein Jahr abgeschätzt.

Im Lauf der weiteren Planung und Redaktionsarbeiten ergab sich immer mehr, dass der Umfang des Projektes weit unterschätzt worden war.

Es wurden schließlich 9 Teilbände mit fast 5000 Seiten und über 8000 Abbildungen, es wurden 81 Autoren verpflichtet, und der letzte Band erschien erst 1985, also sechs Jahre später. Herausgeber neben O. Madelung war am Schluss Max Schulz (Erlangen), der an die Stelle des 1981 verstorbenen Herbert Weiß getreten war.

Die Flexibilität der Neuen Serie erwies sich als hervorragend. Trotz des Anwachsens des Projektes um den Faktor 10 konnten die Arbeiten in wenigen Jahren abgeschlossen werden. Wir werden weiter unten an einem Beispiel sehen, dass auch später zum Teil noch größere Projekte unerwartet wuchsen, und dass es dann manchmal auch deutlich länger dauerte, um alles aufzufangen. Auch heute sind einige, seit Jahren erscheinende Projekte noch nicht abgeschlossen.

Zunächst zurück zu den Halbleitern: Der erste Band, der die oben genannten wichtigsten Halbleiter Germanium, Silizium und die III-V-Verbindungen enthielt, erschien 1982. Schon fünf Jahre später war eine Supplementierung nötig, die sich allerdings im Wesentlichen nur auf diesen Band erstreckte. Ein Jahrzehnt später erfolgte dann eine größere Supplementierung (1998 bis 2003). Bei beiden Projekten war es ein Glücksfall, dass die ursprünglichen Autoren oft noch zur Verfügung standen und bereit waren, wieder mitzuarbeiten.

Damit war ein großes Teilgebiet der Festkörperphysik überdeckt, dessen Grunddaten auf längere Zeit keiner Supplementierung bedurften.

Ganz im Sinne der Flexibilität der Neuen Serie folgte eine Weiterführung durch Aufnahme eines neuen Teilgebietes der Halbleiterphysik höchster Aktualität, der Halbleiter-Quantenstrukturen. Innerhalb dieses Bandes sind bisher drei Teilbände erschienen.

Magnetismus:

Daten über magnetische Phänomene waren in der 1. Auflage auf eine Seite beschränkt und betrafen lediglich den Erdmagnetismus. Auch in den folgenden Auflagen blieb die Seitenzahl magnetischer Daten unter 20. Im dritten Ergänzungsband der 5. Auflage waren es 27 Seiten.

Die 6. Auflage brachte es immerhin auf zwei Teilbände mit zusammen ca. 1000 Seiten.

In der Neuen Serie explodierte dann dieses Gebiet. In der Zwischenzeit waren magnetische Materialen in großer Zahl entdeckt oder entwickelt worden. Im Gegensatz zu den Halbleitern waren nicht nur wenige Substanzen technisch wichtig, sondern große Gruppen von Substanzen.

Besonders bei den magnetischen Eigenschaften von Metallen sind nicht nur die intrinsischen Eigenschaften von Interesse, d.h. nicht nur solche Eigenschaften, die nur von der chemischen Zusammensetzung und der Kristallstruktur des Metalls abhängen, sondern auch Eigenschaften, die von der Art der Herstellung der bei der Messung verwendeten Proben beeinflusst sind. Dies gilt besonders bei den Eigenschaften dünner Schichten oder amorpher Proben.

Die Herausgeber der Bände über Magnetismus waren deshalb über Jahrzehnte mit immer umfangreicheren Bänden und mit immer mehr Teilbänden beschäftigt. Besonderes Verdienst kommt hier Prof. H.P.J. Wijn, Eindhoven, zu, der den größten Teil dieser Bände herausgegeben hat.

Im Jahr 1970 erschienen über die magnetischen Eigenschaften von Oxiden und verwandten Verbindungen 2 Bände mit ca. 1000 Seiten. Bis Ende 2007 folgten 31 Bände mit über 12 000 Seiten.

Über die magnetischen Eigenschaften von Metallen wurde seit 1986 ein Band herausgegeben, der schließlich acht Jahre später 13 Teilbände mit über 5000 Seiten umfasste und inzwischen schon wieder supplementiert wird.

Weitere Einzelheiten über die Gliederung und den Inhalt der III. Gruppe möge der Leser der obigen Tabelle entnehmen. Hingewiesen sei auf die umfangreichen Bandgruppen über Substanzen mit charakteristischen Eigenschaften (Supraleiter, Ferro- und Antiferroelektrika,

Metalle), über Festkörpereigenschaften (optische Konstanten, elastische, pizoelektrische und andere Konstanten), über Grenzflächenerscheinungen (Eigenschaften reiner und bedeckter Oberflächen, Photoemission), über Gitterstörungen (Defekte, Diffusion) und über Ergebnisse spezieller Methoden (magnetische Resonanz und Quadrupolresonanz).

Auch diese Aufstellung zeigt, dass in der flexiblen Neuen Serie dem Benutzer die Daten jeweils in dem Kontext angeboten werden können, den er gerade benötigt. Sei es, dass Daten von Substanzgruppen zur Verfügung gestellt werden, sei es dass Eigenschaftsgruppen oder andere Ordnungsmerkmale sich als günstiger erweisen.

Gruppe IV: Physical Chemistry

Physikalisch-chemische Daten gehören seit der 1. Auflage zu dem zentralen Anliegen des Landolt-Börnstein – wenn sich auch der Charakter des Werkes zwangsläufig zur Physik mit ihren großen Teilgebieten Kern- und Elementarteilchenphysik, Molekülphysik, Festkörperphysik, Biophysik u.a. hin verschoben hat.

War der ursprüngliche Titel der Serie "Makroskopische und technische Eigenschaften der Materie", so waren die (nach dem jeweiligen Bedarf der Forschung ausgewählten) Themen eindeutig alle physikalisch-chemischer Natur, sodass der Wechsel des Titels sich zwanglos ergab.

Die Bände dieser Gruppe sind weniger miteinander verknüpft, als in den anderen Gruppen. Die physikalische Chemie ist heute zu umfangreich, als dass sie in ihrer ganzen Breite in der Neuen Serie hätte überdeckt werden können. In diesem Sinn ähnelt die Gruppe IV der Gruppe II (Moleküle und Radikale).

Wir beschäftigen uns deshalb im Folgenden nur mit einigen Einzelbänden und der Frage, warum gerade diese für die Neue Serie ausgewählt wurden.

Zunächst: Die 6. Auflage enthielt in großer Menge physikalisch-chemische Grunddaten, von denen die meisten auf Dauer von Bedeutung bleiben, von denen aber einige doch eine Supplementierung erfordern.

So sind die Daten in Band IV/1 ergänzende Daten zu den Dichten von Flüssigkeiten, die schon in Band II/1 der 6. Auflage – dort aber nur in geringem Umfang – behandelt worden waren.

Auch Band IV/2 mit Daten über Lösungs- und Verdünnungsenthalpien sowie Mischungsenthalpien kann als Weiterführung des Bandes II/4 der 6. Auflage angesehen werden.

Band IV/5 mit Phasengleichgewichten binärer Systeme ist neu für den Landolt-Börnstein, wenn er auch als Vorläufer ein bekanntes Buch von Hansen hat. Der Herausgeber B. Predel führte dieses Projekt fast allein durch - eine ungeheure Arbeitsleistung. In der Vollständigkeit von 10 Teilbänden mit ca. 4000 Seiten war Band IV/5 bei seinem Erscheinen – das sich allerdings der Schwierigkeit der Aufgabe entsprechend über sieben Jahre hinzog – von wesentlicher Aktualität. Inzwischen teilt er das Schicksal aller besonders interessierender Bände – ein Supplement erscheint seit 2006. Außerdem wird die Sammlung für binäre Systeme seit 2004 auf ternäre Systeme erweitert.

Thema	Band	Teilbände	Autoren	Figuren	Seiten
Mechanical Properties					
Densities of Liquid System	IV/1	2	5	62	1051
Surface Tension of Liquids	IV/16	1	2	-	439
Viscosity of Liquids	IV/18	2	2	-	798
Diffusion in Gases, Liquids and their Mixtures	IV/15	1	1	-	409
Electrical Properties					
Dielectric Constants of Liquids	IV/6	1	1	-	521
Electrochemistry	IV/9	1	1	-	510
Thermodynamic Properties					
Heats of Mixing and Solution	IV/2,10	3	6	1214	1503
Thermodynamic Equilibria of Boiling Mixtures	IV/3	1	1	636	376
High-Pressure Properties of Matter	IV/4	1	1	589	427
Phase Equilibria and Other Data of Binary Alloys	IV/5,12	11	1	4632	4330
Phase Equilibria and Other Data of Ternary Systems	IV/11	9	1	2443	4206
Vapor-Liquid Equilibria in Mixtures and Solutions	IV/13	1	5	820	571
Liquid Crystals	IV/7	6	1	30	2877
Thermodynamic Properties of Organic Compounds	IV/8	10	9	972	4722
Thermodynamic Properties of Inorganic Materials	IV/19	9	1	5052	3262
Materials with Zeolite Structure	IV/14	4	3	1452	1638
Vapor Pressure of Chemicals	IV/20	3	5	-	890
Virial Coefficients of Gases	IV/21	2	4	205	721

Ein weiteres wichtiges neues Gebiet für den Landolt-Börnstein sind die "Flüssigen Kristalle", die zwar schon marginal in der 6. Auflage erwähnt wurden, über die aber bisher nur einige zusammenfassende Darstellungen erschienen. Ihre Bedeutung liegt nicht nur in der Physik, sondern erstreckt sich heutzutage über die Chemie bis zur Biochemie, bis zu Detergentien, Lipiden und Steroiden. So erschienen in den 90er Jahren sechs Teilbände über dieses Gebiet. Eine Fortsetzung dieser Bände wurde in Gruppe VIII aufgenommen und beschäftigt uns später.

Die in Band IV/8 mitgeteilten thermodynamischen Daten für organische Verbindungen umfassen Schmelz- und Übergangsenthalpien, Dichten und Dampfdrucke aliphatischer Kohlenwasserstoffe sowie Dichten zyklischer, aliphatischer und aromatischer Kohlenwasserstoffe. Zahlreiche Teilbände zeigen die Wichtigkeit und Aktualität dieser Daten. Gerade dieser Band ist von erheblicher Bedeutung für die chemische Industrie.

Ein weiterer Band der Gruppe IV (IV/14) stellt Daten für ein neues Gebiet von Substanzen vor: für die sogenannten Zeolithen. Zeolithen und Zeolith-ähnliche Substanzen sind von erheblicher Bedeutung auf Grund ihrer katalytischen Eigenschaften. Millionen Tonnen von Zeolithen werden jährlich allein bei der Rohöl-Aufbereitungs-Industrie gebraucht. Auch andere Industrie-Zweige setzen Zeolite im Naturschutz, in Medizin und in der Pharmaindustrie ein. So stellt auch dieser Band mit vier Teilbänden einen wichtigen Beitrag zu den Datensammlungen auf aktuellen Gebieten von industrieller Bedeutung dar.

Diese wenigen Beispiele sollen genügen, die Gruppe IV zu charakterisieren. Um zusammmenzufassen: Gruppe IV enthält Bände mit grundlegenden Parametern der physikalischen Chemie und Bände, die aktuelle und industriell wichtige neue Gebiete der physikalischen Chemie umfassen. Zu ersteren gehören Daten über Dichten, Viskositäten, Virialkoeffizienten, Oberflächenspannung, dielektrische Konstanten, thermodynamische Eigenschaften etc., zu letzteren Daten über flüssige Kristalle und Zeolithen.

Die Gruppen V (Geophysics) und VI (Astronomy and Astrophysics)

Über diese Gruppen ist wenig zu sagen. Schon in der 6. Auflage gab es einen Band über Astronomie und Geophysik. Die geophysikalischen Themen überdecken die ganze Breite der modernen Geophysik. Auf über 5000 Seiten werden seit 1982 von den Eigenschaften von Gestein über die Ozeanographie, Meteorologie und Klimatologie alle Gebiete der Naturwissenschaften behandelt, die mit unserer Erde verbunden sind.

Die Astrophysik wird seit 1965 unter steter Supplementierung herausgegeben, und umfasst bis jetzt 7 Teilbände mit fast 3000 Seiten.

Weiteres ist der folgenden Tabelle zu entnehmen.

Thema	Band	Teilbände	Autoren	Figuren	Seiten
Properties of Rocks	V/1	2	20	561	977
Geophysics	V/2	2	22	431	885
Oceanography	V/3	3	20	853	1221
Meteorology	V/4	4	16	908	1723
Climatology	V/6	1	24	388	567
Astronomy and Astrophysics	VI/1,2,3	7	117	2140	2880

Gruppe VII: Biophysics

Thema	Band	Teilbände	Autoren	Figuren	Seiten
Nucleic Acids	VII/1	4	43	761	1639
Proteins	VII/2	1	11	232	583

Die Aufnahme einer Gruppe "Biophysik" ist ein Versuch, der nur schleppend anläuft. Zunächst erschienen in relativ kurzem Abstand Teilbände über Nukleinsäuren. Von dem folgenden Band über Proteine ist bisher nur ein Teilband erschienen.

Gruppe VIII: Advanced Materials and Technologies

Thema	Band	Teilbände	Autoren	Figuren	Seiten
Laser Physics and Applications	VIII/1	4	49	2334	1434
Materials	VIII/2	3	50	1125	1183
Energy Technologies	VIII/3	3	69	1186	1586
Radiological Protection	VIII/4	1	22	154	438
Liquid Crystals	VIII/5	1	1	-	490

Die Gruppe VIII ist eine Neugründung und enthält Gebiete, deren Bedeutung in den letzten Jahren gewachsen ist. Sie behandeln verschiedenartigste Themen, die nur durch ihre besondere Aktualität zusammenhängen.

Band VIII/1 "Laser Physics and Applications" fasst alle Teile der Laser-Physik zusammen. Zwei Teilbände befassen sich mit den Grundlagen der Laser-Physik, ein Teilband behandelt Laser-Systeme, ein weiterer Laser-Anwendungen.

Band VIII/2 "Materials" behandelt in Band VIII/2A die Möglichkeiten der Pulver-Metallurgie, die bisher den einzigen Weg bietet, kompliziert zusammengesetzte Werkstoffe herzustellen, wie Nanomaterialien, homogene feinkörnige unmischbare Materialien, hoch-legierten segregationsfreien Stahl und vieles andere. Ein erster Teilband (A1) ist "Metals and Magnets" gewidmet, ein zweiter (A2) "Refractory, Hard, and Intermetallic Materials". Band VIII/2B behandelt "Creep Properties of Heat Resistant Steels and Superalloys".

Band VIII/3 "Energy Technologies" präsentiert physikalische, chemische und technische Daten für alle Technologien, die benutzt werden, um Energie bereitzustellen, umzuwandeln, zu speichern und zu nutzen. In drei Teilbänden werden Informationen angeboten zu den folgenden Gebieten: 1. Fossile Brennstoffe. Speicherung und Transport von elektrischer Energie,
2. Kernfusion und Kernspaltung, 3. Erneuerbare Energien.

Band VIII/4 ist dem Strahlenschutz gewidmet. Er enthält Beiträge zur Strahlen-Physik, -Biologie und -Medizin, externe und interne Dosimetrie, Dekontamination, biologische und physikalische Messtechniken und andere wichtige Aspekte dieses Gebietes. Damit ist dieser Band wichtig für einen großen Leserkreis.

Band VIII/5 schließt an den oben erwähnten Band IV/7 an und präsentiert Daten wie Dichte, Brechungsindex, Oberflächenspannung, Wärmekapazität, Wärmeleitfähigkeit und viele andere Parameter für 2 900 flüssige Kristalle.

Sonderbände außerhalb der Gruppen

Thema	Band	Teilbände	Autoren	Figuren	Seiten
Substance Index	SI93	3	1	-	908
Comprehensive Index	CI96	1	1	-	371
Index of Organic Compounds	IOC	8	5	-	4037
Units and Fundamental Constants	UFC	2	51	383	766

Mit einem Sonderband wurde Ende der 80er Jahre ein Thema der 6. Auflage wieder aufgegriffen. In verschiedenen Bänden dieser Auflage gab es jeweils ein Kapitel über Einheiten und Grundkonstanten. In der Neuen Serie waren diesen Themen, wenn überhaupt, dann nur auf Vorspannseiten oder auf dem Innendeckel des Einbands einige Bemerkungen gewidmet.

Eine genaue Kenntnis der Definition der Einheiten und ihrer experimentellen Realisierung ist für jeden Physiker notwendig, der die Einheiten benutzt, um seine Messergebnisse numerisch darzustellen. Er muss verstehen, wie und mit welchen Ungenauigkeiten die Einheiten gemessen und überhaupt definiert werden können.

Aber auch physikalische Grundkonstanten sind in diesem Zusammenhang wichtig. Denn sie sind Parameter, die nicht nur in allen Gebieten der Physik und Chemie gelten, sondern auch in unmittelbarem Zusammenhang mit der Definition der Einheiten stehen.

Als Herausgeber für diesen Sonderband wurden Dr. J .Bortfeldt und Dr. B. Kramer von der Physikalisch-technischen Bundesanstalt gewonnen, die – vorwiegend mit Autoren der PTB – zwei Bände vorlegten: den Band A: "Units in Physics and Chemistry" (391 Seiten, 37 Autoren) und den Band B: "Fundamental Constants in Physics and Chemistry" (375 Seiten, 19 Autoren). Die Bände erschienen 1991 bzw. 1992.

Außerhalb der genannten Gruppen gibt es außerdem einige Indexbände und Substanzverzeichnisse, die den Gebrauch der Gruppen-Bände erleichtern. Wir kommen hierauf im folgenden Kapitel zurück.

6. Die Darmstädter Redaktion

Gründung der Redaktion

Die Gründung der "Neuen Serie" war eine grundsätzliche Abkehr von der bisherigen Form des Landolt-Börnstein. Bis zur 6. Auflage wurde jede Neuauflage als Ganze geplant, nach einem detaillierten Konzept die Gliederung entworfen und die Autoren für die einzelnen Beiträge verpflichtet. Die Drucklegung und Herstellung verlief dann wie bei jedem anderen wissenschaftlichen Buch.

War die Auflage erschienen, so endeten die Aufgaben aller Beteiligten – bis eine neue Auflage in Angriff genommen werden musste.

Die Neue Serie war dagegen eine ständige Einrichtung. Neue Bände wurden einzeln geplant, wenn der Bedarf auf einem bestimmten Gebiet dies erforderte. Eine Neuauflage der 6. Auflage kam nicht mehr in Frage. Dagegen konnte es durchaus ratsam sein, Supplementbände oder Neubearbeitungen einzelner Kapitel der 6. Auflage als selbständige Bände innerhalb der Neuen Serie erscheinen zu lassen.

Wir haben bereits auf Seite 59 geschildert, welche Konsequenzen das Konzept der Neuen Serie für den Verlag hatte.

Es war notwendig einen Gesamtherausgeber (Editor in Chief) einzusetzen, der das Gesamtwerk zu gestalten hatte. Der Gesamtherausgeber hatte die Aufgabe ständig auf der Suche zu sein, welche neuen Bände geplant werden sollten, er musste den Start der neuen Bände dadurch in die Wege leiten, dass er einen Bandherausgeber verpflichtete. Dieser musste dann die Autoren finden, deren Beiträge den geplanten Band füllen sollten.

Seitens des Verlages musste es als Pendant zum Gesamtherausgeber einen verantwortlichen "Planer" geben, der die Vorhaben des Gesamtherausgebers in die Verlagsarbeit eingliederte, die Produktion der Bände leitete, der also für die verlegerische Seite des Unternehmens verantwortlich war.

Es ist leicht einzusehen, dass das Zusammenspiel von Planer, Gesamt- und Bandherausgeber und Autoren sehr eng koordiniert erfolgen musste.

Diese enge Zusammenarbeit konnte nur funktionieren, wenn zusätzlich zu diesen Einzelpersonen noch eine Redaktion vorhanden war, in der die Tagesarbeit gemacht wurde, also die Bearbeitung der Manuskripte, die Vor- und Nachbearbeitung der Druckfahnen und vieles andere, was wir im nächsten Abschnitt aufzählen werden. Und wenn schon eine Redaktion, dann auch eine Redaktionsleitung.

6. Die Darmstädter Redaktion

Die Weichen hierzu wurden im November 1960 gestellt. Ferdinand Springer bat alle Beteiligten zu einer Besprechung. Von Seiten des Verlags nahmen noch Dr. H. Götze und die für die Physik und die Technik verantwortlichen Herren Dr. E. Mayer-Kaupp und H. Salle teil. Von Seiten der bisherigen Herausgeber waren anwesend Prof. K.-H. Hellwege, seine Frau Dr. A.M. Hellwege, Prof. Kl. Schäfer und Frau Dr. Lax.

Hier tritt eine neue Persönlichkeit auf, die in der Folgezeit einen großen Einfluss auf die weitere Entwicklung des Landolt-Börnstein haben sollte: **Dr. Heinz Götze**. Zunächst als Prokurist und enger Mitarbeiter von Ferdinand Springer, seit 1957 als Mitgesellschafter des Springer-Verlags war er wesentlich am Wiederaufbau des Verlags beteiligt. Nach dem Tod Ferdinand Springers im Jahr 1965 prägte er den Springer-Verlag entscheidend. Heinz Götze nahm persönlichen Anteil an der Entwicklung des Landolt-Börnstein und förderte diese Datensammlung mit allen Kräften.

Dr. Heinz Götze

Geboren 1912, vom Studium her zunächst Archäologe und Kunsthistoriker, trat er schon in den 30er Jahren in den Verlag ein. Nach dem Krieg gehörte er neben Ferdinand Springer zu den prägenden Persönlichkeiten des Verlags. Seit 1957 war er Mitgesellschafter des Verlags, seit 1986 Vorsitzender des Verwaltungsrats.

Diese Besprechung brachte die Entscheidung, der der Landolt-Börnstein sein Weiterleben und die Neue Serie ihren Erfolg verdankt.

Der wichtigste Beschluss war die Einsicht, "dass die Weiterführung des "Landolt-Börnstein" eine Stelle erfordert, die für die zentrale Planung und für die fachliche redaktionelle Vertretung des Gesamtwerkes nach außen hin zuständig ist".

Diese Stelle war der Keim der sich im Laufe der Jahre immer weiter vergrößernden "Darmstädter Redaktion", der dieses Kapitel gewidmet ist.

Weiter wurde beschlossen:

Herr Prof. Hellwege baut dieses – in der Besprechung zunächst so bezeichnete – "Institut" in Darmstadt auf und übernimmt dessen Leitung. Die benötigten Räume stellt Prof. Hellwege in seinem Hochschulinstitut zur Verfügung.

Mitarbeiter werden sein: Frau Dr. Hellwege, eine akademische Redaktionskraft und ein bis zwei Schreib- und Hilfskräfte.

Herr Salle behält seitens des Verlages die Verantwortung für den Landolt-Börnstein.

Die Beibehaltung der Grundidee des Landolt-Börnsteins, eine Sammlung kritisch bewerteter Daten mit Angabe der jeweiligen Quelle zu sein, wird nicht in Frage gestellt.

Alle satzfertigen Manuskripte gehen künftig nur über dieses "Institut" an den Verlag.

Die Einbeziehung der "Technik" als eigenständiges Gebiet wird nach den in der 6. Auflage eingetretenen Schwierigkeiten wieder aufgegeben. Dagegen wird die Möglichkeit offen gelassen, spezielle für die Technik interessante Einzelbände in die Neue Serie aufzunehmen.

Der Verlag will alle möglichen Maßnahmen ergreifen, die Bände der Neuen Serie möglichst schnell erscheinen zu lassen.

Bei dieser Besprechung wurde auch der Name "Neue Serie" offiziell beschlossen. Dass gleichzeitig das Gesamtwerk den Untertitel "Zahlenwerte und Funktionen aus Naturwissenschaft und Technik" erhielt, haben wir schon früher berichtet. Allerdings blieben beide (deutschen) Titel nicht lange in Gebrauch. Die Sprache des Landolt-Börnstein wurde bald ausschließlich das Englische, und die Bezeichnungen "New Series" und "Numerical Data and Functional Relationships in Science and Technology" traten in den Vordergrund.

So waren Ende 1960 die Weichen gestellt und der neue Gesamtherausgeber konnte seine Arbeit beginnen.

Der Aufbau der Redaktion

Selbstverständlich benötigte der Aufbau der Redaktion Zeit. Und diese Zeit hatte der Gesamtherausgeber auch. Schließlich waren bis zum Jahr 1960 erst 12 der 28 Bände der 6. Auflage erschienen. Die noch fehlenden 16 Bände hatten ihren Herausgeber und ihre Autoren. Sie erschienen in den folgenden Jahren, bis 1976 jeweils ein bis zwei Bände pro Jahr, dann mit vierjähriger Verzögerung der letzte im Jahr 1980. Entsprechend lief auch die Produktion der Neuen Serie langsam an. Wir haben im letzten Kapitel gesehen, dass 1961 ein (bereits vorbereiteter) Band erschien, der nächste Band erst vier Jahre später publiziert wurde, und dass in den weiteren Jahren jeweils auch nur wenige Bände pro Jahr herauskamen. Erst ab 1973 steigt diese Zahl erstmals auf 5, 1982 auf über 10, ab 2002 jeweils auf knapp 20.

Frau Dr. Hellwege hatte zunächst die Stelle der wissenschaftlichen Redaktionskraft. Mit wachsenden Aufgaben der Redaktion (und des Geamtherausgebers) entlastete sie dann ihren Mann durch Übernahme der Redaktionsleitung.

Die ersten Mitarbeiterinnen wurden eingestellt. Für ihre Tätigkeit gab es keine Ausbildung, das Berufsbild der "Redaktionsassistentin" (genauer der "wissenschaftlichen Herausgeberassistentin") musste zunächst entwickelt werden. Unter der Anleitung von Frau Hellwege lernte jede neu eingestellte Mitarbeiterin zunächst die Anfangsgründe der Manuskriptbearbeitung, die sie sogleich in die Praxis umsetzen musste. Daneben sollte sie – soweit sie nicht Fachhochschul- oder Universitätsabschlüsse hatte – an der TH Darmstadt Vorlesungen in Physik,

Kernphysik, Chemie, Mineralogie u.ä. hören, um ein besseres Verständnis für die Daten zu gewinnen, die sie in der Redaktion zu bearbeiten hatte. Außerdem musste sie beim Verlag in Heidelberg und in einer Druckerei ein mehrwöchiges Praktikum absolvieren. So wuchs sie in ihren Aufgabenbereich hinein.

Wir kommen auf die weitere Entwicklung der Redaktion weiter unten zurück. Zunächst wollen wir sehen, wie ein Band der Neuen Serie zu einer Zeit entstand, als es noch keine Computer gab, als die Karteikarten noch das Bild eines Schreibtisches in der Redaktion prägten, und generell die Ausstattung der Redaktion als "einfach" zu bezeichnen war.

Die Herstellung eines Bandes der Neuen Serie in der "Vor-Computer-Zeit"

Es ist wichtig, sich einmal ins Bewusstsein zu führen, wie kompliziert damals die Herstellung eines wissenschaftlichen Buches war, zumal dann, wenn die Angabe großer Mengen an Daten äußerste Genauigkeit erforderte.

Betrachten wir zunächst den formalen Verlauf an Hand eines Diagramms (s. nächste Seite).

Jeder Band der Neuen Serie besteht im Allgemeinen aus Beiträgen verschiedener Autoren, die diese Beiträge mit der erforderlichen Kompetenz und großem persönlichen Engagement verfasst haben. Nach zumeist mehrmonatiger Arbeit (manchmal auch mit wesentlich längerer Verzögerung) schickt der Autor sein Manuskript an den Bandherausgeber (1). Bandherausgeber und Gesamtherausgeber prüfen das Manuskript daraufhin, ob es den vertraglichen Vereinbarungen entspricht und senden es dann an die Redaktion.

In den meisten Fällen finden die Mitarbeiter der Redaktion Fehler, Inkonsistenzen usw., die sie veranlassen "Fragelisten" an den Autor (oder Bandherausgeber) zu senden (2). Einzelheiten zu dieser diffizilen Redaktionsarbeit besprechen wir weiter unten.

Sind alle Fragen geklärt und das Manuskript entsprechend verbessert, so sendet die Redaktion es an den Verlag (3), wo der Text gesetzt und die Abbildungen neu gezeichnet werden. Die hergestellten Druckfahnen und Umzeichnungen werden vom Verlag an den Autor (und selbstverständlich auch an die Redaktion) geschickt (4). Nach Prüfung durch den Autor geht die Fahnenkorrektur und die von ihm geprüften Umzeichnungen an die Redaktion (5), wo der "Umbruch" gemacht wird, in dem das Manuskript das Layout bekommt, das dann im Verlag umgesetzt wird und als "2. Korrektur" oder "Bogenkorrektur" an den Autor zur letzten Prüfung und von diesem an die Redaktion zur letzten Korrektur (6) geschickt wird. Die Redaktion hat jetzt noch einmal die Möglichkeit für eine Revision und für die Einflussnahme auf die endgültige Gestaltung der Buchseiten. Vorwort, Inhaltsverzeichnis, Sachverzeichnis können jetzt nach dem Feststehen der Seitennummerierung angefertigt und der Bogenkorrektur beigefügt werden.

Das ganze Material geht nunmehr endgültig zum Verlag (7), wird gedruckt und gebunden und findet dann als fertiges Buch seinen Weg zum Buchhändler, zu den Bibliotheken und den Abonnenten (8).

Die Herstellung eines Bandes der Neuen Serie in der "Vor-Computer-Zeit"

Die Herausgabe eines Bandes der Neuen Serie erforderte ein enges Netz der Zusammenarbeit zwischen Gesamtherausgeber, Bandherausgeber, Autor und Verlag, das durch die Darmstäder Redaktion zusammengehalten wurde.

Jedes Manuskript wurde entsprechend den Bearbeitungsstufen mehrfach an die Autoren, die Redaktion und den Verlag geschickt.

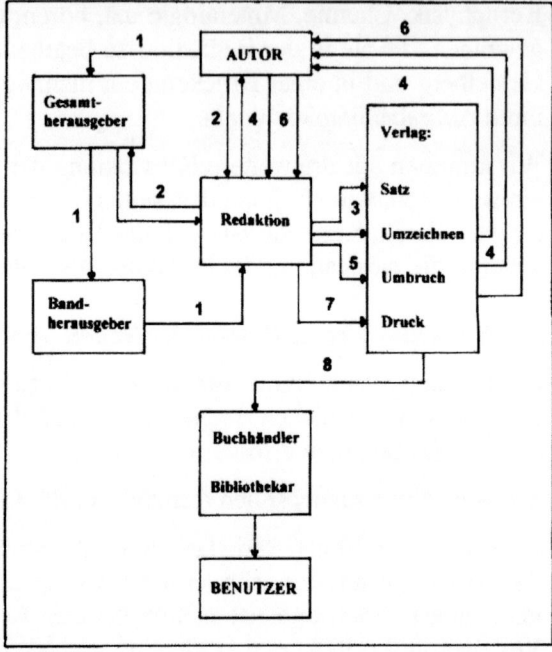

Noch einige Worte zur detaillierten Arbeit der Reaktion.

Jedes Buch hat seine eigene Datenstruktur und erfordert eine entsprechende Vorbereitung für den Druck. Je nach Fachgebiet stehen Text, Tabellen oder Abbildungen im Vordergrund. Das Manuskript <u>eines</u> einzelnen Autors für <u>einen</u> gesamten Band kann leichter bearbeitet werden, als das Gesamtmanuskript eines Bandes, zu dem verschiedene, manchmal sehr zahlreiche Autoren beitragen. Dies erfordert eine Selbständigkeit der Mitarbeiter der Redaktion, die nur durch langjährige Erfahrung erworben und weitergegeben werden kann.

Andererseits erfordert diese Vielfalt an verschiedenen Aufgaben ein Grundgerüst von Tätigkeiten, die zu jedem Band gehören und die bei der Fülle der Arbeit leicht übersehen werden können.

Deshalb entwarf der Gesamtherausgeber schon frühzeitig Regeln für die formale Bearbeitung jedes Manuskripts, die in detaillierten Schritten vorgaben, was jeweils zu tun und zu beachten ist. Dies war um so wichtiger, als alle Redaktionsmitglieder ja erst durch Erfahrung zu lernen hatten, wie die Manuskripte zu bearbeiten sind.

Eine solche Anleitung von 1978 enthält 11 Einzelschritte mit der jeweiligen Nennung des Termins, des Verantwortlichen und der Aufgabe. Sie beginnt mit:

1. Schritt: A Termin: Sofort nach Eingang des MS
              B Verantwortlich: Redaktion,
              C Aufgabe: 1. Eingangsbestätigung an den Autor
                                2. Auf Vollständigkeit prüfen
                                3. Begleitkarte anlegen

4. 1 und 2 auf Begleitkarte mit Datum und Signum eintragen
5. Weitergabe an Herausgeber

Es folgen Schritte zur wissenschaftlichen Bearbeitung im Einzelnen durch den wissenschaftlichen Mitarbeiter und zur formalen Bearbeitung durch die Redaktionsassistentin, zur Auszeichnung der Druckfahnen, allgemeine Hinweise für den Setzer, Kontrolle der Umzeichnungen, Kleben des Umbruchs und vieles andere. Es schließt mit dem

10. Schritt: A Termin: Nach Eingang der Vorausexemplare
               B Verantwortlich: alle
               C Aufgabe: 1. Zittern und Zagen beim Auspacken und Aufschlagen,
                                  2. Betrübte oder frohe Überraschung über das Ergebnis,
                                  3. Kritik und Selbstkritik
                                  4. In jedem Fall Festlegung von Ort, Zeit, Art und Dauer der Geburtstagsfeier für den soeben geborenen Band

Ein 11. und letzter Schritt richtet sich nur an den Herausgeber: "Dankesbriefe an die Autoren".

Diese Anleitung ist in vieler Hinsicht interessant. Denn sie zeigt die Akkuratesse, mit der der Landolt-Börnstein hergestellt wurde. Diese Akkuratesse war wichtig, denn von der Genauigkeit der Daten, von der Überprüfung jeder Einzelheit hing und hängt auch jetzt noch die Qualität und damit der Ruf des Landolt-Börnstein ab. Die Anleitung war nicht nur zur Schulung der Redaktionsassistentinnen gedacht. Sie war vielmehr auch für die wissenschaftlichen Redaktionsmitglieder eine ständige Selbstüberprüfung, die ein Nachlassen der nötigen Sorgfalt verhinderte.

Auch der 10. Schritt war wichtig: Er zeigt, welcher Teamgeist in der Redaktion herrschte. Frau Dr. Hellwege brachte es fertig, aus der Redaktion eine Familie zu machen, die sich zusammengehörig fühlte und auch zusammenhing.

So viel zur Herstellung eines Bandes in einer Zeit, in der der Redaktion die modernen Hilfsmittel eines heutigen Redaktionsbüros noch nicht zur Verfügung standen.

Das Wachsen der Redaktion bis 1980

Bis April 1969, also knapp ein Jahrzehnt blieb die Redaktion im Institut für Technische Physik der TH Darmstadt, hatte dort ein kleines Zimmer, das zwei Herausgeber-Assistentinnen beherbergte.

Für die nächsten acht Jahre standen der Redaktion zunächst zwei, später vier Zimmer in einem Darmstädter Privathaus (Erbacher Straße 2) zur Verfügung.

Ende 1977 zog die Redaktion in fünf Räume eines Hauses in der Schuchardstraße 10 in der Nähe des Darmstädter Luisenplatzes. Damals war die Redaktion schon erheblich gewachsen. Als im Dezember 1977 als erster wissenschaftlicher Mitarbeiter Dr. Wolfgang Polzin eingestellt wurde – Frau Dr. Hellwege hatte inzwischen die Redaktionsleitung voll übernommen – gab es noch 4 Assistentinnen und eine Sekretärin. Platz war jetzt zunächst genügend vorhanden, zumal eine Assistentin "ausgelagert" war.

Sie prägten über viele Jahre die Entwicklung des Landolt-Börnstein:

Dr. Heinz Götze, Mitgesellschafter des Springer-Verlags
Dr. Anne-Marie Hellwege, Leiterin der Redaktion und Mitherausgeberin vieler Bände
Henrik Salle, zuständig für den Landolt-Börnstein seitens des Verlags
Prof. Dr. Karl-Heinz Hellwege, Gesamtherausgeber

Wir hatten im vorigen Kapitel das Projekt "Kristallstrukturen" geschildert, innerhalb dessen zwischen 1973 und 1987 fünfzehn Bände über die Kristallstrukturen anorganischer Substanzen erschienen. Verantwortlich für diese Serie war Prof. Alarich Weiß, Direktor des Institutes für Physikalische Chemie an der TH Darmstadt. Diesem sich über mehr als ein Jahrzehnt hinstreckenden Projekt wurde für längere Zeit eine Redaktionsassistentin zugeordnet, die ihren Arbeitsplatz im Weiß'schen Institut hatte.

Mit wachsendem Herstellungsvolumen wurde der Platz dann enger. Im Frühjahr 1979 kam der zweite wissenschaftliche Mitarbeiter, Dr. Hans Seemüller. Auch die Zahl der Redaktionsassistentinnen wuchs.

7. Die achtziger Jahre

Die Redaktion zu Beginn der achtziger Jahre

In den ersten zwanzig Jahren seit der Gründung der Redaktion hatte sich an der Art der Manuskriptbearbeitung, wie wir sie im letzten Kapitel beschrieben haben, nichts geändert.

Die Redaktion war das Bindeglied zwischen der Herausgeberseite mit Gesamtherausgeber, Bandherausgeber und Autoren und der Verlagsseite mit der Bearbeitung der Manuskripte und der Abbildungen im Verlag, in der Druckerei und Buchbinderei.

In diesen zwei Jahrzehnten änderte sich nur das Volumen der redaktionellen Arbeit. In den ersten fünf Jahren nach der Gründung kam nur ein Band der Neuen Serie heraus – die Redaktion hatte in dieser Zeit noch genug mit der 6. Auflage zu tun –, in den nächsten fünf Jahren 12 Bände. Von 1970 bis 1974 waren 17 Bände zu redigieren, von 1975 bis 1979 dann 20 Bände.

Die Redaktion in den 80er Jahren: links Dr. W. Polzin, rechts Dr. H. Seemüller, Mitte Dr. W. Finger mit den Redaktionsassistentinnen

In den folgenden fünf Jahren waren es schon 40 Bände, und dann wurden es immer mehr.

Dieser Trend konnte nur durch eine Vergrößerung der Redaktion aufgefangen werden. 1983 kam als dritter promovierter Mitarbeiter Dr. Wolfgang Finger zur Redaktion. Auch die Zahl der Redaktionsassistentinnen wuchs. Sie stieg Anfang der neunziger Jahre auf 10.

Es wurde eng in den fünf Räumen der Schuchardstraße. Deshalb wurde im März 1989 ein neuer Ortswechsel fällig. Die Redaktion zog in Darmstadt in einen Stock eines Gebäudes in der Gagernstraße 8. Mit elf Zimmern und ca. 200 qm waren diese Räume groß genug, die Konsequenzen der in dieser Zeit beginnenden Computerisierung der Redaktionsarbeit aufzunehmen. Auch jetzt befindet sich die Redaktion noch in der Gagernstraße 8.

7. Die achtziger Jahre

Das Jahr 1983 brachte dann noch eine wichtige personelle Änderung. Nach über zwanzigjähriger Tätigkeit als Gesamtherausgeber legte K.H. Hellwege sein Amt in "jüngere" Hände. Otfried Madelung, der seit 1979 Mitherausgeber der Halbleiterbände war, übernahm seine Nachfolge. Durch die Herausgebertätigkeit hatte er schon erheblich Erfahrung in der Redaktionsarbeit. Außerdem war er in einem Alter, in dem seine Emeritierung kurz bevor stand, er also Zeit für die Tätigkeit als Gesamtherausgeber hatte.

Madelung übernahm gleichzeitig von Frau Hellwege die Redaktionsleitung.

Otfried Madelung, geboren 1922 in Frankfurt, studierte in Frankfurt und Göttingen, promovierte 1950 bei Werner Heisenberg mit einem Thema aus der Höhenstrahlung und ging dann an das neugegründete Forschungslaboratorium der Siemens-Schuckert Werke in Erlangen. 1959 wechselte er als Dozent an die Philipps-Universität Marburg, wo er 1962 Ordinarius für Theoretische Physik wurde. 1987 wurde Madelung emeritiert und stand seit dieser Zeit dem Landolt-Börnstein voll zur Verfügung.

Die achtziger Jahre brachten eine deutliche Erhöhung der Produktion der Neuen Serie. Nachdem der letzte Band der 6. Auflage endlich 1980 erschienen war, konnte sich die Redaktion auf größere Projekte der Neuen Serie konzentrieren.

Der Halbleiterband mit neun Teilbänden erschien zwischen 1982 und 1985 und wurde in den Jahren 1987 bis 1989 schon supplementiert.

Die Bände über Magnetismus wurden begonnen. Das Gebiet war aber so groß, dass es in einem Jahrzehnt nicht abgeschlossen werden konnte. Selbst die bis heute erschienen 50 Bände umfassen noch nicht alle Facetten dieses wichtigen Gebietes.

Die 1973 begonnene Serie von Bänden zu Kristallstrukturen konnte 1987 abgeschlossen werden.

Neue Gruppen kamen mit den ersten Bänden auf den Markt. Elf Bände über geophysikalische Themen wurden publiziert, ebenso die ersten vier Bände aus der Gruppe Biophysik kamen. Der erste Ergänzungsband zum Astronomie und Astrophysik erschien.

Zwischen 1980 und 1989 erschienen insgesamt 88 Bände mit über 40 000 Seiten.

Anfang der achtziger Jahre kam der Personal Computer auf den Markt. Dies war der Beginn einer Revolution, die auch die Buchherstellung ergriff.

Von der Karteikarte zum Computer

Jede redaktionelle Arbeit ändert sich im Laufe der Zeit mit den Anforderungen, die an die Redaktion gestellt werden, und mit den Möglichkeiten, diesen Anforderungen gerecht zu werden. Im Protokoll der Sitzung, auf der die Einrichtung einer Redaktion beschlossen wurde, heißt es: "Einiges Büro-Mobiliar und eine Schreibmaschine werden vom Verlag gestellt". Das war alles, und es genügte für die damaligen Aufgaben.

Die Manuskriptbearbeitung wurde an Hand einer Begleitkarte überwacht, die Literatur wurde auf Karteikarten aufgenommen, und diese wurden zum Anlegen eines Literaturverzeichnisses mit der Hand alphabetisch geordnet. Redaktionelle Änderungen wurden handschriftlich in das Manuskript eingefügt. Die "Reinschrift" erfolgte ja beim Satz in der Druckerei. Lediglich für den Briefverkehr brauchte man die Schreibmaschine. Auch das Telefon war nicht allzu wichtig. So genügte für lange Jahre ein Anschluss. Und Kopien? Sie waren selten erforderlich. Und wenn sie nötig waren – die Technische Hochschule war ja nicht weit, dort stand ein Kopierer.

All dies änderte sich im Lauf der Zeit, aber es änderte sich langsam. Den Vorteilen neuer redaktioneller Einrichtungen stand der in allen Details eingespielte Verlauf der wissenschaftlichen und formalen Manuskriptbearbeitung entgegen. Jede Änderung verursachte zunächst Nachteile. Und sie kostete Geld, das vom Verkauf der Bände eingespielt werden musste.

Erst Ende der 70er Jahre gab es ein eigenes Kopiergerät. Erst damals wurde die Telefonanlage so erweitert, dass jeder Mitarbeiter seinen Anschluss auf dem Schreibtisch hatte.

Anfang der 80er Jahre kam dann der Personal Computer auf den Markt. Den Anstoß für seinen Einsatz in der Redaktion gab der Besuch eines neuen Mitglieds der Geschäftsführung des Springer-Verlags, der ins Zimmer trat und – bevor er noch die Anwesenden begrüßte – auf einen Schreibtisch sah und erstaunt ausrief "Sie haben ja noch Karteikarten!"

Als Folge kaufte sich der Gesamtherausgeber einen Computer, lernte die Anfangsgründe, überlegte sich die Anwendungsmöglichkeiten in der Redaktion und brachte dann den Computer und sein Wissen nach Darmstadt mit – um sich sofort einen neuen PC der nächsten Generation zu kaufen.

So wurde langsam der Computer in der Darmstädter Redaktion heimisch. Im Juli 1986 wurde der erste IMB-PC vom Verlag in die Redaktion gestellt. Fünf Jahre später wurden die PC's (!) der Redaktion an den Heidelberger Zentralrechner des Verlags angeschlossen.

Zunächst ersetzte der Computer in der Redaktion Schreibmaschine und Karteikarten. Später fand er Eingang in die Manuskriptbearbeitung. Dann revolutionierte er den gesamten Herstellungsgang der Bände.

Jede Datensammlung ist umso besser, je leichter sich der Benutzer in ihr zurechtfindet. So waren alle Landolt-Börnstein-Bände, soweit es sich machen ließ, mit sorgfältigen Verweisen, Sach- und Autorenverzeichnissen, manchmal auch mit speziellen Substanzverzeichnissen versehen.

Dies genügte, als die Zahl der Bände noch übersehbar war. Mit wachsender Zahl der Bände wurde es dringend erforderlich, dem Benutzer auch Gesamtverzeichnisse anzubieten, in denen er die für ihn interessanten Bände schnell finden konnte.

Substanz- und Sachverzeichnisse

Gesamtverzeichnisse herzustellen war lange für die Redaktion ein Problem, das aus Überlastung durch die Tagesarbeit nicht gelöst werden konnte. Mit dem Aufkommen des Computers wurde es plötzlich einfach.

Der Comprehensive Index

Bei dem Versuch, die Möglichkeiten des Computers für die Arbeit der Redaktion auszuloten, erstellte der Gesamtherausgeber auf seinem ersten PC ein Gesamtregister, das die wichtigsten Schlagworte der Register der Einzelbände und der Kapitelüberschriften vereinte und erweiterte. Dieses Verzeichnis wurde als "Comprehensive Index 1986" mit einem Umfang von ca. 300 Seiten publiziert und kam dann im Abstand von zwei Jahren als "Comprehensive Index 1988" bzw. "Comprehensive Index 1990" in verkürzter Form (Text und Schlagworte nur auf Englisch) auf den Markt. Beide Ausgaben hatten einen Umfang von ca. 120 Seiten.

Im Jahr 1991 machte dann der Verlag ein neues Angebot an seine Kunden: Der Comprehensive Index 1990 wurde auf Diskette jedem Kunden auf Anforderung kostenlos zur Verfügung gestellt.

Sechs Jahre später wurde der "Comprehensive Index" in völlig neuer Gestaltung mit knapp dem vierfachen Umfang neu auf den Markt gebracht. Er enthielt den früheren, stark erweiterten Index, ein Verzeichnis der Band- und Kapitelüberschriften (Topical Keywords), eine Wiedergabe der Inhaltsverzeichnisse aller Bände, eine Liste aller Herausgebern und Autoren und einen "Guide to the Keywords", der den Lesern die Suche nach geeigneten Bänden erleichterte. Hinzugefügt war eine CD mit dem Inhalt des Bandes.

Das Hinzufügen einer CD zu einem Band der Neuen Serie wurde später allgemein üblich. Seit 1998 sind alle Bände mit einer CD-Rom ausgestattet, die den Inhalt des Bandes und oft darüber hinausführende Informationen enthält.

Substanzverzeichnisse

Da der Leser nicht nur nach Stichworten, sondern häufig nach Daten für spezielle Substanzen sucht, wurde der Ruf nach einem Gesamt-Substanzverzeichnis für alle Bände der Neuen Serie laut. Auch hier versuchte der Gesamtherausgeber zunächst als Vorarbeit für ein späteres redaktionelles Projekt einen Index aller in der 6. Auflage und den bisherigen Bänden der Neuen Serie auftretenden anorganischen Substanzen herzustellen. Dies war nicht schwierig, wenn man für jede Substanz nur den Band, nicht aber die jeweiligen Seitenzahlen ihres Auftretens anführte. So entstand am Schreibtisch des Gesamtherausgebers in Marburg ein dreibändiger Substanzindex von zusammen ca. 900 Seiten.

Er erschien 1993 als "Substance Index 1993" mit den Untertiteln "Elements and Binary Substances", "Ternary Substances" und "Polynary Substances".

Die Herstellung eines entsprechenden Index für organische Substanzen erwies sich als wesentlich schwieriger. Erst seit dem Jahre 1999 wird jährlich ein Band des "Index of Organic Compounds" herausgebracht, der allerdings wesentlich mehr Informationen bietet als der Substance Index 1993.

Links: Die Diskette mit dem Comprehensive Index 1990 wurde den Kunden kostenlos zur Verfügung gestellt.

Rechts: Das Gesamtregister der 6. Auflage und der Neuen Serie erschien zuerst im Jahr 1986 und wurde 1988 und 1990 in vereinfachter Form neu aufgelegt. Der 1996 erschienene "Comprehensive Index 1996" stellt eine erweiterte Form dieser ersten Ausgaben dar. Er enthält neben einem 160-seitigen Index ein Verzeichnis der "topical keywords" der Bände, eine Wiedergabe aller Inhaltsverzeichnisse und eine Liste aller Herausgeber und Autoren. Das 370-seitige Buch enthält außerdem eine CD-ROM mit dem gesamten Inhalt des Bandes und einem Update des Substanzverzeichnisses von 1990.

Der Substanzindex war lange Jahre sehr hilfreich für die Benutzer. An Stelle einer revidierten Neuauflage wurde zunächst ein Update hergestellt und der CD des oben erwähnten Comprehensive Index 1996 beigefügt.

Eine Neuauflage war aber nicht mehr notwendig, nachdem der gesamte Landolt-Börnstein elektronisch erfasst war und andere Suchmechanismen zur Verfügung standen.

8. Kapitel: Die neunziger Jahre: der Computer hält Einzug in die Redaktion

Die Redaktion

Der Beginn der neunziger Jahre brachte zunächst eine wichtige personelle Änderung. Dr. Rainer Poerschke trat 1990 in den Verlag ein, wurde zunächst H. Salle zugeordnet und übernahm 1992 die verlegerische Verantwortung für den Landolt-Börnstein und ein Jahr später auch die Redaktionsleitung.

Dr. Rainer Poerschke wurde 1943 in Mönchengladbach geboren. Er studierte an der RWTH Aachen und promovierte dort über ein Thema aus der Metallphysik. Nach der Promotion folgte er seinem Doktorvater nach Berlin an das Hahn-Meitner-Institut, wo er sich mit Phasenumwandlungen und Diffusion in Werkstoffen unter Bestrahlung beschäftigte.

Von 1985 bis 1989 war Rainer Poerschke Hauptgeschäftsführer der Deutschen Physikalischen Gesellschaft, danach arbeitete er für ein Jahr in der Geschäftsführung der Gesellschaft Deutscher Chemiker.

Seit 1990 Angehöriger des Springer-Verlags übernahm er 1992 von H. Salle die Abteilungsleitung Landolt-Börnstein und ein Jahr später von O. Madelung die Leitung der LB-Redaktion in Darmstadt.

Unter der Leitung von R. Poerschke wurde der Einsatz elektronischer Hilfsmittel für den Landolt-Börnstein energisch vorangetrieben.

Wenige Jahre später trat eine weitere personelle Änderung ein: Otfried Madelung schied nach zehnjähriger Tätigkeit als Gesamtherausgeber aus. Sein Nachfolger wurde Werner Martienssen.

Die Redaktionsarbeit nahm ihren Gang wie in dem vorangegangenen Jahrzehnt.

Die Zahl der Bände, die in dem Jahrzehnt von 1990 bis 1999 herauskamen war wieder deutlich größer als zwischen 1980 und 1989. Sie stieg von 88 auf 131. Allerdings stieg die Seitenzahl nicht in dem gleichen Ausmaß, von ca. 43 000 auf ca. 51 000 – ein Zeichen, dass die einzelnen Bände weniger umfangreich waren.

Bände von geringerem Umfang hatten Vorteile: Für den Leser hatten sie handlicheres Format. In die Herstellung bedeutete die geringere Datenmenge und die kleinere Zahl von Autoren weniger Zeitaufwand. Einzelbände konnten somit schneller fertiggestellt werden.

Neue Gebiete, die aufgegriffen wurden, waren unter vielen anderen die Supraleiter, die heterostrukturierten Quanten-Halbleiterstrukturen, die Festkörperoberflächen und in einer 2002 neugegründeten Gruppe VIII „Advanced Materials and Technologies" neue Gebiete oder solche aus der 6. Auflage wie z.B. die Grundlagen und Anwendungen der Laserphysik, die Pulvermetallurgie und den Strahlenschutz. Neben Sonderbänden wie Substanz-und Gesamtverzeichnissen, und den beiden Bände über Einheiten und Fundamentalkonstanten entstand auch das sich über viele Gebiete des Landolt-Börnstein erstreckende gemeinsam mit Hans Warlimont herausgegebene „Handbook of Condensed Matter and Materials Data" als eines der ersten „Springer-Handbooks".

Werner Martienssen wurde 1926 in Kiel geboren. Er studierte in Würzburg und Göttingen und promovierte 1952 bei R. W. Pohl über photochemische Reaktionen in Ionenkristallen.

1960 wurde er nach Stuttgart und 1961 nach Frankfurt berufen, wo er als Direktor des Physikalischen Instituts bis zu seiner Emeritierung im Jahr 1994 blieb.

Seit 1993 ist er als Nachfolger von O. Madelung Gesamtherausgeber des Landolt-Börnstein.

Vor allem die Gruppe IV, deren Name auf "Physikalische Chemie" erweitert worden war, kam zu neuer Blüte. Waren in der Anfangszeit der Neuen Serie vor allem Updates von Bänden der 6. Auflage erschienen (Dichten, Thermodynamische Eigenschaften, Mischungs- und Lösungswärmen), so kamen jetzt neue Gebiete hinzu: Flüssige Kristalle, Phasengleichgewichte, Zeolithe und vieles andere.

Gerade in Gruppe IV konnten gemeinsame Projekte mit anderen Datenbanken international begonnen werden. Auf diesen Aspekt kommen wir weiter unten zurück.

Die Probleme der neunziger Jahre: "Wie geht es weiter?"

Wie die früheren Auflagen, so wurde auch die Neue Serie ständig begleitet von Überlegungen, ob die jeweils gegebene Struktur des Werkes den Anforderungen der Wissenschaft genügt. Das stete Wachstum an verfügbaren Daten hatte schon beim Übergang von der 5. Auflage zur 6. Auflage und von der 6. Auflage zur Neuen Serie die entscheidende Rolle gespielt.

Dieses Wachstum hörte auch bei der Neuen Serie nicht auf. Man konnte ihm zwar durch die Einzelbände der Neuen Serie besser Herr werden. Aber mehr Einzelbände pro Jahr bedeutete für die Bibliotheken mehr Kosten.

Die damit verbundenen Probleme wurden schon früher erkannte. Bei seiner Ansprache zum 100. Jubiläum des Landolt-Börnstein im Jahr 1983 sagte der Gesamtherausgeber O. Madelung zu diesem Thema:

"Es gibt Tatsachen, die man berücksichtigen muss und die einem zu denken geben. So sind in den letzten 20 Jahren 75 Bände erschienen, davon zwei Drittel in den letzten 10 Jahren. Eine andere Zahl habe ich zufällig auf einem Lieferschein gesehen: In den letzten 20 Jahren sind 140 kg Landolt-Börnstein erschienen, davon zwei Zentner in den letzten 10 Jahren. Das bedeutet 10 kg im Jahr oder 30 g am Tag. Das ist die Legeleistung eines gesunden Huhnes. Mit einem Unterschied: Ein Hühnerei kostet -.25 DM; 30 Gramm Landolt-Börnstein kosten 25.- DM – ich habe es auf der Küchenwaage meiner Frau ziemlich genau abgeschätzt. Das ist also ein Faktor 1:100! Und es ist eine ganze Menge. Sie können es auch in ernsthafte Worte fassen: Im Jahr 1982 sind 11 Bände erschienen für zusammen 9 500.- DM Ladenpreis. Stellen Sie diesem ein anderes Faktum gegenüber. Ich denke an den Fachbereich Physik meiner Universität. Wir haben im Jahr 105 000.- DM für Bücher und Zeitschriften zur Verfügung. Wir haben im letzten Jahr Zeitschriften abbestellt, wo immer es ging. Unsere Zeitschriftenrechnung beträgt immer noch 120 000.- DM. Wir machen also Schulden. Es werden gerade jetzt - so schlimm ist es - Zeitschriften abbestellt, die wir 20 bis 30 Jahre und noch länger abonniert hatten. Das sind Fakten, die einem zu denken geben. Es wird nicht überall so sein, aber es ist eine sehr harte Randbedingung, die die weitere Herausgabe begleiten wird. Und man muss noch ein anderes Faktum hinzunehmen: das Kopiergerät. Sie können heutzutage einen Band für 10% des Ladenpreises kopieren. Wenn Sie nur das kopieren, was Sie am Arbeitsplatz brauchen, so wird es noch billiger. Auch dies ist etwas, was wir bedenken müssen."

Nun waren das damals alles Probleme, die am Horizont erschienen, die man also "in absehbarer Zukunft" lösen musste. Doch Anfang der 90er Jahre brannten sie auf den Nägeln. Damals war aber auch der Computer erschienen, der neue Lösungsmöglichkeiten versprach.

Die Probleme, vor denen Herausgeber und Verlag Anfang der 90er Jahre standen, lassen sich in folgende Fragen aufteilen:

1. Wie kann das Interesse weiterer Kreise von Benutzern geweckt werden?
Der Landolt-Börnstein war zwar durch seine Qualität allgemein bekannt und genutzt. Die ständige Erhöhung der Jahresproduktion ließ sich jedoch ohne gleichzeitige Erhöhung des Preises nicht durchführen. Es war deshalb wichtig, der Buchreihe durch Werbung weitere Benutzer zuzuführen.

2. Erreicht der Landolt-Börnstein überhaupt den Benutzer?
Alle Erfahrung sprach dafür, dass der Anreiz den Landolt-Börnstein zu benutzen für den Wissenschaftler steigt, wenn er die ihn interessierenden Bände "im Labor" hat. Ist seine Bibliothek zu weit von seinem Labor entfernt, so wird es für den Wissenschaftler zu unbequem. Es war deshalb wichtig, von der Bibliothek zum Labor "Brücken zu bauen".

3. Will der Benutzer überhaupt gedruckte Daten?

Die Konkurrenz von Datenbanken und Datenzentren wurde mit dem Aufkommen des Computers immer größer. Es war für jeden Wissenschaftler einfacher geworden, Daten selbst zu sammeln, sie elektronisch zu speichern und mit anderen Wissenschaftlern auszutauschen, und so von Datensammlungen unabhängiger zu werden.

Die Frage war also: Ist es unvermeidbar, dass Datenbanken Konkurrenten sind, oder kann man mit Datenbanken so zusammenarbeiten, dass Landolt-Börnstein und Datenbank sich ergänzen und voneinander profitieren?

4. Ist der Benutzer inzwischen so an die Arbeit am PC gewöhnt, dass man ihn nur erreichen kann, wenn man die Daten elektronisch ins Labor bringt?
Soll man also den Landolt-Börnstein auf CD-ROM's speichern und ihn anstatt als gedruckte Bände als CD-ROM's verkaufen, die der Wissenschaftler sich auf seinen PC spielen kann?

5. Ist das Herstellungsverfahren der Landolt-Börnstein-Bände noch zeitgemäß?
Trotz des Einsatzes elektronischer Hilfsmittel in der Redaktion für die verschiedensten Aufgaben waren Anfang 1990 die Grundschritte der Verknüpfung zwischen Herausgeberseite und Verlagsseite im wesentlichen noch unverändert. Es war deshalb zu überlegen, ob nicht durch konsequenten Einsatz des Computers Teile der ausgelagerten Aufgaben (Umzeichnung der Figuren am Computer, Hin- und Hersenden von Fahnenkorrekturen, des Umbruchs etc.) in die Redaktion gezogen werden konnten. Das Fernziel war eine "voll-elektronifizierte Redaktion", in der die Bände komplett "camera-ready" hergestellt werden konnten, und dem Verlag nur noch der Druck als Aufgabe übrigblieb.

6. Wie soll es auf lange Sicht weitergehen?
Ist die Neue Serie noch zeitgemäß oder muss man wieder so einen radikalen Schnitt machen, wie zwischen 6. Auflage und Neuer Serie?

Wir werden im weiteren Kapitel Beispiele für die Wege und Irrwege bringen, die zur Lösung der ersten fünf Fragen gegangen wurden.

Der letzten Frage "Wie geht es weiter?" werden wir das nächste Kapitel widmen. Denn eine Antwort deutete sich schon in den neunziger Jahren an, die man nicht vorhersah und nicht vorhersehen konnte. Es war nicht der Computer, der die Lösung brachte. Es war das "Internet", das völlig neue Wege aufzeigte.

Umfragen

Es war nicht nur der Gesamtherausgeber des Landolt-Börnstein und nicht nur der Springer-Verlag, die sich die Fragen stellten, wie es mit der Vermittlung naturwissenschaftlicher Forschungsergebnisse in Büchern, Zeitschriften, Datensammlungen etc. weitergehen sollte.

So machte im Jahr 1993 die Deutsche Physikalische Gesellschaft unter ihren Mitgliedern eine Umfrage zur Datenversorgung, an der sich auch das Fachinformationszentrum Karlsruhe und der Springer-Verlag beteiligten. Auf einen Artikel hierzu in den Physikalischen Blättern kamen 400 ausgefüllte Fragebögen zurück, welche im FIZ ausgewertet wurden. Die Ergebnisse der Auswertung wurden wiederum in den Physikalischen Blättern abgedruckt.

Danach lag der Landolt-Börnstein an der Spitze der von Physikern benutzten Datensammlungen dicht gefolgt vom CRC Handbook of Chemistry and Physics. Eine elektronische Nutzung lag damals noch in weiter Ferne. Die Datenverbindungen zu Datenbanken wie FIZ, STN-International oder NIST waren sehr schwach und ließen lediglich

Einzeldatenübertragungen zu. Solche Datensammlungen wurden deshalb im Gegensatz zu gedruckten Sammlungen oder Zeitschriftenartikeln nur selten genutzt, meist nur bei der Vor- oder Nachbereitung von Projekten.

Aufschlussreicher war eine Briefaktion, die der Gesamtherausgeber des Landolt-Börnstein an ca. 1200 Lehrstühle der Physik, Chemie und Ingenieurwissenschaften in Deutschland richtete. Grunddaten zu wichtigen Materialien wie kristallographische Daten, zu Phasengleichgewichten und ähnliches waren für alle Gruppen wichtig, Physiker und Ingenieure nutzten Daten zu vielen Stoffsystemen wie Halbleiter oder Ferroelektrika intensiv. Auch die Chemiker waren stark am LB und den dort wiedergegebenen verfahrenstechnischen Daten zu sehr vielen Stoffsystemen interessiert.

Solche Umfragen gaben dem Landolt-Börnstein wichtige Impulse bei der Planung neuer Bände. So kamen z.B. die Zeolithe als neue wichtige Stoffgruppe dazu. Die Elektrochemie wurde verstärkt, überhaupt wuchs die Gruppe "Physikalische Chemie" überproportional.

Neben solchen Umfragen verstärkte der Verlag die Marktforschung erheblich. Die Sales and Licensing Manager präsentierten in aller Welt die Publikationen des Verlags. An weltweiten Präsentationen des Landolt-Börnstein nahmen der für den LB im Verlag verantwortliche Dr. R. Poerschke und der Gesamtherausgeber (seit 1993 Prof. Dr. W. Martienssen) teil, um sofort fachliche Fragen beantworten zu können..

Werbung

Bei der ersten der oben formulierten sechs Fragen "Wie kann das Interesse weiterer Kreise von Benutzern geweckt werden?" spielte vor allem eine Verbreiterung der Werbung eine entscheidende Rolle:

Der Landolt-Börnstein Newsletter

Um den Landolt-Börnstein bekannt zu machen, wurde – neben der seit Jahren laufenden normalen Reklame – der Landolt-Börnstein Newsletter eingeführt. Er sollte zweimal jährlich erscheinen und auf vier Seiten Neues über den Landolt-Börnstein, über neu erscheinende Bände, über Pläne des Herausgebers und des Verlags unterrichten.

Dieser Newsletter wurde kostenlos an Bibliotheken, Buchhandlungen und Käufer verteilt. Jeweils am Ende der vier erscheinenden Ausgaben war die Bitte abgedruckt, sich mit Kommentaren und Fragen an die Redaktion zu wenden. Da keinerlei Rückmeldungen kamen wurde dieses Vorhaben wieder eingestellt. Offensichtlich waren die Benutzer nur am Gebrauch des LB interessiert, an irgendeiner Form der Mithilfe bei der Planung des Werkes wollte sich keiner beteiligen.

Neues Gesicht des LB

Wie bei Menschen so spielt auch bei Büchern ihr Aussehen eine Rolle. So wurde 1993 auch die Aufmachung des Landolt-Börnstein geändert. Alle Einbände bekamen eine Frontseite, auf der Titel und Gruppe deutlich zu lesen war; die Buchseiten verloren den bis dahin üblichen "Trauerrand" und erhielten insgesamt ein moderneres Layout.

Die erste Seite des neu erschienenen Landolt-Börnstein Newsletter vom Herbst 1989.

Schon die erste Seite zeigt die Probleme der damaligen Jahre an einem Leitartikel des Gesamtherausgebers mit dem Titel: "Printed Data Collections or Data Banks?" Diese Frage wurde natürlich pro Landolt-Börnstein beantwortet.

Die zweite Seite enthielt einen Artikel "The Development of an idea: From the 1st Edition to the NEW SERIES".

Auf den beiden verbleibenden Seiten wurden die 1988 erschienen Bände und das Verlagsprogramm für 1989 vorgestellt.

Die Brücke Bibliothek – Laboratorium

Aus der zweiten Frage, ob der Landolt-Börnstein überhaupt den Benutzer erreicht, entsprang ein weiteres Projekt. Wenn nur die Bibliotheken den Preis für die immer teuerer werdenden Bände bezahlen können – so war die Argumentation – so könne man doch die Grunddaten in schmalen preiswerten Broschüren zusammenfassen. Diese könnten dann die Forscher auf ihrem Schreibtisch liegen haben, sie dort benutzen, und sie könnten dann für speziellere Fragen auf den vollständigen Band in der Bibliothek zurückgreifen.

Hierfür wurde die Reihe "*Data in Science and Technology*" gegründet. Ihr Schicksal war ein anderes als das des Newsletters. Aber es brachte dem Projekt Landolt-Börnstein insgesamt nichts ein.

Wir betrachten dies am ersten Band dieser Reihe "Semiconductors – Group IV Elements and III-V-Compounds".

Dieser Band enthält auf 164 Seiten die Grunddaten des Bandes III/17a (1316 Seiten) und das zugehörigen Supplementbandes III/22a, in dem weitere ca. 400 Seiten diesen Halbleitern gewidmet waren. Das bedeutet, dass die wichtigsten 10% des Materials der ursprünglichen Bände hier zusammengefasst wurden.

Der Band wurde zwar begrüßt und am Anfang gut verkauft. Er half aber wider Erwarten wenig zur Überbrückung der Distanz Arbeitsplatz – Bibliothek. Zudem ließ sich das Konzept, das bei den Halbleitern Erfolg hatte, bei anders strukturierten Bänden der Neuen Serie schlecht verwirklichen.

8. Die neunziger Jahre: der Computer hält Einzug in die Redaktion

Einige Bände wurden noch herausgegeben. Dann schwand das Interesse. Ein Folgeband über andere Halbleitergruppen wurde bald danach publiziert. Beide Bände wurden später zu einer Monographie zusammengefasst und unter dem Titel "Semiconductors – Basic Data. 2nd Edition" ab 1996 verkauft. Als eine 3. Auflage zu planen war, waren bereits weitere Supplementbände in der Neuen Serie erschienen. Insgesamt lagen innerhalb des Landolt-Börnstein nunmehr 10 000 Seiten mit mehr als 13 000 Figuren vor.

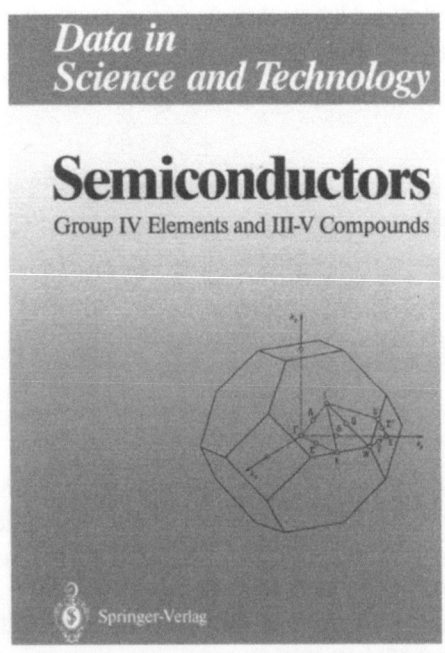 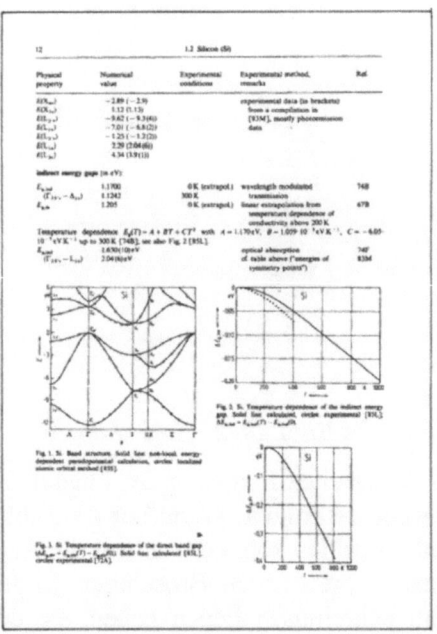

Der erste Band der Reihe "Data in Science and Technology": Titelseite und Probeseite des Inhalts. Der Band enthielt die wichtigsten Grunddaten von zwei technisch interessante Gruppen von Halbleitern, denen in der Neuen Serie ein Band und ein halber Supplementband gewidmet waren.

Die 3. Auflage benötigte also ein völlig neues Konzept. Sie umfasste dann knapp 700 Seiten, erschien 2003 unter einem wiederum geänderten Titel "Semiconductors: Data Handbook". Ihre Verknüpfung mit dem Landolt-Börnstein war dadurch gegeben, dass dem Band eine CD-ROM beigegeben war, die die gesamten 10 000 Seiten der entsprechenden LB-Bände enthielt.

Ein solches Schicksal konnte man aber für andere Bereiche der Neuen Serie kaum erwarten. Das Halbleiter-Handbuch blieb also ein Einzelfall.

Dieses Buch ist noch aus einem anderen Grund erwähnenswert, der die Revolution in der Publikationsweise wissenschaftlicher Werke zeigt: Es wurde vom Autor druckfertig einschließlich allem Layout, Vorwort, Substanzindex, Paginierung usw. auf einer CD geliefert.

Diese CD enthielt ferner die Vorlage für die dem Band beiliegende CD-ROM. Dem Verlag blieb nur übrig, die CD des Autors zum Druck zu geben und die fertigen Bände mit der beigelegten CD-ROM für den Verkauf vorzubereiten.

Das Verhältnis zu den Datenbanken

Zur dritten Frage, ob der Benutzer überhaupt gedruckte Daten will, wurde das Verhältnis zu den großen Datenbanken wie das Fachinformations-Zentrum Karlsruhe (FIZ) geprüft.

Die Ausgaben des 1989 und 1990 erschienenen Landolt-Börnstein Newsletter enthielten Artikel zur Frage "Wie geht es weiter mit dem Landolt-Börnstein?"

Titel dieser Artikel waren "Printed Data Collections or Data Banks?", "How will the Landolt-Börnstein look in the Year 2000?", "Do You Want Cheap or Expensive Data Collections?"

Große Datenbanken wie das FIZ Karlsruhe konnte man als Konkurrenten ansehen, man konnte aber auch an gleichberechtigtes Nebeneinander denken. Denn schließlich waren sie in ihren Zielen und ihrem Angebot deutlich verschieden.

Der Landolt-Börnstein war nach wie vor ausgerichtet auf die Präsentation evaluierter Daten, also von Messwerten und funktionellen Abhängigkeiten, die von qualifizierten Fachleuten aus der Literatur ausgesucht, mit anderen Ergebnissen verglichen und mitsamt der Literaturquelle in einem gedruckten Band gesammelt wurden. Nicht alle je gemessenen Daten wurden aufgenommen, sondern die "besten und neuesten". Der Leser konnte dies durch Nachlesen der Originalliteratur nachprüfen und konnte an dem Namen des Autors erkennen, wie weit er dessen Urteil trauen konnte.

Die großen Datenbanken dagegen sammelten alle Daten, die sie ohne Prüfung (und oft ohne Literaturangabe) in ihren Computer aufnahmen. So konnte der Benutzer nur schwer die Zuverlässigkeit einer Information erkennen.

Oft wurde eingewendet, dass die Landolt-Börnstein Bände im Vergleich zu einer Recherche bei FIZ zu teuer seien. Die Erfahrung zeigt, dass dieses Argument durchaus nicht zog. Natürlich war eine einzige Recherche billiger – wenn die Anfrage so gezielt war, dass sie eine eindeutige Antwort erhalten konnte. Aber schon mehrere Anfragen trieben dann doch die Kosten in die Höhe.

Zudem war es nicht immer leicht, die Anfrage gezielt zu formulieren. Ein Beispiel: Bei einer Anfrage nach der Literatur zu dem Halbleiter Galliumnitrid (GaN) war der überwiegende Teil der Antworten wertlos, da diese sich auf die "Gan'sche Gleichung" in der Magnetohydrodynamik bezogen. Der Computer konnte nicht zwischen großen und kleinen Buchstaben unterscheiden, also nicht zwischen GaN und Gan – so lieferte er alles für beide Stichworte!

Neben großen Datenbanken existierten und existieren auch heute noch viele kleine Datensammlungen in Instituten und Forschungsstätten, die dort für den Privatgebrauch zusammengestellt worden waren. Solche Datensammlungen, die sich immer auf Spezialgebiete beziehen, könnten dem Landolt-Börnstein nur Konkurrenz machen, wenn sie allgemein zugänglich wären, wenn jeder Fachmann überhaupt wüsste, dass es sie gibt.

Auf manchen Gebieten ist dies der Fall, da es heute vielfach üblich ist, Forschungsergebnisse in "Reports" Kollegen zugänglich zu machen.

Die Vergangenheit hat gezeigt, dass kleine Datenbanken eher nützlich sind. Denn viele Laboratorien sind inzwischen bereit, ihre Datensammlungen zu Landolt-Börnstein Bänden aufzubereiten und damit zur Aktualität der Neuen Serie beizutragen. Es gehört zum Geschick des Gesamtherausgebers solche Datenbanken zu finden und der Neuen Serie zuzuführen.

Fasst man alle diese Argumente zusammen, so findet man, dass Anfang der 90er Jahre im Verlag Datenbanken nicht als Konkurrenz angesehen wurden, dass vielmehr eine Chance für eine Entwicklung gesehen wurde, die dreigleisig lief:

Große Datenbanken: Umfassende ungefilterte Information.
Landolt-Börnstein: Evaluierte Information für die Bibliotheken
Auszüge aus dem Landolt-Börnstein: Brücke von der Bibliothek zum Laboratorium.

Aber auch diese Wege wurden zu Irrwegen, denn die Entwicklung verlief anders. Das Internet erschien am Horizont. Darauf gehen wir im nächsten Kapitel ein.

Der Landolt-Börnstein auf CD-ROM

Zur 4. Frage "Ist der Benutzer inzwischen so an die Arbeit am PC gewöhnt, dass man ihn nur erreichen kann, wenn man die Daten elektronisch ins Labor bringt?" wurde zunächst diskutiert, den Landolt-Börnstein nicht mehr in gedruckter Form herauszugeben, sondern die einzelnen Bände als CD-ROM zu verkaufen. Dieser Plan wurde aber schnell verworfen.

Zur Begründung hieß es damals in einem Bericht: "Eine evaluierte Datensammlung lebt davon, dass neben dem gesuchten Messergebnis die Literatur, die Meßmethode, die Messbedingungen und möglicherweise Vergleiche mit Messdaten an anderen Substanzen oder von anderen Eigenschaften einer Substanz zur Verfügung stehen. In einem gedruckten Band kann man blättern, man muss das Einleitungskapitel zu Rate ziehen und im Literaturverzeichnis nachsehen. Dies so auf eine CD-ROM zu übertragen, dass all dies "auf Knopfdruck" zusammen auf dem Bildschirm gezeigt wird, ist zwar technisch möglich, aber so aufwendig, dass kein Verlag sich leisten kann, von einer gedruckten Fassung auf eine CD-ROM überzugehen. Wir haben dies gerade bei einem Besuch beim Fachinformationszentrum in Karlsruhe erlebt. Die dortigen Physiker versuchen als Pilotprojekt einen Landolt-Börnstein-Band – dazu noch einen besonders einfach strukturierten – nach diesen Kriterien aufzubereiten. Der Aufwand hierfür ist aber ungeheuer. Man braucht einen sehr leistungsfähigen Computer, und der Benutzer braucht viel Zeit und muss etliche Umwege gehen, bis er das auf dem Bildschirm findet, was er nach einem Griff ins Regal und kurzem Blättern im gedruckten Band findet."

Das war die damalige Meinung. Sie ist überholt, denn es gibt heute das Internet und es gibt heute wesentlich leistungsfähige Computer und Programme.

Eine Neuerung wurde damals aber eingeführt: Jedem seit 1997 erschienenen Band wurde eine CD-ROM gleichen oder erweiterten Inhalts beigefügt, um dem Ziel näher zu kommen, "den Landolt-Börnstein in's Labor zu bringen". Bis Ende 2007 waren bereits über 150 neu erschienene Bände mit einer Begleit-CD ausgestattet. Das war nur möglich, da Computer immer stärker ihren Einzug in die redaktionelle Arbeit hielten.

Die Einbeziehung des Computers in die redaktionelle Arbeit

Die fünfte Frage "Ist das Herstellungsverfahren der Landolt-Börnstein-Bände noch zeitgemäß?" löste sich fast von selbst, als in den 90er Jahren die Computer Einzug auf fast allen Gebieten des täglichen Lebens hielten, in denen Daten gespeichert und verarbeitet wurden.

Mit der Ausstattung jedes Arbeitsplatzes in der Redaktion mit Computern, mit der Vernetzung dieser Computer untereinander und mit dem Verlagsrechner war die Möglichkeit eröffnet, Herstellungsschritte für einen Band nach und nach in die Redaktion zu übernehmen.

Die Umstellung von dem alten, auf Seite 59 geschilderten Verfahren auf computergestützte Manuskriptbearbeitung verlief in Schritten.

Schließlich mussten ja nicht nur die Mitarbeiter der Redaktion durch eigene Erfahrung lernen, wo und wie man Arbeitsschritte durch Benutzung elektronischer Hilfmittel vereinfachen kann. Auch die Autoren mussten mit geänderten Bedingungen vertraut werden.

Anfang der 90er Jahre kamen von den Autoren erste Manuskripte oder Manuskriptteile auf Diskette oder CD-ROM. Sie beschränkten sich zunächst auf lange Tabellen, die bei den Autoren schon von Anfang an im Computer gespeichert waren. Hier war der Fortschritt am offensichtlichsten. Denn der Inhalt der Tabellen blieb bei der Bandherstellung unverändert - keine Zahl wurde neu gesetzt und musste nachgeprüft werden.

Schwieriger war es, wenn das gesamte Manuskript auf CD-ROM abgeliefert wurde. Eine Bearbeitung der elektronischen Version durch die Redaktion war dann notwendig, um Tabellen und Figuren auf Landolt-Börnstein-Standard zu bringen. Fragelisten an die Autoren wurden oft nicht Frage nach Frage beantwortet. Vielmehr schickte der Autor eine neue CD-ROM zurück, die neben den Korrekturen andere Änderungen oder Ergänzungen der ursprünglichen Fassung enthielten. Es erforderte zusätzliche Arbeit, bis sich Autor und Redaktion "zusammengerauft" hatten.

Die Redaktion setzte Computer zunächst für die Bearbeitung der Textteile und der Sachverzeichnisse ein. Auch Makros zur Kontrolle der Eineindeutigkeit und Vollständigkeit der Literaturhinweise waren hilfreich. Mit solchen Hilfsmitteln konnten die Karteikarten aus der Redaktionsarbeit verschwinden.

Damit war das Herstellungsverfahren per se nicht tangiert. Im Satzbetrieb mussten Fahnen erstellt werden, die dann von den Autoren und der Redaktion bearbeitet wurden. Figuren mussten getrennt umgezeichnet und korrigiert werden. Korrekturfahnen und Figuren wurden dann zum sog. Klebeumbruch zusammengefügt.

Vorversuche, Tabellen elektronisch zu erfassen und zu bearbeiten, wurden in der Redaktion seit 1990 gemacht Die Verwendung des seit Jahrzehnten im Verlag benutzten Programms "Tex" führte zu unbefriedigenden Ergebnissen.

Dagegen gelang es schon damals abbildungsfreie Manuskripte in "MS Word 5.0 for DOS" so aufzubereiten, dass mit einem 600dpi-Laserausdruck befriedigende Druckvorlagen erstellt werden konnten.

So entstand 1991 der 521-seitige Band IV/6 "Dielectric Constants of Pure Liquids and Binary Liquid Mixtures" aus Daten, die der Autor auf Disketten relativ ungeordnet zur Verfügung gestellt hatte.

Auch das im vorigen Kapitel beschriebene Substanzverzeichnis 1993 und der Comprehensive Index 1996 entstanden per Handeingabe in Word 5.0 auf einem damals noch recht primitiven Personal Computer. Eine Datenbankversion des Comprehensive Index entstand erst später.

Die umfangreichste Datensammlung auf CD-Rom, die in Word 5.0 gemacht wurde, begleitete die acht Teilbände von III/41 "Semiconductors", die 1998 bis 2003 erschienen. Diese acht Teilbände waren Supplementbände zu den 9 Teilbänden von III/17 (1982 bis 1985) und den zwei Teilbänden von III/22 (1987, 1989), sie enthielten also nur *ergänzende* Daten. Jedem Teilband von III/41 war jedoch eine CD-ROM beigelegt, die alle Daten und Abbildungen aus III/17, 22, 41 in revidierter Form enthielt. Die acht CD-ROMs von III/41 umfassten also alle Tabellen und Texte aller 19 Teilbände, die eingescannt und mittels OCR bearbeitbar gemacht worden waren, ferner ca. 10 000 Abbildungen, die - ebenfalls eingescannt - als tif-Dateien eingefügt wurden.

Bei diesem Projekt wurde die Datenpräsentation auf den CD-ROMs in der "Dokument"-Aufbereitung vorgenommen, die später in Landolt-Börnstein Online für alle Bände der Neuen Serie übernommen wurde (vgl. das nächste Kapitel).

Weitere Datenbank-Programme wurden in der Redaktion getestet. Mit dem Programm ASKSAM 3.0 wurde die erste einen gedruckten Band begleitende CD-ROM erstellt (III/38B: "Refractive Indices of Organic Liquids").

Erst im Jahr 1997 erfolgte der Durchbruch mit dem Erscheinen des Programms "Acrobat" der Firma Adobe. Als Entwickler des Postscript-Standards, der es damals erlaubte, auf verschiedenen Druckern mit ein und demselben Druckertreiber zu arbeiten, schuf Adobe den neuen Dateistandard pdf, der aus Postscript-Dateien erzeugt in einem kostenlos verteilten Programm "Acrobat-Reader" sehr gut dargestellt und ausgedruckt werden konnte. Eine interne Suchfunktion sowie Volltext-Indexierung über beliebig viele Dateien waren weitere attraktive Möglichkeiten, die für das elektronische Publizieren aus Postscript-Dateien alle Voraussetzungen lieferten. So schwenkte die Landolt-Börnstein Redaktion konsequent zum Publizieren in PDF um.

Nach den ersten zwei CD-ROMs, die 1997 in der LB-Planung erzeugt wurden, erlernte die Redaktion nunmehr auch diese Technik und produzierte von 1997 bis 2007 zu mehr als 140 Bänden einfache und komplexere CD-ROMs.

Trotzdem blieb die Bandherstellung bei der Zusammenführung von Texten, Tabellen und Abbildungen noch bei dem alten Verfahren.

Das änderte sich erst, als elektronische Bild-Files von den Autoren bzw. der Illustrationsabteilung des Verlags in der Redaktion vorlagen. Text, Tabellen und Figuren konnten dann am PC zusammengefügt werden, der Klebeumbruch entfiel.

Die "camera-ready" Herstellung eines Bandes in der Redaktion ist natürlich ein Ideal, das nicht überall erreicht werden kann. Sammlungen einheitlicher Tabellen (Beispiel: Dichten oder anderer tabellarisch erfassbare Eigenschaften von Substanzen), Zusammenstellungen von einheitlichen Figuren (Beispiel: Phasendiagramme) lassen sich leichter camera-ready machen, als eine komplexe Darstellung aller Eigenschaften einer Substanzgruppe (Beispiel: Halbleiter, Ferromagnetika ...), bei denen Text, Tabellen, Figuren, Angaben von Meßbedingungen und Meßverfahren u.a. mit einander verwoben sind.

So gibt es heute Bände, die schon praktisch camery-ready vom Autor kommen, also von der Redaktion kaum mehr bearbeitet werden müssen, neben Bänden, bei denen viel Zeit in die Herstellung einer Fassung investiert werden muss, um den Landolt-Börnstein Ansprüchen zu genügen.

Inzwischen kommen Manuskripte kaum noch als CD-ROM von den Autoren zur Redaktion. Sie werden per e-mail oder FTP (file transfer protocol) übermittelt. Auch die weitere Zusammenarbeit Redaktion - Autor erfolgt auf solchen Wegen.

Die geschilderte Entwicklung erfolgte vorwiegend in den 90er-Jahren. Auch bis heute setzt sie sich fort - jedoch mit zusätzlichen Randbedingungen. Der "Weg ins Internet", der seit dem Jahr 2000 gegangen wird, erfordert vom Beginn der Redaktionsarbeit an einem neuen Band zusätzliche Arbeitsschritte.

Dem Weg zu der Version Landolt-Börnstein Online wenden wir uns jetzt im folgenden Kapitel zu.

9. Nach der Jahrtausendwende: Landolt-Börnstein Online

Der Weg ins Internet

Seit 1996 experimentierte der Springer-Verlag in der von Arnoud de Kemp und Gertraud Griepke geleiteten Gruppe "Corporate Development" bereits mit elektronischen Darbietungen von Zeitschriften-Artikeln auf Internet-Servern. Als glücklichen Umstand muß die zeitgleiche Entwicklung des Programms "Acrobat" und des universellen Dokument-Formats "pdf" durch die Firma Adobe gewertet werden. Adobe hatte zuvor schon das Postscript-Format für den professionellen Seitenausdruck erfunden. Nachdem ein Programm "Acrobat-Reader" von Adobe kostenlos zum Ansehen und Ausdrucken von pdf-Dokumenten auf Rechnern aller Art verteilt wurde, verwendete der Springer-Verlag wie auch viele andere Verlage pdf-Dokumente als Standard für seine Zeitschriften und Buchprojekte im Internet.

Die Landolt-Börnstein-Redaktion konnte – ein weiterer Glücksfall – ein sehr günstiges Dienstleistungsangebot zum Erfassen der über 150 000 bisher erschienenen Seiten der 6. Auflage und der Neuen Serie nutzen. Die Konvertierung der gescannten Facsimile-Seiten vom tif- in das pdf-Format und die Erkennung der wesentlichen Worte im Text der Seiten gelang in der Redaktion mit "Bordmitteln" und dem stapelverarbeitungs-orientierten Programm "Acrobat-Capture". Mit Capture konnte der erkannte Text in einer zweiten Schicht im Hintergrund der Facsimile-Seite "durchsuchbar" im pdf-Dokument als Grundlage für die Indexierung und die Integration der Suchfunktionen abgespeichert werden. Der gerade rechtzeitig entwickelten neuen pdf-Technik haben die Verlage und Landolt-Börnstein Online viel zu verdanken.

Neben den inzwischen auch für die prorammierte Manuskriptbearbeitung für Druck- und CD-ROM-Versionen gewonnenen Erfahrungen lag hiermit auch der Daten-Fundus für das elektronische Publizieren im größeren Stil vor.

Mit den von Gertraud Griepke organisierten Helferinnen, vor allem Edith Hoffmann, und externen Heidelberger Computer-Dienstleistern konnte eine erste LB-Online Version im Jahr 2000 eröffnet werden. In einer „Millenium-Aktion" wurde der kostenlose Zugang zum Inhalt von 129 der bis 1990 erschienenen Bände der Neuen Serie im Internet ermöglicht. Es existierten bei dieser ersten Version noch keine Suchmöglichkeiten auf dem Server. Die Navigation erfolgte wie bei der damaligen internen CD-ROM-Fassung über die Inhaltsverzeichnisse, die mit einer tiefen Strukturierung (in Javascript) derart erschlossen wurden, dass einem Nutzer zunächst nur die Hauptpunkte angeboten wurden und es dann in immer tiefere Ebenen „hinunterging".

Nach zehn Monaten führte der Verlag eine Nutzerumfrage durch. Sie ergab, dass bis Oktober 2000 bereits 10 000 registrierte Nutzer über 2 Millionen pdf-Dokumente angesehen oder heruntergeladen hatten. Da sich 83 Prozent der Nutzer für eine Bevorzugung des Online-Angebots gegenüber den gedruckten Bänden aussprachen, wurde die Neue Serie komplett digitalisiert.

Die Konvertierung erfolgte mit dem Programmen „Adobe Capture" in das pdf-Format, das seit 1997 im Verlag benutzt wurden.

Damals umfasste die Neue Serie schon weit über 150 000 Seiten. Diese Seiten wurden zunächst gescannt und lagen dann für die Konvertierung im tif-Format vor. Aus diesen tif-Dateien wurden zweilagige pdf-Dateien erstellt, die im Vordergrund das Faksimile der kompletten Seitendarstellung und im Hintergrund den erkannten Text anzeigten. Dieser diente dann als Grundlage für die Indexierung und die Integration der Suchfunktionen.

Nach zwei Jahren systematischer Arbeit in der Darmstädter Redaktion stellte das Team um Dr. W. Finger im Jahr 2002 eine neue LB-Online Fassung vor, die alle notwendigen Navigations- und Volltext-Suchmöglichkeiten enthielt. Auch das „Highlighten" der Treffer in den auf der getroffenen Seite geöffneten pdf-Dokumenten gelang nach Überwindung einiger Schwierigkeiten.

Es ist hier nicht der Platz, alle Verbesserungen der Online-Version aufzuzählen, die zu ihrer heutigen Form geführt haben. Viele Einzelschritte waren notwendig, viele Stellen des Verlags waren neben der Landolt-Börnstein-Redaktion beteiligt.

So genügte es natürlich nicht, nur die pdf-Dokumente ins Netz zu stellen. Für den Phasenübergang von der gedruckten zur elektronischen Welt musste das ganze verlegerische Umfeld neu geschaffen werden: die Gestaltung des Zugangs zum Internet-Angebot, die Lizensierung der Nutzer und vieles andere.

Die Dokument-Struktur von Landolt-Börnstein Online

Betrachten wir sogleich die heutige Form von "Landolt-Börnstein Online" (vgl. hierzu auch den Anhang 4, in dem der im Internet verfügbare Online-Guide wiedergegeben ist).

Grundlage ist das einzelne *elektronische Dokument*, das Auskunft über die Daten für einen physikalischen Parameter gibt. Als Beispiel ist auf der nächsten Seite das Dokument für den Seebeck-Koeffizienten des Halbleiters Gallium Antimonid gezeigt. Das Dokument enthält: eine Datentabelle für den gesuchten Koeffizienten bei verschiedenen Temperaturen und Materialeigenschaften, eine Referenzliste und drei Figuren mit relevanten Messkurven.

Das gesamte Angebot von Landolt-Börnstein Online umfasst über 50 000 solcher Dokumente, die den Inhalt der ca. 180 000 Seiten der Bände der Neuen Serie wiedergeben. Die durchschnittliche Seitenzahl ist mit drei Seiten pro Dokument niedrig, der Inhalt eines Dokuments also schnell überschaubar.

9. Nach der Jahrtausendwende: Landolt-Börnstein Online

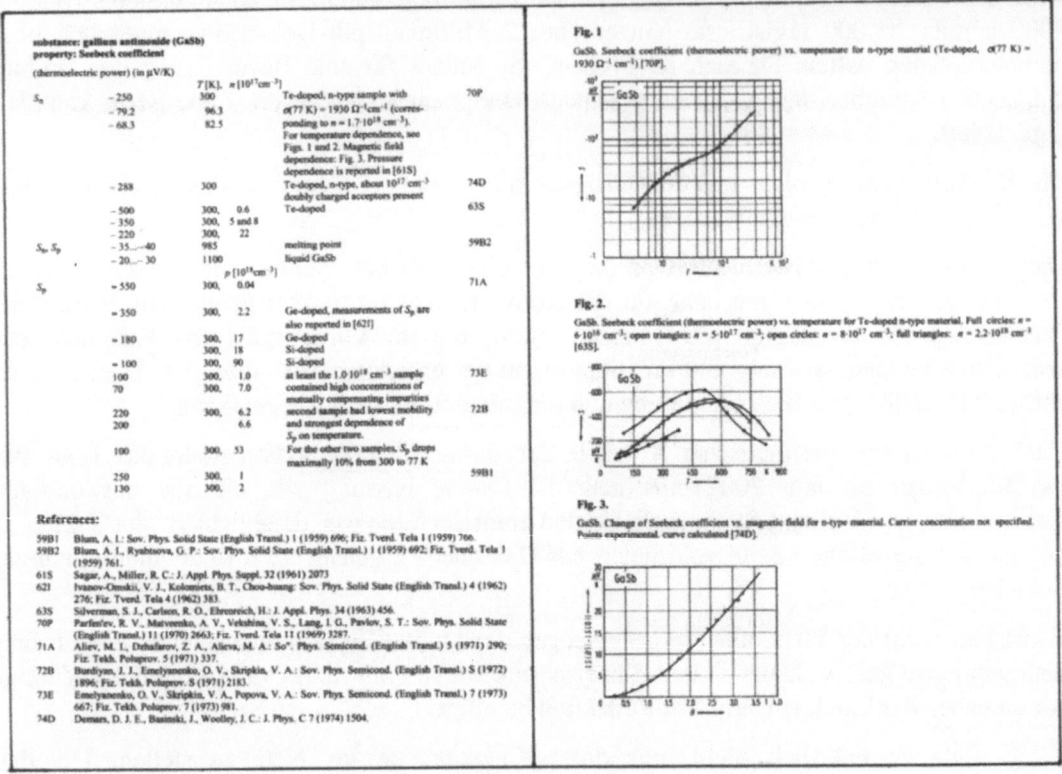

Beispiel für ein Dokument der Online-Fassung des Landolt-Börnstein:
Seebeck-Koeffizient von Gallium Antimonide

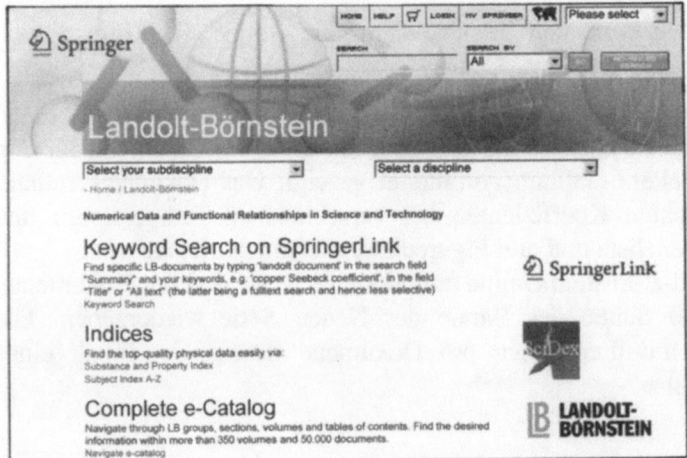

Die Homepage von LB-Online.

Drei Suchwege werden angeboten:
– die Stichwortsuche in Springer Link
– die Suche über Substanz- und Eigenschafts-Verzeichnisse
– die Suche über den "elektronischen Katalog"

Alle diese Möglichkeiten führen zum gewünschten Dokument

Der Zugang zu den Dokumenten *(vgl. dazu auch Anhang 4)*

Die Suche beginnt im Internet durch Aufrufen der Landolt-Börnstein Homepage www.landolt-boernstein.com.

Dort werden dem Nutzer drei Suchmöglichkeiten angeboten

Direkte Suche über Springer-Link

Die wichtigste Suchmöglichkeit ist die *direkte Stichwortsuche über SpringerLink*. Durch Anklicken von *Keyword Search* in der Homepage kommt der Nutzer zum Fenster "SpringerLink", dem Suchprogramm des ganzen Springer-Verlags. Dort trägt er den gewünschten Suchbegriff ein und beschränkt durch den Zusatz "landolt document" die Suche auf LB-Online.

Für das obige Beispiel lautet der Eintrag also "seebeck coefficient / landolt document".

Links: Suchfenster von Springer-Link. Der Eintrag "seebeck coefficient / landolt document führt zu 31 Angaben, von denen die erste rechts dargestellt ist.

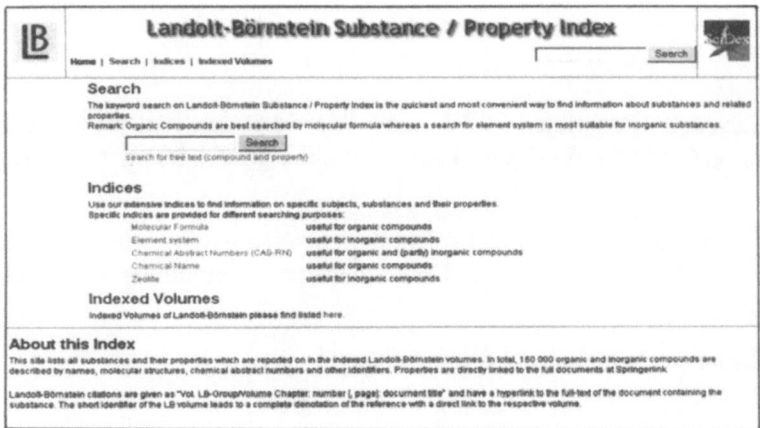

Suchmöglichkeiten über Substanz- und Eigenschaften-Indexe

Die Suche kann direkt über Stichworte erfolgen oder über Verzeichnisse, die mit der Molekül-Formel, dem Element-System, der CAS-Nummer oder dem chemischen Namen angewählt werden können..

Die Suche führt für das Beispiel zu 31 Angaben für verschiedene Materialien. Die Angabe für Gallium Antimonide ist in der obigen Abbildung rechts dargestellt. Um das gesuchte Dokument zu öffnen, muss der Nutzer nur noch die letzte Zeile dieser Abbildung (PDF (69 kb)) anklicken.

Zwei weitere Suchmöglichkeiten kommen hinzu, die wir nur kursorisch behandeln wollen. Für Einzelheiten sei auf den Anhang 4 verwiesen, der den im Internet angebotenen "*Landolt-Boernstein User Guide*" enthält.

Suche über Substanz- und Eigenschaftsverzeichnisse

Von der Landolt-Börnstein Homepage kommt man durch eine zweite Suchmöglichekeit zu dem auf der vorhergehenden Seite gezeigten Fenster:

Die Suche kann direkt über Stichworte erfolgen oder über Substanzverzeichnisse, die über die Molekül-Formel, das Element-System, die CAS-Nummer oder den chemischen Namen angewählt werden können. Als Beispiel zeigt die die folgende Abbildung die Suche nach allen Verbindungen, die die Elemente Al, As und Ga enthalten.

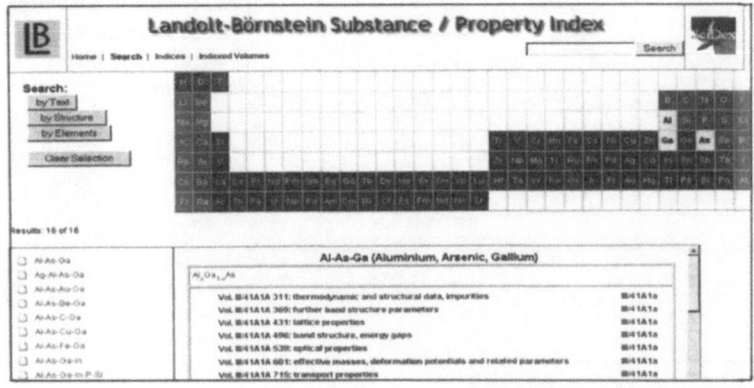

Suche nach allen Verbindungen, die die Elemente Al, As und Ga enthalten. Nach Anklicken dieser drei Elemente im Periodischen System erhält man 16 Systeme Al-As-Ga-.....und durch Anklicken des gewünschten Systems eine Liste aller zugehörigen Dokumente. Anklicken in dieser Liste führt dann zu dem entsprechenden Eintrag bei SpringerLink.

Wie in der Abbildungs-Legende geschildert wird man hier zu den entsprechenden Dokumenten in SpringerLink geführt, die man dann nach dem oben geschilderten Verfahren aufrufen kann.

Die verschiedenen Suchmöglichkeiten in verschiedenen Verzeichnissen wird künftig erleichtert, da die Verzeichnisse für anorganische und für organische Verbindung im Herbst 2007 zusammengelegt wurden.

Für weitere Möglichkeiten dieser Suchversion siehe den Anhang 4.

Suche über den elektronischen Katalog

Wie ein gedruckte Katalog, so listet auch der in LB-Online angebotene *elektronische Katalog* alle einzelnen Bänden der Neuen Serie auf (siehe die Abbildungen unten und auf der nächste Seite). In einem ersten Fenster erscheint eine Liste der Hauptgruppen I bis VIII.

Von dort führt der Weg zum nächsten Fenster, in dem jede Hauptgruppe in Untergruppen und zugeordneten Themen gegliedert ist. Diese Untergliederung hatten wir bereits in Kapitel 5 bei der Besprechung der Struktur der Neuen Serie benutzt.

Nach der Wahl eines Themas erscheinen in einem Fenster die entsprechenden Bände mit einer kurzen Inhaltsangabe, den bibliographischen Daten und der Möglichkeit über das Inhaltsverzeichnis oder direkt zu der gewünschten Seite von SpringerLink zu kommen.

Landolt-Börnstein Online bietet somit Möglichkeiten für den Benutzer, die aus mehreren Gründen eine Bibliothek mit den gedruckten Bänden nicht leisten kann.

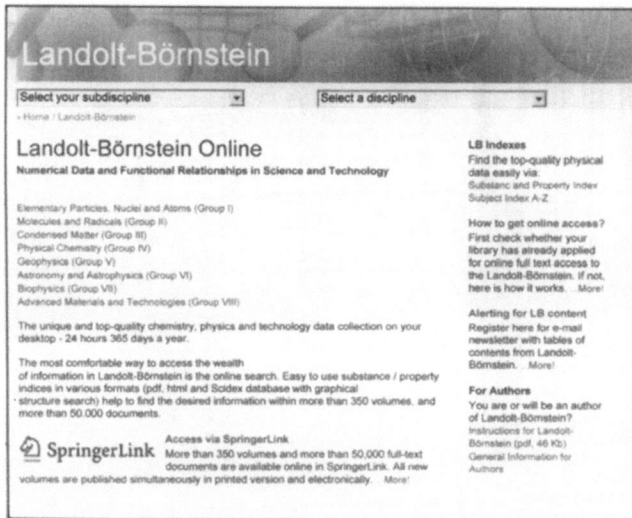

Suche über den elektronischen Katalog.

Anklicken von "navigate e-catalog" auf der Homepage führt zu einem Fenster mit einer Liste der Hauptgruppen (links). Anklicken einer Hauptgruppe führt zu einer Liste von deren Untergruppen (nächste Seite links). Anklicken eines Themas einer Untergruppe führt zu einer Liste der zugehörigen Bände (nächste Seite rechts). Von dort kommt man entweder zum Inhaltsverzeichnis des Bandes oder zum entsprechenden Eintrag in SpringerLink.

(Fortsetzung der Abbildung: siehe nächste Seite)

9. Nach der Jahrtausendwende: Landolt-Börnstein Online

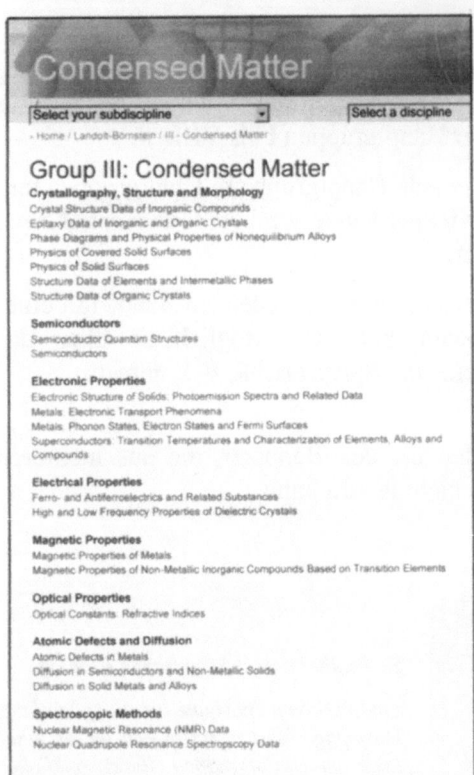

10. Ausblick

Der "Landolt-Börnstein" blickt nunmehr auf eine 125-jährige Geschichte zurück, in der er sich von einem schmalen Band mit physikalischen und chemischen Grunddaten zu einer Institution entwickelt hat, die in zwei Formen vorliegt.

Die sechs Auflagen und die Neue Serie umfasst in ihrer *gedruckten Form* bis heute ca. 450 Bände mit über 200 000 Seiten und 135 000 Abbildungen.

Die *Online Version*, die wir im letzten Abschnitt geschildert haben, enthält alle Information der Neuen Serie in digitaler Form. Mehr als 50 000 Dokumente geben den Inhalt der über 400 Bände der Neuen Serie mit ihren über 180 000 Seiten wieder.

Wie geht es weiter?

Der Weg wird weiter von den gedruckten Bänden zur Online-Version gehen. Dies ist die Folge der Entwicklung der Naturwissenschaften. Wir haben in den letzten Kapiteln gesehen, wie die Datenflut, die heute über die Wissenschaftler hereinbricht, durch immer neue Weg in der Buchherstellung bewältigt werden musste. Wir haben gesehen, dass alle Wege in Sackgassen führen mussten, dass die Buchpreise zu hoch wurden, dass die wissenschaftlichen Daten zu schnell und zu umfangreich publiziert wurden, um in gedruckten, mit großem Aufwand hergestellten Bänden aufgefangen und den Wissenschaftlern angeboten werden können.

Auch die Mentalität der Wissenschaftler hat sich geändert. Im heutigen Computer-Zeitalter will niemand mehr aus dem Labor in die Bibliothek gehen, um Daten nachzuschlagen. Jedes Labor ist mit Computern ausgestattet und ist mit dem Internet vernetzt.

So nimmt es nicht Wunder, dass der Absatz der gedruckten Bände ständig geringer wird, während die Online-Nutzung steigt. Im Jahr 2007 sind über 400 000 Dokumente des Landolt-Börnstein Online heruntergeladen worden. Mehr als 500 Institutionen haben die Lizenz für den Zugang zur Online-Version erworben.

Dieser Entwicklung trägt auch der Springer-Verlag Rechnung. Die Darmstädter Redaktion, deren Arbeit wir in den letzten Kapiteln begleitet haben, wurde im Sommer 2008 nach Heidelberg verlegt und dort in den Rahmen eines neu gegründeten Bereichs "Reference and Database Publishing" eingebracht. Die Kompetenz des Darmstädter Redaktionsteams wird so zusammengebracht mit der Datenkompetenz der Heidelberger Gruppe und damit ein großes zukunftstarkes Team mit neuen Möglichkeiten und Produkten aufgebaut.

Landolt-Börnstein Online wird 2009 einen "Relaunch" mit neuen Suchmöglichkeiten etc. erleben, die demnächst auf einer eigenen Platform angeboten werden.

Wie weit die gedruckte Version des Landolt-Börnstein noch gebraucht und deshalb beibehalten wird, - dies wird die Zukunft zeigen.

Seit 1883 hat das Unternehmen "Landolt-Börnstein" alle Schwierigkeiten gemeistert. Auch die Zukunft erscheint hell. Was sie bringt, das muss sich erweisen. Landolt-Börnstein Online ist die nähere Zukunft. Was dann kommt, wissen wir nicht, so wenig wie Hans Landolt und Richard Börnstein das Anwachsen der ersten 5 Auflagen vorhersehen konnten, so wenig, wie das Herausgeber-Kollegium 1936 den Umfang der 6. Auflage vorhersehen konnte und Arnold Eucken und Karl-Heinz Hellwege den über ein halbes Jahrhundert andauernden Erfolg der Neuen Serie und ihren Übergang in eine elektronische Form.

Der Landolt-Börnstein lebt und wird – so sieht es bei seinem 125-jährigen Jubiläum aus – noch lange der Wissenschaft ein unentbehrliches Hilfsmittel sein.

Anhang 1. Liste aller Bände von 1883 bis 2007

1. Auflage
    Herausgeber: R. Börnstein, H. Landolt
    1883. VII, 249 Seiten

2. Auflage
    Herausgeber: R. Börnstein, H. Landolt
    Autoren: C. Barus, A. Blaschke, E. Hellborn, H. Kayser, E. Less, L. Löwenherz,, M. Marckwald,
    G. Neumayer, E. Rimbach, K. Scheel, O. Schönrock, F. Schütt, H. Traube, W. Traube, B. Weinstein
    1894. XII, 563 Seiten

3. Auflage
    Herausgeber: R. Börnstein, W. Meyerhoffer
    Autoren: Th. Albrecht, F. Auerbach, K. Bädeker, O. Bauer, W. Bein, A. Blaschke, H. Böttger, J.W. Brühl,
    G. Bruni, A. Denizot, F. Dolezalek, E. Gehrcke, K. Grimm, E. Gumlich, Fr. Henning, E. Heyn,
    F. W. Hinrichsen, L. Holborn, W. P. Jorissen, G. Just, Ph. Kohnstamm, J. Koppel, G. Langbein, O. Lummer,
    A. Mahlke, F. F. Martens, G. Meyer, J. D. van der Plaats, B. Prager, F. Ritter, W. A. Roth, R. Rothe,
    V. Rothmund, H. Rubens, A. Sachs, K. Scheel, R. Schenck, A. Schmidt, O. Schönrock, H. v. Steinwehr,
    K. Stelzner, K. Stöckl, F. Weigert, H. F. Wiebe, A. Winkelmann
    1905, XVI, 861 Seiten

4. Auflage
    Herausgeber: R. Börnstein, W.A. Roth
    Autoren: Th. Albrecht, K. Arndt, K. Bädeker, O. Bauer, W. Bein, A. Blaschke, H. Böttger, W. Böttger,
    G. Bruni, A. Denizot, F. Dolezalek, F. Eisenlohr, E. Gehrcke, H. Greinacher, E. Gumlich, F. Henning,
    W. Herz, W. Heuse, A. Heydweiller, W. Hinrichsen, L. Holborn, E. Jänecke, W. P. Jorissen, G. Just,
    J. Koppel, R. Kremann, O. Leithäuser, H. Lunden, A. Mahlke, F. F. Martens, G. Meyer, H. Philipp,
    J. D. van der Plaats, Th. Posner, E. Regener, V. Rothmund, H. Rubens, O. Sackur, C. Sandonnini, K. Scheel,
    A. Schmidt, O. Schönrock, H. v. Steinwehr, A. Stirm, K. Stöckl, H. Tertsch, S. Valentiner, H. v. Wartenberg,
    F. Weigert, H. F. Wiebe
    1912. XVIII, 1313 Seiten

5. Auflage
    Herausgeber: W.A. Roth, K. Scheel
    Autoren: K. Arndt, O. Bauer, R. Baumann, H. Behnken, W. Bein, A. Blaschke., W. Böttger, C.F. Bonhoeffer,
    H. Cassel, H. Dember, F. Eisenlohr, A. Eucken, P. Ewald, R. Fürth, E. Gehrcke, W. Gerlach, L. C. Glaser,
    R. Glocker, W. Grotrian, H. Grüss, E. Gumlich, H. V. Halban, F. A. Henglein, F. Henning, W. Herz,
    O. Hönigschmid, L. Holborn, R. Jaeger, E. Jänecke, M. Jakob, W. P. Jorissen, I. Koppel, W. Kossel,
    R. Kremann, R. Ladenburg, O. Liesche, K. Lübben, H. Lundén, A. Mahlke, F. F. Martens, W. Metzener,
    G. Meyer, St. Meyer, R. Paschen, H. Philipp, E. Regener, V. Rothmund, H. Rubens, R. Sahmen, A. Schmidt,
    O. Schönrock, W. O. Schumann, W. Seitz, S. Skraup, H. v. Steinwehr, K. Stöckl, H. Tertsch, S. Valentiner,
    B. Wanach, H. von Wartenberg, F. Weigert, G. Wentzel, L. Zipfel
    1. Teilband: 1923. XVI, Seiten 1...784
    2. Teilband: 1923. Seiten 785...1695

5. Auflage, 1. Ergänzungsband
    Herausgeber: W.A. Roth, K. Scheel
    Autoren: D. Aufhauser, O. Bauer, R. Baumann, H. Behnken, W. Bein, G. Berndt, W. Böttger, H. Dember,
    Th. Dingmann, Th. Dreisch, F. Eisenlohr, S. Erk, A. Eucken, P. P. Ewald, R.Fürth, W. Gerlach, R. Glocker,
    A. Goetz, W. Grotrian, E. Grüneisen, E. Gumlich, H. v. Halban, F. A. Henglein, F. Henning, C. Hermann,
    W. Herz, O. Hönigsschmid, L. Hollborn, V. Horn, R. Jaeger, M. Jakob, P. Jordan, W.P. Jorissen, H. Kayser,
    K. Kellermann, I. Koppel, W. Kossel, R. Kremann, R. Ladenburg, O. Liesche, C. Lübben, H. Lundén,
    W. Meissner, G. Meyer, St. Meyer, E. Moles, H. Philipp, E. Regener, V. Rothmund, G. Sachs, A. Schmidt,
    O. Schönrock, H. Seifert, W. Seitz, F. Simon, S. Skraup, H. v. Steinwehr, H. Tertsch, C. Tubandt,
    S. Valentiner, G. Wagner, P. Walden, B. Wanach, H. von Wartenberg, G. Wentzel, L. Zipfel
    1927. XII, 919 Seiten

5. Auflage, 2. Ergänzungsband
Herausgeber: W.A. Roth, K. Scheel
Autoren: G. Åkerlöf, D. Aufhäuser, O. Bauer, H. Behnken, W. Bein, G. Berndt, W. Böttger, F. Burmeister, J. A. Christiansen, K. Clusius, H. Dember, Th. Dingmann, Th. Dreisch, C. Drucker, H. Ebert, J. Eisenbrand, F. Eisenlohr, S. Erk, A. Eucken, P. P. Ewald, R. Fürth, W. Gerlach, R. Glocker, A. Goetz, R. Grau, W. Grotrian, H. V. Halban, F. A. Henglein, F. Henning, C. Hermann, W. Herz., F. Hölzl, O. Hönigschmid, R. Jaeger, M. Jakob, K. Jung, W. Kangro, H. Kayser, K. Kellermann, F. Kirchner, O. Kirsch, J. M. Kolthoff, I. Koppel, W. Kossel, A. Kussmann, R. Ladenburg, H. Lindemann, L. Lorenz, W. Meissner, G. Meyer, St. Meyer, E. Moles, E. Noack, J. Otto, H. Philipp, K. Przibram, O. Redlich, B. Rosen, P. Rosenfeld, G. Sachs, O. Schönrock, W. Seitz, F. Simon, H. Sponer, M. V. Stackelberg, W. Steinhaus, H. Stuart, G. Szivessy, L. Teichmann, H. Tertsch, C. Tubandt, H. Ulich, S. Valentiner, G. Wagner, P. Walden, H. von Wartenberg, K. Wohl
1. Teilband: 1931. Seiten 1...506
2. Teilband: 1931. Seiten 507...1707

5. Auflage, 3. Ergänzungsband
Herausgeber: W.A. Roth, K. Scheel
Autoren: G. Åkerlöf, D. Aufhäuser, H. Banse, O. Bauer, H. Behnken, W. Bein, G. Berndt, W. Bettger, H. Brückner, R. Burmeister, K. Clusius, Th. Dingmann, Th. Dreisch, C. Drucker, H. Ebert, F. Eisenlohr, S. Erk, A. Eucken, W. Fischer, R. Fleischer, R. Frerichs, R. Fürth, K. H. Gelb, W. Gerlach, E. Giebe, R. Glocker, F.K. v. Göler, A. Goetz, W. Grotrian, H. V. Halban, W. Hanle, F. A. Henglein, F. Henning, C. Hermann, F. Hölzl, O. Hönigschmid, R. Jaeger, M. Jakob, K. Jung, G. Kalb, W. Kangro, K. Kellermann, F. Kirchner, G. Kirsch, R. Kollath, I. Koppel, W. Kossel, A. Kussmann, R. Ladenburg, E. Lange, K. Larcha, J. Mattauch, W. Meissner, O. Meyer, St. Meyer, E. Moles, E. Noack, J. Otto, K. Przibram, O. Redlich, W. Reusse, R. Ritschl, B. Rosen, P. Rosenfeld, O. Schönrock, W. O. Schumann, W. Seite, K. Sitte, H. Sponer, W. Steinhaus, H. Stuart, G. Szivessy, H. Tertsch, C. Tubandt, H. Ulich, S. Valentiner, G. Wagner, P. Walden, J. Weiler, H. Wittig, K. Wohl, K. Zeise
1. Teilband: 1935. VIII, Seiten 1...734
2. Teilband: 1935. VIII, Seiten 735...1814
3. Teilband: 1936. XVI, Seiten 1815...3039

6. Auflage

Band I: Atom- und Molekularphysik

Teil 1: **Atome und Ionen**
Herausgeber: A. Eucken, mit Unterstützung von K.-H. Hellwege
Autoren: W.v. Angerer, L. Biermann, U. Cappeller, W. Döring, E.U. Franck, R. Glocker, W. Hanle, G. Joos, F. Kirchner, W. Klemm, A. Saur, U. Stille, H. Stuart, E. Wicke
1950. 248 Fig., XII, 441 Seiten

Teil 2: **Molekeln I (Kerngerüst)**
Herausgeber: A. Eucken, K.-H. Hellwege
Autoren: P. Debye, E.U. Franck, F. Kerkhoff, W. Maier, R. Mecke, H. Pajenkamp, H. Seidel, H. Stuart, E. Wicke
1951. 460 Fig., VIII, 571 Seiten

Teil 3: **Molekeln II (Elektronenhülle)**
Herausgeber: A. Eucken, K.-H. Hellwege
Autoren: G. Brück, P. Harteck, H. Hartmann, A.M. Hellwege, G. Joos, W. Klemm, W. Kuhn, A. Loebenstein, W. Maier, H. Martin, R. Mecke, H. Pajenkamp, M. Pestemer, A. Saur, G. Scheibe, A. Schöntag, H. Seidel, H. Stuart, E. Wicke
1951. 364 Fig., XII, 724 Seiten

Teil 4: **Kristalle**
Herausgeber: K.-H. Hellwege
Autoren: W. Biltz, W. Döring, Th. Ernst, A. Faessler, W. Fischer, A.M. Hellwege, E. Hertel, S. Koritnik, H. Krüger, G. Leibfried, U. Meyer-Berkhout, K. Molière, H. Pick, W. Schröck-Vietor, H. Seidel, F. Stöckmann, R. Suhrmann
1955. 930 Fig., XII, 1007 Seiten

Teil 5: **Atomkerne und Elementarteilchen**
Herausgeber: K.-H. Hellwege
Autoren: P. Brix, U. Cappeller, A. Flammersfeld, H. Franck, J. Geiss, H. Kopfermann, H. Maier-Leibnitz, J. Mattauch, L. Meyer-Schützmeister, H. Müller, W. Paul, K. Philipp, H. Reich, A. Sittkus, E.G. Steinke, D. Vincent
1952. 471 Fig., VIII, 470 Seiten

Band II: Eigenschaften der Materie in ihren Aggregatzuständen

Teil 1: **Mechanisch-thermische Zustandsgrößen**
Herausgeber: Kl. Schäfer, G. Beggerow
Autoren: W. Auer, G. Beggerow, J. D'Ans, H. Ebert, W. Fischer, G.G. Grau, A. Höpfner, R. Lacmann, R.N. Lichtenthaler, J. Otto, W. Paul, Kl. Schäfer, U. Stille, Fr. Umland, S. Valentiner
1971. 131 Fig., XV, 944 Seiten

Teil 2: **Gleichgewichte außer Schmelzgleichgewichten**
Herausgeber: Kl. Schäfer, E. Lax
Teil 2a: **Gleichgewichte Dampf-Kondensat und osmotische Phänomene**
Autoren: A. Busch, G.G. Grau, W. Kast, A. Klemenc, W. Kohl, C. Kux, G. Meyerhoff, A. Neckel, E. Ruhtz, Kl. Schäfer, S. Valentiner
1960. 917 Fig., XII, 974 Seiten
Teil 2b: **Lösungsgleichgewichte I**
Autoren: J. D'Ans, A. Kruis, O. Kubaschewski, A. May, R. Mosebach
1962. 1241 Fig., XII, 984 Seiten
Teil 2c: **Lösungsgleichgewichte II**
Autoren: J. D'Ans, D. Jänchen, E. Kaufmann, C. Kux
1964. 789 Fig., VIII, 731 Seiten

Teil 3: **Schmelzgleichgewichte und Grenzflächenerscheinungen**
Herausgeber: Kl. Schäfer, E. Lax
Autoren: E. Beger, K. Bratzler, A. Dietzel, J.L. von Eichborn, W. Eitel, G.G. Grau, A. Kofler, Kl. Schäfer, H. Scholze, J. Stauff, R. Vogel, A. Wacker, G. Weitzel
1956. 998 Fig., XII, 535 Seiten

Teil 4: **Kalorische Zustandsgrößen**
Herausgeber: Kl. Schäfer, E. Lax
Autoren: W. Auer, H.D. Baehr, K. Bratzler, F. Burhorn, H. Kienitz, O. Kubaschewski, Fr. Lösch, A. Neckel, H. Nelkowski, Kl. Schäfer, R. Wienecke
1961. 210 Fig., XII, 863 Seiten

Teil 5: **Transportphänomene. Kinetik. Homogene Gasgleichgewichte**
Herausgeber: Kl. Schäfer
Teil 5a: **Transportphänomene I (Viskosität und Diffusion)**
Autoren: L. Andrussow, B. Schramm
1969. 352 Fig., XI, 729 Seiten
Teil 5b: **Transportphänomene II (Kinetik. Homogene Gasgleichgewichte)**
Autoren: K.-H. Bode, G. Dickel, E.U. Franck, G.G. Grau, T. Grewer, F. Hensel, I. Hölzel, O. Knacke, O. Kubaschewski, I. Küchler, H. Teilhey, L. Riedel, Kl. Schäfer, K. Töheide, H. Zeininger
1968. 131 Fig., XII, 397 Seiten

Teil 6: **Elektrische Eigenschaften I**
Herausgeber: K.-H. Hellwege, A.M. Hellwege
Autoren: R. Bechmann, R. Doll, A.W. Fink, Th. Gast, E. Gast, G. Heiland, F. Hulliger, R. Jaggi, W. Jost, W. Kluge, R. Kollath, W. Maier, W. Meissner, E. Mollwo, M. Näbauer, J. Nyström, F. Schmeissner, H. Stuart, E. Truscheit, H.G. Wagner, K. Weiss, H. Weiss, H. Welker
1959. 1777 Fig., XVI, 1018 Seiten

Teil 7: **Elektrische Eigenschaften II (Elektrochemische Systeme)**
Herausgeber: K.-H. Hellwege, A.M. Hellwege, Kl. Schäfer, E. Lax
Autoren: R. Appel, K. Cruse, P. Drossbach, H. Falkenhagen, G.G. Grau, G. Kelbg, E. Schmutzler, H. Strehlow
1960. 405 Fig., XII, 959 Seiten

Teil 8: **Optische Konstanten**
Herausgeber: K.-H. Hellwege, A.M. Hellwege
Autoren: R. Bechmann, U. Cappeller, A.M. Hellwege, S. Koritnik, W. Kuhn, R. Küster, T. Larsén, O. Lindig, W. Maier, H. Martin, E. Mönch, H. Pick, M. Ruck, H. Schopper, H.A. Stuart
1962. 212 Fig., XVI, 901 Seiten.

Teil 9: **Magnetische Eigenschaften I**
Herausgeber: K.-H. Hellwege, A.M. Hellwege
Autoren: H.A. Alperin, G. Asch, E.S. Dayhoff, J.F. Dillon, J.C. Eisenstein, V.J. Folen, J.B. Goodenough, C.J. Gorter, I. Grohmann, W.P.A. Haas, T. Hirone, M. Höhn, St. Hüfner, R. Jaggi, R.V. Jones, E. Kneller, C.J. Kriessmann, H. Lämmermann, R. Loudon, O. Madelung, T.R. McGuire, S. Methfessel, A. Meyer, W. Pfeffer, S.J. Pickart, N.J. Pouls, B. Schneider, J.S. Smart, R. Sommerhalder, E. Treacey, L.C. van der Marel, E. Vogt, G. Weber, J.S.van Wieringen, H.C. Wolf
1962. 2256 Fig., XXVI, 935 Seiten

Teil 10: **Magnetische Eigenschaften II**
Herausgeber: K.-H. Hellwege, A.M. Hellwege
Autoren: W.R. Argus, J. Favède, J. Hoarau, A. Pacault
1967. VIII, 173 Seiten

Band III: Astronomie und Geophysik

Herausgeber: J. Bartels, P. ten Bruggencate
Autoren: J. Bartels, Fr. Becker, W. Becker, M. Beyer, L. Biermann, E.C. Bullard, Fr. Burmeister, S. Chapman, W. Dammann, W. Diekvoss, W. Dieminger, G. Dietrich, H. Dörmann, L. Ebert, G. Falckenberg, H. Flohn, W. Fricke, W. Friedrich, R. Geiger, F.W. Götz, S. Günther, B. Gutenberg, H. Haffner, W. Hansen, L. Harang, Fr. Hecht, C. Hoffmeister, J. Hopmann, W. Horn, H. Israel, H. Jensen, J. Joseph, K. Jung, Ch. Junge, K. Kalle, K. Keil, W. Kertz, H. von Klüber, K. Knoch, M. Köhn, A. König, A. Kopff, J. Larink, H. Lettau, R. Meyer, F. Möller, P. Nusser, R. Penndorf, G. Pogade, M. Rössiger, F. Schnaidt, E. Schoenberg, A. Schulze, H. Siedentopf, H. Strassl, K. Stumpff, H.E. Suess, E. Tams, A. Unsöld, H. Vogt, A. Wachmann, M. Waldmeier, R. Wildt, H. Winkler, K. Wurm
1952. 331 Fig., 8 Nomogramme, XVIII, 795 Seiten

Band IV: Technik

Teil 1: **Stoffwerte und mechanisches Verhalten von Nicht-Metallen**
Herausgeber: E. Schmidt
Autoren: R. Bierl, B. Boonstra, E. vom Ende, J. Endell, W. Fritz, R. Houwink, H.R. Jacobi, P.-A. Koch, F. Kollmann, Th. Kristen, C. Kux, P. Lagally, E. Lax, S. Peter, L. Schiller, G. Schinke, H. Schönborn, G.V. Schulz, K. Schuster, C. Schusterius, Ph. Siedler, G. Vogelpohl
1955. 1104 Fig., XVI, 881 Seiten

Teil 2: **Stoffwerte und Verhalten von metallischen Werkstoffen**
Herausgeber: H. Borchers, E. Schmidt
Teil 2a: **Grundlagen; Prüfverfahren; Eisenwerkstoffe**
Autoren: H. Borchers, K. Bungardt, W. Carius, F.H. Friedrich, K. Giesen, G. Haberl, E. Hanke, H.H. Hoff, L. Hütter, U. Kleinheyer, R. Kohlhaas, E. Kohlhaas, G. Lucas, C.W. Pfannenschmidt, W. Rädeker, K. Roesch, F. Roll, K.H. Scheffler, F.W. Strassburg, F. Ulm
1963. 1393 Fig., XII, 888 Seiten
Teil 2b: **Sinterwerkstoffe; Schwermetalle (ohne Sonderwerkstoffe)**
Autoren: H.W. Dettner, F. Franssen, K. Giesen, E.T. Hayes, H. Holetzko, B. Kaysselitz, O. Loebich, W. Pelzel, E. Pelzel, W. Reinsch, W. Rostoker, G. Saur, K.E. Volk, H.J. Wallbaum
1964. 1365 Fig., XX, 1000 Seiten

Teil 2c: **Leichtmetalle; Sonderwerkstoffe; Halbleiter; Korrosion**
Autoren: H. Bechtel, W. Bulian, K. Bungard, U. Gürs, K. Gürs, W. Helling, H. Kyri, H.J. Laue, W. Mahler, A. Matting, F.R. Meyer, W. Mialki, F. Ritter, J. Ruge, G. Saur, W. Simon, K. Strnat, R. Weber, H.H. Weigand, H. Weik, H. Zeisler
1965. 1424 Fig., XX, 976 Seiten

Teil 3: **Elektrotechnik; Lichttechnik; Röntgentechnik**
Herausgeber: E. Schmidt
Autoren: R. Berthold, W. Claussnitzer, W. Geffken, R. Glocker, R. Jaeger, W. Kast, K.-H. von Klitzing, H. Lau, E. Lax, A. Lompe, W. Meidinger, R. Ochsenfeld, A. Schleede, E. Schmid, P. Schulz, A. Schulze, C. Schusterius, O. Vaupel, H. Weyerer
1957. 2117 Fig., XVI, 1076 Seiten

Teil 4: **Wärmetechnik**
Herausgeber: H. Hausen
Teil 4a: **Wärmetechnische Meßverfahren; Thermodynamische Eigenschaften homogener Stoffe**
Autoren: W. Dienemann, H. Ebert, H. Hausen, H. Kunz, J. Otto, H. Poltz, E. Schmidt, H. Steinle, W. Thomas, C. Tingwaldt, H. Westphely
1967. 283 Fig., XII, 944 Seiten
Teil 4b: **Thermodynamische Eigenschaften von Gemischen; Verbrennung; Wärmeübertragung**
Autoren: F. Bosnjakovic, M. El-Dessouky, W. Fritz, W. Gumz, H. Hausen, F. Hensel, O. Krischer, W. Küster, C. Kux, A. Martinengo, L. Riedel, E. Ruhl, K. Töheide, J. Troe, H. Vasatko, H.G. Wagner, H. Wirth
1972. 740 Fig., XXVIII, 771 Seiten
Teil 4c: **Gleichgewicht der Absorption von Gasen in Flüssigkeiten**
Teil 4c1: **Absorption in Flüssigkeiten von niedrigem Dampfdruck**
Autor: A. Kruis
1976. 350 Fig., VI, 479 Seiten
Teil 4c2: **Absorption in Flüssigkeiten von hohem Dampfdruck**
Autor: A. Kruis
1980. 922 Fig., VII, 1194 Seiten

Neue Serie

General Scientific Methods, Tools and Data

SI93 **Substance Index 1993**
Herausgeber und Autor: O. Madelung
Teilband A: **Elements and Binary Substances**
1993, XXI, 264 Seiten
Teilband B: **Ternary Substances**
1993. XXI, 338 Seiten
Teilband C: **Polynary Substances**
1993. XXI, 306 Seiten

CI96 **Comprehensive Index**
Herausgeber: O. Madelung, W. Martienssen
Autor: O. Madelung
1996. VII, 371 Seiten

IOC **Index of Organic Compouds**
Herausgeber: V. Vill
Teilband A: **Compounds with 1 to 7 Carbon Atoms**
Autoren: V. Vill, G. Peters, H. Sajus
2000. VII, 485 Seiten, mit CD-ROM
Teilband B: **Compounds with 8 to 12 Carbon Atoms**
Autoren: V. Vill, G. Peters, H. Sajus
2000. VII, 491 Seiten, mit CD-ROM
Teilband C: **Compounds with 13 to 100 Carbon Atoms**
Autoren: V. Vill, G. Peters, H. Sajus
2001. VII, 486 Seiten, mit CD-ROM

Teilband D: **Compounds with 1 to 7 Carbon Atoms**
(Supplement zu Teilband A)
Autoren: C. Bauhofer, V. Vill, P. Weigner
2002. VII, 323 Seiten, mit CD-ROM
Teilband E: **Compounds with 8 to 12 Carbon Atoms**
(Supplement zu Teilband B)
Autoren: C. Bauhofer, V. Vill, P. Weigner
2003. VII, 388 Seiten, mit CD-ROM
Teilband F: **Compounds with 13 to 100 Carbon Atoms**
(Supplement zu Teilband C)
Autoren: C. Bauhofer, V. Vill, P. Weigner
2004. VII, 446 Seiten, mit CD-ROM

Teilband G: **Compounds with 1 to 7 Carbon Atoms**
(Supplement zu Teilband D)
Autoren: C. Bauhofer, G. Peters, P. Weigner
2005. VI, 382 Seiten, mit CD-ROM
Teilband H: **Compounds with 8 to 12 Carbon Atoms**
(Supplement zu Teilband B und E)
Autoren: C. Bauhofer, G. Peters, P. Weigner
2006. VI, 517 Seiten, mit CD-ROM
Teilband I: **Compounds with 13 to 162 Carbon Atoms**
(Supplement zu den Teilbänden C und F)
Autoren: C. Bauhofer, G. Peters, P. Weigner
2007. VI, 509 Seiten, mit CD-ROM

UFC **Units and Fundamental Constants in Physics and Chemistry**
Herausgeber: J. Bortfeldt, B. Kramer
Teilband A: **Units in Physics and Chemistry**
Autoren: H. Ahlers, H. Bachmair, H. Bauer, F. Bayer-Helms, R. Bergeest, W. Blanke, L. Bliek, H. de Boer, J. Bortfeldt, E. Braun, K. Debertin, P. Drath, W. Erb, H.-O. Finke, M. Gläser, U. Hammerschmidt, R. Hanke, K. Hohlfeld, W.B. Holzapfel, J. Jäger, W. Jitschin, H.J. Jung, M. Kochsiek, B. Kramer, M. Krystek, R. Mann, K. Möstl, K. Münter, L. Narjes, M. Peters, G. Sauer, G. Schuster, V. Sienknecht, J. Sievert, D. Ullrich, K. Weyand, M. Zander
1991. 241 Fig., XVI, 391 Seiten
Teilband B: **Fundamental Constants in Physics and Chemistry**
H. Bachmair, W.R. Blevin, L. Bliek, E. Braun, E.R. Cohen, T.W. Hänsch, W.F. Koch, B. Kramer, D.H. McIntyre, W. Michaelis, Y.C. Ni, J. Niemeyer, B.W. Petley, B.N. Taylor, A.H. Wapstra, C.O. Weiss,
K. Weyand, G.D. Willenberg, W. Wöger
1992. 142 Fig., XII, 375 Seiten

Group I: Elementary Particles, Nuclei and Atoms

I/1 **Energy Levels of Nuclei: A = 5 to A = 257**
Herausgeber: A.M. Hellwege, K.-H. Hellwege
Autoren: F. Ajzenberg-Selove, N.B. Gove, T. Lauritsen, C.L. McGinnis, R. Nakasima, J. Scheer, K. Way
1961. XII, 814 Seiten

I/2 **Nuclear Radii**
Herausgeber: H. Schopper
Autoren: H.R. Collard, L.R.B. Elton, R. Hofstadter
1967. 4 Fig., VIII, 54 Seiten

I/3 **Numerical Tables for Angular Correlation Computations in α-, β-, and γ-Spectroscopy: 3j-, 6j-, 9j-Symbols, F- and Γ-Coefficients**
Herausgeber: H. Schopper
Autor: H. Appel
1968. VI, 1202 Seiten

I/4   **Numerical Tables for Beta-Decay and Electron Capture**
        Herausgeber: H. Schopper
        Autoren: H. Behrens, J. Jänecke
        1969. 4 diagrams, VIII, 316 Seiten

I/5   **Q-Values and Excitation Functions of Nuclear Reactions**
        Herausgeber: H. Schopper
        Teil A: **Q-Values**
        Autoren: K.A. Keller, J. Lange, H. Münzel
        1973. 2 diagrams, VIII, 666 Seiten
        Teil B: **Excitation Functions for Charged-Particle Induced Nuclear Reactions**
        Autoren: K.A. Keller, J. Lange, H. Münzel, G. Pfennig
        1973. 474 Fig., VI, 493 Seiten
        Teil C: **Estimation of Unknown Excitation Functions and Thick Target Yields for p, d, ^{3}He and α-Reactions**
        Autoren: K.A. Keller, J. Lange, H. Münzel
        1974. 506 Fig., VI, 257 Seiten

I/6   **Properties and Production Spectra of Elementary Particles**
        Herausgeber: H. Schopper
        Autoren: P.J. Carlson, A.N. Diddens, G. Giacomelli, H. Pilkuhn, K. Schlüpmann, H. Schopper
        1972. 30 Fig., XI, 164 Seiten

I/7   **Elastic and Charge Exchange Scattering of Elementary Particles**
        Herausgeber: H. Schopper
        Autoren: P.J. Carlson, A.N. Diddens, G. Giacomelli, F. Mönnig, E. Schopper
        1973. 72 Fig., XI, 540 Seiten

I/8   **Photoproduction of Elementary Particles**
        Herausgeber: H. Schopper
        Autoren: H. Genzel, P. Joos, W. Pfeil
        1973. 165 Fig., VIII, 341 Seiten

I/9   **Elastic and Charge Exchange Scattering of Elementary Particles**
        (Supplement und Erweiterung zu Band I/7)
        Herausgeber: H. Schopper
        Teilband A: **Nucleon Nucleon and Kaon Nucleon Scattering**
        Autoren: J. Bystricky, P. Carlson, C. Lechanoine, F. Lehar, F. Mönnig, K.R. Schubert
        1980. 202 Fig., XII, 740 Seiten
        Teilband B: **Pion Nucleon Scattering**
        Autor: G. Höhler
        Teil 1: **Tables of Data**
        1982. 123 Fig., VIII, 407 Seiten
        Teil 2: **Methods and Results of Phenomenological Analyses**
        1983. 207 Fig., XII, 601 Seiten

I/10   **Electroweak Interactions. Experimental Facts and Theoretical Foundation**
        Herausgeber: H. Schopper
        Autoren: D. Haidt, H. Pietschmann
        1988. 188 Fig., XI, 300 Seiten

I/11   **Shielding Against High Energy Radiation**
        Herausgeber: H. Schopper
        Autoren: A. Fasso, K. Goebel, M. Höfert, J. Ranft, G. Stevenson
        1990. 158 Fig., XI, 427 Seiten

I/12   **Total Cross-Sections for Reactions of High Energy Particles (Including Elastic, Topological, Inclusive and Exclusive Reactions)**
        Herausgeber: H. Schopper
        Autoren: A. Baldini, V. Flaminio, W.G. Moorhead, D.R.O. Morrison

Teilband A
1988. 166 Fig., XXI, 419 Seiten
Teilband B
1988. 220 Fig., XXI, 409 Seiten

I/13 **Production of Radionuclides at Intermediate Energies**
Herausgeber: H. Schopper
Teilband A: **Interactions of Protons with Targets from He to Br**
Autoren: A.S. Iljinov, V.G. Semenov, M.P. Semenova, N.M. Sobolevsky, L.V. Udovenko
1991. 328 Fig., VIII, 358 Seiten
Teilband B: **Interactions of Protons with Targets from Kr to Te**
Autoren: A.S. V.G. Semenov, M.P. Semenova, N.M. Sobolevsky, L.V. Udovenko
1992. 256 Fig., VII, 321 Seiten
Teilband C: **Interactions of Protons with Targets from I to Am**
Autoren: A.S. Iljinov, V.G. Semenov, M.P. Semenova, N.M. Sobolevsky, L.V. Udovenko
1993. 331 Fig., VII, 576 Seiten
Teilband D: **Interactions of Protons with Nuclei**
(Supplement zu den Bänden I/13A,B,C)
Autoren: A.S. Iljinov, V.G. Semenov, M.P. Semenova, N.M. Sobolevsky, L.V. Udovenko
1994. 192 Fig., XII, 369 Seiten
Teilband E: **Interactions of Pions and Antiprotons with Nuclei**
Autoren: A.S. Iljinov, V.G. Semenov, M.P. Semenova, N.M. Sobolevsky, L.V. Udovenko
1994. 83 Fig., XIV, 256 Seiten
Teilband F: **Interactions of Deuterons, Tritons and ^{3}He-nuclei with Nuclei**
Autoren: V.G. Semenov, M.P. Semenova, N.M. Sobolevsky
1995. 463 Fig., IV, 519 Seiten
Teilband G: **Interactions of α-Particles with Targets from He to Rb**
Autoren: V.G. Semenov, M.P. Semenova, N.M. Sobolevsky
1996. 312 Fig., VII, 407 Seiten
Teilband H: **Interactions of α-Particles with Targets from Sr to Cf**
Autoren: V.G. Semenov, M.P. Semenova, N.M. Sobolevsky
1996. 352 Fig., VII, 407 Seiten
Teilband I: **Interactions of Protons, Deuterons, Tritons, ^{3}He-Nuclei, and α-Particles with Nuclei**
Autoren: V.G. Semenov, M.P. Semenova, N.M. Sobolevsky
1999. VIII, 293 Seiten, mit CD-ROM

I/14 **Electron-Positron Interactions**
Herausgeber: H. Schopper
Autoren: V.V. Ezhela, V. Flaminio, D.R.O. Morrison, Yu.G. Stroganov, M.R. Whalley, O.P. Yushchenko
1992. 356 Fig., IX, 332 Seiten

I/16 **Low Energy Neutron Physics**
Herausgeber: H. Schopper
Teilband A: **Low Energy Neutrons and their Interaction with Nuclei and Matter**
Teil 1
Autoren: Yu.A. Alexandrov, W.I. Fuhrman, A.V. Ignatyuk, M.V. Kazarnovskyt, V.Y. Konovalov,
N.V. Kornilov, L.B. Pikelner, V.I. Plyaskin, Yu.P. Popov, H. Rauch, W. Waschkowski, Yu.S. Zainyatnin
2000. 211 Fig., XII, 452 Seiten, mit CD-ROM
Teil 2
Autoren: T.S. Belanovat, A.I. Blokhin, A.V. Ignatyuk, V.N. Manokhin, A.B. Pashchenko, V.I. Plyaskin
2000. 775 Fig., VIII, 405 Seiten, mit CD-ROM
Teilband B: **Tables of Neutron Resonance Parameters**
Autoren: S.I. Sukhoruchkin, Z.N. Soroko, V.V. Deriglazov
1998. X, 500 Seiten, mit CD-ROM
Teilband C: **Tables of Neutron Resonance Parameters**
(Supplement zu Teilband B)
Autoren: A. Brusegan, F. Corvi, P. Rullhusen, Z.N. Soroko, S.I. Sukhoruchkin, H. Weigmann
2004. 13 Fig., X, 515 Seiten, mit CD-ROM

I/17   **Photon and Electron Interactions with Atoms, Molecules and Ions**
Herausgeber: Y. Itikawa
Teilband A: **Interactions of Photons and Electrons with Atoms**
Autoren: S.J. Buckman, J.W. Cooper, M.T. Elford, M. Inokuti, Y. Itikawa, H. Tawara
2000. 65 Fig., XII, 164 Seiten, mit CD-ROM
Teilband B: **Collisions of Electrons with Atomic Ions**
Autoren: Y. Hahn, A.K. Pradhan, H. Tawara, H.L. Zhang
2002. 33 Fig., VIII, 219 Seiten, mit CD-ROM
Teilband C: **Interactions of Photons and Electrons with Molecules**
2003. 246 Fig., XIV, 381 Seiten, mit CD-ROM

I/18   **Energy and Structure of Nuclear Levels**
Herausgeber: H. Schopper
Teilband A: $Z = 2 - 36$
Autoren: E.V. Balandina, I.A. Gnilozub, V.Yu. Fonomarev, V.G. Soloviets, N.P. Yudin
2002. 216 Fig., IX, 436 Seiten, mit CD-ROM
Teilband B: $Z = 37 - 62$
Autoren: A.N. Storozhenko, A.I. Vdovin, V.V. Voronov
2003. 194 Fig., XI, 332 Seiten, mit CD-ROM
Teilband C: $Z = 63 - 100$
Autoren: V.I. Fominykh, K.Ya. Gromov, L.A. Malov, N.Yu. Shirikova, V.G. Soloviets, A.V. Sushkov
2003. 351 Fig., X, 454 Seiten, mit CD-ROM

I/19   **Nuclear States from Charged Particle Reactions**
Herausgeber: H. Schopper
Autoren: S.I. Sukhoruchkhin, Z.N. Soroko
Teilband A: **Tables of Proton and α-Particle Resonance Parameter**
Teil 1: $Z = 2 - 18$
2004. VIII, 455 Seiten, mit CD-ROM
Teil 2: $Z = 19 - 83$
2005. VIII, 456 Seiten, mit CD-ROM
Teilband B: **Tables of Excitations from Reactions with Charged Particles**
Teil 1: $Z = 3 - 36$
2006. X, 519 Seiten, mit CD-ROM
Teil 2: $Z = 37 - 62$
2007. XII, 534 Seiten, mit CD-ROM
Teil 3: $Z = 63 - 99$
2007. XII, 522 Seiten, mit CD-ROM

I/20   **Nuclear Charge Radii**
Herausgeber: H. Schopper
Autoren: G. Fricke, K. Heilig
2004. 215 Fig., XLIV, 387 Seiten, mit CD-ROM

Group II: Molecules and Radicals

II/1   **Magnetic Properties of Free Radicals**
Herausgeber: K.-H. Hellwege, A.M. Hellwege
Autor: H, Fischer
1965. IX, 154 Seiten

II/2   **Magnetic Properties of Coordination and Organometallic Transition Metal Compounds**
Herausgeber: K.-H. Hellwege, A.M. Hellwege
Autor: E. König
1966. 170 Fig., XII, 578 Seiten

II/3   **Luminescence of Organic Substances**
Herausgeber: K.-H. Hellwege, A.M. Hellwege
Autoren: A. Schmillen, R. Legler

1967. 270 Fig., VIII, 416 Seiten

II/4 **Molecular Constants from Microwave Spectroscopy**
Herausgeber: K.-H. Hellwege, A.M. Hellwege
Autor: B. Starck
1967. 67 Fig., X, 225 Seiten

II/5 **Molecular Acoustics**
Herausgeber: K.-H. Hellwege, A.M. Hellwege
Autor: W. Schaaffs
1967. 321 Fig., XII, 286 Seiten

II/6 **Molecular Constants from Microwave, Molecular Beam, and Electron Spin Resonance Spectroscopy**
(Supplement und Erweiterung zu Band II/4)
Herausgeber: K.-H. Hellwege, A.M. Hellwege
Autoren: J. Demaison, W. Hüttner, B. Starck, I. Buck, R. Tischer, M. Winnewisser
1974. 153 Fig., XIII, 688 Seiten

II/7 **Structure Data of Free Polyatomic Molecules**
Herausgeber: K.-H. Hellwege, A.M. Hellwege
Autoren: J.H. Callomon, E. Hirota, Kuchitsu, W.J. Lafferty, A.G. Maki, C.S. Pote, with the assistance of I. Buck, B. Starck
1976. VII, 295 Seiten

II/8 **Magnetic Properties of Coordination and Organometallic Transition Metal Compounds**
(Supplement 1 zu Band II/2)
Herausgeber: K.-H. Hellwege, A.M. Hellwege
Autoren: E. König, G. König
1976. 452 Fig., XXXVI, 1163 Seiten

II/9 **Magnetic Properties of Free Radicals**
(Supplement und Erweiterung zu Band II/1)
Herausgeber: H. Fischer, K.-H. Hellwege
Teil A: **Atoms, Inorganic Radicals, and Radicals in Metal Complexes**
Autoren: H. Fischer, I.R. Morton, K.F. Preston, A. v. Zelewsky
1977. 7 Fig., XI, 341 Seiten
Teil B: **Organic C-Centered Radicals**
Autoren: A. Berndt, H. Fischer, H. Paul
1977. 15 Fig., XVII, 782 Seiten
Teil C1: **Organic N-Centered Radicals and Nitroxide Radicals**
Autoren: A.R. Forrester, F.A. Neugebauer
1979. XVII, 1066 Seiten
Teil C2: **Organic O-, P-, S-, Se-, Si-, Ge-, Sn-, Pb-, As-, Sb-Centered Radicals**
Autoren: A.G. Davies, I.A. Howard, M. Lehnig, B.P. Roberts, H.B. Stegmann, W. Liber
1979. IX, 320 Seiten
Teil D1: **Organic Anion Radicals**
Autoren: A. Berndt, M.T. Jones, M. Lehnig, L. Lunazzi, G. Placucci, H.B. Stegmann, K.B. Ulmschneider
1980. 86 Fig., XV, 904 Seiten
Teil D2 : **Organic Cation Radicals and Polyradicals. Index of Substances for Vols. II/1 and II/9**
Autoren: A.R. Forrester, K. Ishizu, G. Kothe, S.F. Nelsen, H. Ohya-Nishiguchi, K. Watanabe, W. Wilker
1980. 2 Fig., XII, 369 Seiten

II/10 **Magnetic Properties of Coordination and Organometallic Transition Metal Compounds**
(Supplement 2 zu den Bänden II/2,8)
Herausgeber: K.-H. Hellwege, A.M. Hellwege
Autoren: E. König, G. König
1979. 288 Fig., XXXV, 982 Seiten

II/11   **Magnetic Properties of Coordination and Organometallic Transition Metal Compounds**
(Supplement 3 zu den Bänden II/2,8)
Herausgeber: K.-H. Hellwege, A.M. Hellwege
Autoren: E. König, G. König
1981. 304 Fig., XXXIV, 1002 Seiten

II/12   **Magnetic Properties of Coordination and Organometallic Transition Metal Compounds**
(Supplement 4 zu den Bänden II/2,8,11)
Herausgeber: K.-H. Hellwege, A.M. Hellwege
Autoren: E. König, G. König
Teilband A: **Magnetic Susceptibilities**
1984. 384 Fig., XXXI, 677 Seiten
Teilband B: **Electron Paramagnetic Resonance**
1984. 27 Fig., XXIX, 352 Seiten

II/13   **Radical Reaction Rates in Liquids**
Herausgeber: H. Fischer
Teilband A: **Carbon-Centered Radicals I**
Autoren: A.L.J. Beckwith, H. Fischer, D. Griller, J.P. Lorand
1984. IX, 317 Seiten
Teilband B: **Carbon-Centered Radicals II**
Autoren: K.-D. Asmus, M. Bonifacic
1984. 8 Fig., IX, 446 Seiten
Teilband C: **Radicals Centered on N, S, P and Other Heteroatoms. Nitroxyls**
Autoren: K.U. Ingold, B.P. Roberts
1983. XIII, 339 Seiten
Teilband D: **Oxyl-, Peroxyl- and Related Radicals**
Autoren: J.A. Howard, J.C. Scaiano
1984. 5 Fig., XI, 431 Seiten
Teilband E: **Proton and Electron Transfer. Biradicals**
Autoren: J.K. Dohrmann, J.C. Scaiano, S. Steenken
1985. 9 Fig., XIII, 385 Seiten

II/14   **Molecular Constants Mostly from Microwave, Molecular Beam, and Electron Resonance Spectroscopy**
(Supplement zu den Bänden II/4,6)
Herausgeber: K.-H. Hellwege, A.M. Hellwege
Teilband A: **Diamagnetic Molecules**
Autoren: J. Demaison, A. Dubrulle, W. Hüttner, E. Tiemann
1982. 196 Fig., XI, 788 Seiten
Teilband B: **Radicals, Diatomic Molecules and Substance Index**
Autoren: I.M. Brown, J. Demaison, A. Dubrulle, W. Hüttner, E. Tiemann
1983. 196 Fig., XI, 373 Seiten

II/15   **Structure Data of Free Polyatomic Molecules**
(Supplement zu Band II/7)
Herausgeber: K.-H. Hellwege, A.M. Hellwege
Autoren: J.H. Callomon, E. Hirota, T. Iijima, K. Kuchitsu, W.J. Lafferty
1987. VIII, 608 Seiten

II/16   **Diamagnetic Susceptibility**
Herausgeber: K.-H. Hellwege, A.M. Hellwege
Autor: R.R. Gupta
1986, 18 Fig., VII, 457 Seiten

II/17   **Magnetic Properties of Free Radicals**
(Supplement und Erweiterung zu den Bänden II/1,9)
Herausgeber: H. Fischer

Teilband A: **Inorganic Radicals, Radical Ions and Radicals in Metal Complexes**
Autoren: C. Daul, H. Fischer, J.R. Morton, K.F. Preston, C.W. Schläpfer, A. v. Zelewsky
1987. VIII, 507 Seiten
Teilband B: **Nonconjugated Carbon Radicals**
Autor: F.A. Neugebauer
1987. VII, 551 Seiten
Teilband C: **Conjugated Carbon-Centered and Nitrogen Radicals**
Autoren: A. Berndt, F.A. Neugebauer
1987. 30 Fig., XI, 644 Seiten
Teilband D: **Nitroxide Radicals**
Autor: A.R. Forrester
Teil 1: 1989. IX, 403 Seiten
Teil 2: 1989. IX, 441 Seiten
Teilband E: **Radicals Centered on Heteroatoms with Z > 7 and Selected Anion Radicals I**
Autoren: G. Deuschle, J.A. Howard, D. Klotz, H.B. Stegmann, P. Tordo
1988. VIII, 392 Seiten
Teilband F: **Radicals Centered on Heteroatoms with Z > 7 and Selected Anion Radicals II**
Autoren: A. Berndt, L. Grossi, M.T. Jones, M. Lehnig, L. Lunazzi
1988. 14 Fig., IX, 313 Seiten
Teilband G: **Semidiones and Semiquinones, and Related Species**
Autoren: Th. Jülich, D. Klotz, M. Lehnig, H.B. Stegmann, G. Wax
1989. IX, 396 Seiten
Teilband H: **Organic Cation-Radicals, Bi- and Polyradicals. Index of Substances for II/1, II/9, II/17**
Autoren: H.C. Chandra, A.R. Forrester, K. Ishizu, G. Kothe, P. Meier, S.F. Nelsen, H. Ohya-Nishiguchi, M.C.R. Symons, K. Tajima, A. Terahara
1990. 2 Fig., IX, 570 Seiten

II/18   **Radical Reaction Rates in Liquids**
Herausgeber: H. Fischer
Teilband A: **Carbon-Centered Radicals I**
Autoren: A.L.J. Beckwith, S. Brumby, R.F.C. Claridge, R. Crockett, E. Roduner
1994. XIV, 257 Seiten
Teilband B: **Carbon-Centered Radicals II**
Autoren: K.-D. Asmus, M. Bonifacic:
1995. XIV, 538 Seiten
Teilband C: **Nitrogen-Centered Radicals, Aminoxyls and Related Radicals**
Autoren: K.U. Ingold, J.C. Walton
1994. XIX, 592 Seiten
Teilband D1: **Alkoxyl, Carbonyloxyl, Phenoxyl and Related Radicals**
Autoren: T.A. Howard, K. Lusztyk
1997. XII, 395 Seiten
Teilband D2: **Peroxyl and Related Radicals**
Autor: J.A. Howard
1997. XIII, 434 Seiten
Teilband E1: **Radicals Centered on Other Heteroatoms. Proton Transfer Equilibria**
Autoren: R.F.C. Claridge, J.K. Dohrmann
1997. XVI, 434 Seiten
Teilband E2: **Biradicals, Radicals in Excited States, Carbenes and Related Species Index of Substances for II/13, II/18**
Autoren: B.R. Arnold, G. Bucher, J.C. Netto-Ferreira, M.S. Platz, J.C. Scaiano
1998. XIII, 424 Seiten, mit CD-ROM

II/19   **Molecular Constants Mostly From Microwave, Molecular Beam, and Sub-Doppler Laser Spectroscopy**
(Supplement zu den Bänden II/4,6,14)
Herausgeber: W. Hüttner
Teilband A: **Rotational, l-type, Centrifugal Distortion and Related Constants of Diamagnetic, Diatomic, Linear, and Symmetrie Top Molecules**
Autoren: I. Demaison, W. Hüttner, E. Tiemann, G. Wlodarczak
1992. XI, 142 Seiten

Teilband B: **Rotational, Centrifugal Distortion and Related Constants of Diamagnetic Asymmetric Top Molecules**
Autoren: Demaison, W. Hüttner, J. Vogt, G. Wlodarczak
1992. XI, 488 Seiten

Teilband C: **Dipole Moments, Quadrupole Coupling Constants, Hindered Rotation and Magnetic Constants of Diamagnetic Molecules**
Autoren: J. Demaison, W. Hüttner, Tiemann, J. Vogt, G. Wlodarczak
1992. 8 Fig., XI, 295 Seiten

Teilband D1: **Diatomic Radicals and Ions**
Autor: E. Tiemann
1995. VIII, 209 Seiten

Teilband D2: **Polyatomic Radicals and Ions**
Autor: I.M. Brown
1995. VIII, 355 Seiten

Teilband D3: **Index of Substances for Volumes II/4, II/6, II/14, and II/19**
Autor: J. Vogt
1994. X, 234 Seiten

II/20 **Molecular Constants Mostly from Infrared Spectroscopy**
Herausgeber: G. Guelachvili
Autoren: G. Guelachvili, K. Narahari Rao

Teilband B1: **Linear Triatomic Molecules: $BClH^+$ ($HBCl^+$) COSe (OCSe)**
1995. XLIX, 474 Seiten

Teilband B2: **Linear Triatomic Molecules: CO_2 (OCO)**
Teil α: $^{16}O^{12}C^{16}O$
1997. LXI, 415 Seiten

Teilband B2: **Linear Triatomic Molecules: CO_2 (OCO)**
Teil β: $^{16}O^{12}C^{17}O...^{18}O^{14}C^{18}O$
1997. LXI, 345 Seiten,

Teilband B3: **Linear Triatomic Molecules: N_2O (NNO)**
1998. LXIII, 384 Seiten, mit CD-ROM

Teilband B4: **Linear Triatomic Molecules: COO^+ (OCO^+), CFeO (FeCO)... CNO^- (NCO^-)**
1999. LXXI, 180 Seiten, mit CD-ROM

Teilband B5: **Linear Triatomic Molecules: CS_2 (SCS), CS_2^+ (SCS^+), CS_2^{++} (SCS^{++}), CSe_2 (SeCSe), C_2N (CCN), C_2N (CNC), C_2N^+ (CCN^+), C_2N^+ (CNC^+)**
2000. LXXVII, 229 Seiten, mit CD-ROM

Teilband B6: **Linear Triatomic Molecules: C_2H (CCH)**
2001. LXXVIII, 250 Seiten

Teilband B7: **Linear Triatomic Molecules: C_2H^- (HCC^-), C_2H^+ (HCC^+), C_2O^- (CCO^-), C_2O (CCO), C_2S (CCS), C_3 (CCC), C_3^{++} (CCC^{++})**
2003. LXXVIII, 214 Seiten, mit CD-ROM

Teilband B8: **Linear Triatomic Molecules: CHSi (HCSi), ClHNe (NeHCl), Cl_2H^- ($ClHCl^-$), FHO (FHO), F_2H^- (FHF^-), FN_2^+ (FNN^+), HN_2^+ (HNN^+), HNSi (HNSi), $HOSi^+$ ($HOSi^+$), N_2S (NNS), NOP (PNO), NOSi (NSiO), NOSi (SiNO), NOSi (SiON)**
2004. LXXVIII, 171 Seiten, mit CD-ROM

II/21 **Structure Data of Free Polyatomic Molecules**
(Supplement zu den Bänden II/7,15)
Herausgeber: K. Kuchitsu
Autoren: E. Hirota, T. Iijima, K. Kuchitsu, W.J. Lafferty, D.A. Ramsay, with the assistance of J. Vogt
1992. VII, 484 Seiten

II/22 **Theoretical Structures of Molecules**
Herausgeber: P. von Ragué Schleyer
Autor: F. Hampel
Teilband A: **Multiple Bonds**
1993. VIII,193 Seiten
Teilband B: **Small Rings**
1994. VIII, 160 Seiten

II/23   **Structure Data of Free Polyatomic Molecules**
(Supplement zu den Bänden II/7,15,21)
Herausgeber: K. Kuchitsu
Autoren: G. Graner, E. Hirota, T., K. Kuchitsu, D.A. Ramsay, J. Vogt, N. Vogt
1995. VII, 409 Seiten

II/24   **Molecular Constants Mostly from Microwave, Molecular Beam, and Sub-Doppler Laser Spectroscopy**
(Supplement zu den Bänden II/4,6,14,19)
Herausgeber: W. Hüttner
Teilband A: **Rotational, l-type, Centrifugal Distortion and Related Constants of Diamagnetic Diatomic, Linear and Symmetric Top Molecules**
Autoren: J. Demaison, H. Hübner, G. Wlodarczak
1998. VII, 286 Seiten, mit CD-ROM
Teilband B: **Rotational, Centrifugal Distortion and Related Constants of Diamagnetic Asymmetric Top Molecules**
Autoren: I. Demaison, J. Vogt, G. Wlodarczak
2000. VII, 525 Seiten, mit CD-ROM
Teilband C: **Dipole Moments, Quadrupole Coupling Constants, Hindered Rotation and Magnetic Constants of Diamagnetic Molecules**
Autoren: J. Demaison, H. Hübner, W Hüttner, J. Vogt, G. Wlodarczak
2002. IX, 296 Seiten, mit CD-ROM
Teilband D: **Constants for Radicals**
Teil 2: **Polyatomic Free Radicals**
Autor: J.M. Brown
2005. X, 526 Seiten, mit CD-ROM

II/25   **Structure Data of Free Polyatomic Molecules**
(Supplement zu den Bänden II/7,15,21,23)
Herausgeber: K. Kuchitsu
Autoren: G. Graner, E. Hirota, T. Iijima, K. Kuchitsu, D.A. Ramsay, J. Vogt, N. Vogt

Teilband A: **Inorganic Molecules**
1998. VII, 359 Seiten, mit CD-ROM
Teilband B: **Molecules containing One or Two Carbon Atoms**
1999. IX, 512 Seiten, mit CD-ROM
Teilband C: **Molecules containing Three or Four Carbon Atoms**
2000. VIII, 481 Seiten, mit CD-ROM
Teilband D: **Molecules containing Five or More Carbon Atoms**
2003. VIII, 569 Seiten, mit CD-ROM

II/26   **Magnetic Properties of Free Radicals**
Herausgeber: H. Fischer
Teilband A: **Inorganic Radicals, Metal Complexes and Nonconjugated Carbon Centered Radicals**
Teil 1:
Autoren: A.L.J. Beckwith, R.F.C. Claridge, J.A. Howard
2007. VII, 424 Seiten, mit CD-ROM
Teil 2:
Autoren: W. Kaim, B. Schwederski
2006. VIII, 344 Seiten, mit CD-ROM
Teilband B: **Conjugated Carbon Centered Radicals, High-Spin Systems and Carbenes**
Autoren: W. Adam, C. van Barneveld, O. Emmert, J.A. Howard, W. Maas, F.A. Neugebauer
2002. XII, 462 Seiten, mit CD-ROM
Teilband C: **Nitrogen and Oxygen Centered Radicals**
Autoren: J.A. Howard, H. Jäger, M. Jäger, R. Mecke, F.A. Neugebauer
2004. XI, 535 Seiten, mit CD-ROM
Teilband D: **Nitroxide Radicals and Nitroxide Based High-Spin Systems**
Autor: A. Alberti
2005. XI, 542 Seiten, mit CD-ROM

II/27   **Diamgnetic Susceptibility and Anisotropy of Inorganic and Organometallic Compounds**
Herausgeber: R.R. Gupta
Teilband A
Autoren: M. Jain, A. Gupta, M. Kumar, R. Gupta
2007. VII, 387 Seiten

II/28   **Structure Data of Free Polyatomic Molecules**
Herausgeber: K. Kuchitsu, N. Vogt, M. Tanimoto
Autoren: E. Hirota, T. Iijima, K. Kuchitsu, D.A. Ramsay, J. Vogt, N. Vogt
Teilband A: **Inorganic Molecules**
2006. VIII, 169 Seiten
Teilband B: **Molecules Containing One or Two Carbon Atoms**
2006. VIII, 192 Seiten, mit CD-ROM
Teilband C: **Molecules Containing Three or Four Carbon Atoms**
2007. VIII, 187 Seiten, mit CD-ROM
Teilband D: **Molecules Containing Five or More Carbon Atoms**
2007. VIII, 229 Seiten, mit CD-ROM

Group III: Condensed Matter

III/1   **Elastic, Piezoelectric, Piezooptic and Electrooptic Constants of Crystals**
Herausgeber: K.-H. Hellwege, A.M. Hellwege
Autoren: R. Bechmann, R.F.S. Hearmon
1966. 262 Fig., IX, 160 Seiten

III/2   **Elastic, Piezoelectric, Piezooptic, Electrooptic Constants, and Nonlinear Dielectric Susceptibilities of Crystals**
(Supplement und Erweiterung zu Band III/1)
Herausgeber: K.-H. Hellwege, A.M. Hellwege
Autoren: R. Bechmann, R.F.S. Hearmon, S.K. Kurtz
1969. 196 Fig., IX, 232 Seiten

III/3   **Ferro- and Antiferroelectric Substances**
Herausgeber: K.-H, Hellwege, A.M. Hellwege
Autoren: T. Mitsui, R. Abe, Y. Furuhata, K. Gesi, T. Ikeda, K. Kawabe, Y. Makita, M. Marutake, E. Nakamura, S. Nomura, E. Sawaguchi, Y. Shiozaki, I. Tatsuzaki, K. Toyoda
1969. 1775 Fig., VIII, 584 Seiten

III/4   **Magnetic and Other Properties of Oxides and Related Compounds**
Herausgeber: K.-H. Hellwege, A.M. Hellwege
Teil A
Autoren: J.B. Goodenough, W. Gräper, F. Holtzberg, D.L. Huber, R.A. Lefever, J.M. Longo, T.R. McGuire, S. Methfessel
1970. 519 Fig., XV, 367 Seiten
Teil B
Autoren: D. Bonnenberg, E.L. Boyd, B.A. Calhoun, V.J. Polen, W. Gräper, A.P. Greifer, C.J. Kriessman, R.A. Lefever, T.R. McGuire, M. Paulus, G.H. Stauss, R. Vautier, H.P.J. Wijn
1970. 1764 Fig., XVI, 666 Seiten

III/5   **Structure Data of Organic Crystals**
Herausgeber: K.-H. Hellwege, A.M. Hellwege
Autoren: E. Schudt, G. Weitz
Teil A: $C \ldots C_{13}$
Teil B: $C_{14} \ldots C_{120}$
1971. XXVIII, 1626 Seiten

III/6   **Structure Data of Elements and Intermetallic Phases**
Herausgeber: K.-H. Hellwege, A.M. Hellwege
Autoren: P. Eckerlin, H. Kandler with the assistance of A. Stegherr
1971. XXVIII, 1019 Seiten

III/7 **Crystal Structure Data of Inorganic Compounds**
Herausgeber: K.-H. Hellwege, A.M. Hellwege
Autoren: W. Pies, A. Weiss. In cooperation with H.-P. Boehm, H.J. Meyer, G. Will, G. Pieper, R. Allmann
Teil A: **Key Elements: F, Cl, Br, I (VIIth Main Group). Halides and Complex Halides**
1973. 1 fig., XXXII, 647 Seiten
Teil B1: **Key Element: O**
1975. 23 Fig., XXII, 674 Seiten
Teil B2: **Key Element: O**
1980. 14 Fig., XXV, 210 Seiten
Teil B3: **Key Elements: S, Se, Te**
1982. 9 Fig., XXVII, 435 Seiten
Teil C1: **Key Element: N**
1978. 35 Fig., XXIV, 260 Seiten
Teil C2: **Key Elements: P, As, Sb, Bi**
1979. 14 Fig., XXVII, 452 Seiten
Teil C3: **Key Element: C**
1979. 16 Fig., XXVII, 291 Seiten
Teil D1α: **Key Element: Si**
1985. 15 Fig., XXIII, 464 Seiten
Teil D1β: **Key Element: Si**
1985. XXV, 506 Seiten
Teil D1γ: **Key Elements: Ge, Sn, Pb**
1986. 1 fig., XXV, 215 Seiten
Teil D2: **Key Elements: B, Al, Ga, In, Tl, Be**
1980. 23 Fig., XXV, 327 Seiten
Teil E: **Key Elements: d^9-, c^{10}-, d^1-d^3...f-Elements**
1977. 14 Fig., XXVI, 739 Seiten
Teil F: **Key Elements: d^4...d^8-Elements**
1977. 14 Fig., XXVII, 778 Seiten
Teil G: **References for III/7**
1974. 457 Seiten
Teil H: **Comprehensive Index: Chemical Formulae and Mineral Names**
1987. V, 503 Seiten

III/8 **Epitaxy Data of Inorganic and Organic Crystals**
Herausgeber: K.-H. Hellwege, A.M. Hellwege
Autoren: M. Gebhardt, A. Neuhaus
1972. VII, 186 Seiten

III/9 **Ferro- and Antiferroelectric Substances**
(Supplement und Erweiterung zu Band III/3)
Herausgeber: K.-H, Hellwege, A.M. Hellwege
Autoren: T. Mitsui, M. Marutake, E. Sawaguchi and K. Gesi, T. Ikeda, Kobayashi, Y. Makita, E. Nakamura, N. Niizeki, S. Nomura, Sakudo, Y. Shiozaki, I. Tatsuzaki, K. Toyoda
1974. 1150 Fig., VIII, 496 Seiten

III/10 **Structure Data of Organic Crystals**
(Supplement zu Band III/5)
Herausgeber: K.-H. Hellwege, A.M. Hellwege
Autoren: G. Schudt-Weitz, I. Strell
Teilband A: **C...C_{15}**
1985. XXI, 634 Seiten
Teilband B: **C_{16}...C_{168}**
1985. XIX, 652 Seiten

III/11 **Elastic, Piezoelectric, Pyroelectric, Piezooptic, Electrooptic Constants, and Nonlinear Dielectric Susceptibilities of Crystals**
(Revidierte und erweiterte Auflage der Bände III/1 und III/2)
Herausgeber: K.-H. Hellwege, A.M. Hellwege

Autoren: M.M. Choy, W.R. Cook, R.F.S. Hearmon, H. Jaffe, J. Jerphagnon, S.K. Kurtz, S.T. Liu, D.F. Nelson
1979. 677 Fig., XVI, 854 Seiten

III/12 **Magnetic and Other Properties of Oxides and Related Compounds**
(Supplement zu Band III/4)
Herausgeber: K.-H. Hellwege, A.M. Hellwege
Teil A: **Garnets and Perovskites**
Autoren: K. Enke, J. Fleischhauer, W. Gunßer, P. Hansen, S. Nomura, W. Tolksdorf, G. Winkler, U. Wolfmeier
1978. 668 Fig., XI, 520 Seiten
Teil B: **Spinels, Fe Oxides, and Fe-Me-O Compounds**
Autoren: D. Bonnenberg, K.A. Hempel, R.A. Lefever, T.R. McGuire, M. Paulus, G. Philipsborn, N. Rubinstein, M. Sugimoto, L. Treitinger, R. Vautier
1980. 1898 Fig., XIV, 758 Seiten
Teil C: **Hexagonal Ferrites. Special Lanthanide and Actinide Compounds**
Autoren: R.R. Arons, D. Bonnenberg, P. Grünberg, K.A. Hempel, U. Köbler, H. Lütgemeier, H.J. Maletta, W. Roos, Ch. Sauer, W. Zinn
1982. 1034 Fig., XI, 604 Seiten

III/13 **Metals: Phonon States, Electron States and Fermi Surfaces**
Herausgeber: K.-H. Hellwege, J.L. Olsen
Teilband A: **Phonon States of Elements. Electron States and Fermi Surfaces of Alloys**
Autoren: P.H. Dederichs, H. Schober, D.J. Sellmyer
1981. 904 Fig., X, 458 Seiten
Teilband B: **Phonon States of Alloys. Electron States and Fermi Surfaces of Strained Elements**
Autoren: E. Fawcett, R. Griessen, W. Jobs, W. Kress
1983. 703 Fig., VIII, 405 Seiten
Teilband C: **Electron States and Fermi Surfaces of Elements**
Autor: A.E Cracknell
1984. 896 Fig., VIII, 462 Seiten

III/14 **Structure Data of Elements and Intermetallic Phases**
(Supplement zu Band III/6)
Herausgeber: K.-H. Hellwege, A.M. Hellwege
Autoren: B. Eisenmann, H. Schäfer
Teilband A: **Elements, Borides, Carbides, Hydrides**
1988. 265 Fig., XXV, 458 Seiten

Teilband B: **Sulfides, Selenides, Tellurides**
Teil B1: **Ag-Al-Cd-S Cu-Te-Yb**
1986. 216 Fig., XXIII, 504 Seiten
Teil B2: **Dy-Er-Te Te-Zr**
1986. 277 Fig., XXIII, 492 Seiten

III/15 **Metals: Electronic Transport Phenomena**
Teilband A: **Electrical Resistivity, Kondo and Spin Fluctuation Systems, Spin Glasses and Thermopower**
Herausgeber: K.-H. Hellwege, J.L. Olsen
Autoren: J. Bass, K.H. Fischer
1982. 875 Fig., VIII, 396 Seiten
Teilband B: **Electrical Resistivity, Thermoelectrical Power and Optical Properties**
Herausgeber: K.-H. Hellwege, J.L. Olsen
Autoren: J. Bass, J.S. Dugdale, C.L. Foiles, A. Myers
1985. 624 Fig., IX, 490 Seiten
Teilband C: **Thermal Conductivity of Pure Metals and Alloys**
Herausgeber: O. Madelung, G.K. White
Autoren: P.G. Klemens, G. Neuer, B. Sundqvist, C. Uher, G.K. White
1991. 390 Fig., XV, 460 Seiten

III/16 **Ferroelectrics and Related Substances**
(Revidierte und erweiterte Auflage der Bände III/3, 1/1/9)
Herausgeber: K.-H. Hellwege, A.M. Hellwege
Teilband A: **Oxides**
Autoren: T. Mitsui, S. Nomura, M. Adachi, J. Harada, T. Ikeda, E. Nakamura, E. Sawaguchi, T. Shigenari, Y. Shiozaki, I. Tatsuzaki, K. Toyoda, T. Yamada and K. Gesi, Y. Makita, M. Marutake, T. Shiosaki, K. Wakino
1981. 1658 Fig., XI, 683 Seiten
Teilband B: **Non-oxides**
Autoren: T. Mitsui, E. Nakamura, K. Gesi, T. Ikeda, Y. Makita, M. Marutake, Nomura, E. Sawaguchi, T. Shigenari, Y. Shiozaki, I. Tatsuzaki, K. Toyoda and M. Adachi, J. Harada, T. Shiosaki, K. Wakino, T. Yamada
1982. 1696 Fig., XI, 792 Seiten

III/17 **Semiconductors**
Teilband A: **Physics of Group IV Elements and III-V Compounds**
Herausgeber: O. Madelung
Autoren: D. Bimberg, R. Blachnik, M. Cardona, P.J. Dean, Th. Grave, G. Harbeke, K. Hübner, U. Kaufmann, W. Kress, O. Madelung, W. v. Münch, U. Rössler, J. Schneider, M. Schulz, M.S. Skolnick
1982. 1316 Fig., XI, 642 Seiten
Teilband B: **Physics of II-VI and I-VII Compounds, Semimagnetic Semiconductors**
Herausgeber: O. Madelung
Autoren: I. Broser, R. Broser, H. Finkenrath, R.R. Galazka, H.E. Gumlich, A. Hoffmann, J. Kossut, E. Mollwo, H. Nelkowski, G. Nimtz, W. von der Osten, M. Rosenzweig, H.J. Schulz, D. Theis, D. Tschierse
1982. 891 Fig., XI, 543 Seiten
Teilband C: **Technology of Si, Ge and SiC**
Herausgeber: M. Schulz, H. Weiss
Autoren: W. Dietze, E. Doering, P. Glasow, W. Langheinrich, A. Ludsteck, H. Mader, A. Mühlbauer, W. v. Münch, H. Runge, L. Schleicher, M. Schnöller, M. Schulz, E. Sirtl, E. Uden, W. Zulehner
1984. 738 Fig., XIII, 651 Seiten
Teilband D: **Technology of III-V, II-VI and Non-Tetrahedrally Bonded Compounds**
Herausgeber: M. Schulz, H. Weiss
Autoren: J. Baars, P. Glasow, R. Helbig, H. Jacob, K. Kassel, H. Maier, G. Müller, K. Runge, M. Schulz, E. Tomzig, C. Weyrich
1984. 461 Fig., XIV, 429 Seiten
Teilband E: **Physics of Non-Tetrahedrally Bonded Elements and Binary Compounds I**
Herausgeber: O. Madelung
Autoren: W. Freyland, A. Goltzené, P. Grosse, G. Harbeke, H. Lehmann, O. Madelung, W. Richter, C. Schwab, G. Weiser, H. Werheit, W. Zdanowicz
1983. 1020 Fig., XIII, 533 Seiten
Teilband F: **Physics of Non-Tetrahedrally Bonded Binary Compounds II**
Herausgeber: O. Madelung
Autoren: R. Clasen, G. Harbeke, A. Krost, F. Lévy, O. Madelung, K. Maschke, G. Nimtz, B. Schlicht, F.J. Schmitte, J. Treusch
1983. 1061 Fig., XII, 562 Seiten
Teilband G: **Physics of Non-Tetrahedrally Bonded Binary Compounds III**
Herausgeber: O. Madelung
Autoren: J.B. Goodenough, A. Hamnett, G. Huber, F. Hulliger, M. Leiß, S.K. Ramasesha, H. Werheit
1984. 1164 Fig., XI, 666 Seiten
Teilband H: **Physics of Ternary Compounds**
Herausgeber: O. Madelung
Autoren: M. Böhm, G. Huber, A. MacKinnon, O. Madelung, A. Scharmann, E.-G. Scharmer
1985. 913 Fig., XI, 565 Seiten

Teilband I: **Special Systems and Topics. Comprehensive Index for III/17Aa**
Herausgeber: O. Madelung, M. Schulz, H. Weiss
Autoren: D. Bimberg, I. Eisele, W. Fuhs, H. Kahlert, N. Karl
1985. 675 Fig., XI, 385 Seiten

III/18 **Elastic, Piezoelectric, Pyroelectric, Piezooptic, Electrooptic Constants, and Nonlinear Dielectric Susceptibilities of Crystals**
(Supplement zu Band III/11)
Herausgeber: K.-H. Hellwege, A.M. Hellwege
Autoren: A.S. Bhalla, W.R. Cook, jr., R.F.S. Hearmon, J. Jerphagnon, S.K. Kurtz, S.T. Liu, D.F. Nelson, J.-L. Oudar
1984. 633 Fig., XVI, 559 Seiten

III/19 **Magnetic Properties of Metals**
Herausgeber: H.P.J. Wijn
Teilband A: **3d, 4d and 5d Elements, Alloys and Compounds**
Autoren: K. Adachi, D. Bonnenberg, J.J.M. Franse, R. Gersdorf, K.A. Hempel, K. Kanematsu, S. Misawa, M. Shiga, M.B. Stearns, H.P.J. Wijn
1986. 1314 Fig., XX, 653 Seiten
Teilband B: **Alloys and Compounds of d-Elements with Main Group Elements. Teil 1**
Autoren: J.G. Booth, H.P.J. Wijn, G. Zibold
1987. 1292 Fig., XIX, 528 Seiten
Teilband C: **Alloys and Compounds of d-Elements with Main Group Elements. Teil 2**
Autoren: D. Fruchart, R. Fruchart, Ph. L'Heritier, K. Kanematsu, R. Madar, S. Misawa, Y. Nakamura, P.J. Webster, K.R.A. Ziebeck
1988. 650 Fig., XVII, 306 Seiten
Teilband D1: **Rare Earth Elements, Hydrides and Mutual Alloys**
Autoren: N. Achiwa, R.R. Arons, H. Drulis, M. Drulis, S. Kawano
1991. 749 Fig., XX, 393 Seiten
Teilband D2: **Compounds Between Rare Earth Elements and 3d, 4d or 5d Elements**
Autoren: E. Burzo, A. Chelkowski, H.R. Kirchmayr
1990. 741 Fig., XV, 545 Seiten
Teilband E1: **Compounds of Rare Earth Elements with Main Group Elements. Teil 1**
Autor: T. Kaneko
1990. 1139 Fig., XVII, 519 Seiten
Teilband E2: **Compounds of Rare Earth Elements with Main Group Elements. Teil 2**
Autoren: A. Chelkowski, P. Morin, H. Oesterreicher, K. Oesterreicher
1989. 943 Fig., XVI, 440 Seiten
Teilband F1: **Actinide Elements and their Compounds with other Elements. Teil 1**
Autoren: J.J.M. Franse, R. Gersdorf, W. Suski, R. Troc
1991. 394 Fig., XV, 193 Seiten
Teilband F2: **Actinide Elements and their Compounds with other Elements. Teil 2**
Index of Substances for Teilbände III/19A...F2
Autoren: W. Suski, R. Troc
1993. 449 Fig., XIV, 423 Seiten
Teilband G: **Thin Films**
Autoren: Y. Endoh, U. Gradmann, P. Hansen, N. Hosoito, T. Shinjo, H.P.J. Wijn
1988. 620 Fig., XIX, 323 Seiten
Teilband H: **Liquid-quenched Alloys**
Autoren: A.R. Ferchmin, S. Kobe, M. Sostarich
1991. 589 Fig., XVI, 345 Seiten
Teilband I1: **Magnetic Alloys for Technical Applications. Soft Magnetic Alloys, Invar and Elinvar Alloys**
Autoren: G. Bertotti, A.R. Ferchmin, E. Fiorillo, K. Fukamichi, S. Kobe, S. Roth
1994. 452 Fig., XVI, 238 Seiten
Teilband I2: **Magnetic Alloys for Technical Applications. Hard Magnetic Alloys**
Autoren: D. Bonnenberg, E. Burzo, H.R. Kirchmayr, T. Nakamichi, H.P.I. Wijn
1992. 540 Fig., XVI, 327 Seiten

III/20   **Nuclear Quadrupole Resonance Spectroscopy Data**
Herausgeber: K.-H. Hellwege, A.M. Hellwege
Autoren: H. Chihara, N. Nakamura
Teilband A: **Nuclei D...Cl**
1988. IX, 677 Seiten
Teilband B: **Nuclei Cl...Rb**
1988. IX, 717 Seiten
Teilband C: **Nuclei Zr...Bi. Diagrams, Structure Formulas, Indexes**
1989. 562 Fig., IX, 802 Seiten

III/21   **Superconductors: Transition Temperatures and Characterization of Elements, Alloys and Compounds**
Herausgeber: R. Flükiger, W. Klose
Teilband A: **Ac ... Na**
Autoren: H.F. Braun, D.W. Capone II, R. Flükiger, A.L. Giorgi, D. Gubser, F. Hulliger, J.L. Jorda, H. Khan, G. Kieselmann, R.N. Shelton, J. Sosnowski, T. Wolf, J.-Q. Xu, D. Yu
1990. XXIV, 661 Seiten
Teilband B1: **Nb, Nb-Al ... Nb-Ge**
Autoren: R. Flükiger, S.Y. Hariharan, R. Küntzler, H.L. Luo, F. Weiss, T. Wolf, J.Q. Xu
1993. XXIV, 284 Seiten
Teilband B2: **Nb-H ... Nb-Zr, Nd ... Np**
Autoren: R. Flükiger, S.Y. Hariharan, R. Küntzler, H.L. Luo, F. Weiss, T. Wolf, J.Q. Xu
1994. XXX, 366 Seiten
Teilband C: **O (without cuprates) ... Sc**
Autoren: R. Flükiger, F. Hulliger, N. Kaner, H.L. Luo, R. Müller, T.S. Radhakrishnan, R.N. Shelton, F. Weiss, T. Wolf, D. Yu
1997. XXVIII, 317 Seiten
Teilband D: **Se ... Ti**
Autoren: H.F. Brown, R. Flükiger, A.L. Giorgi, N. Kaner-Hensel, R. Küntzler, H.L. Luo, M. Müller, R. Müller, J. Sosnowski, T. Wolf, J.Q. Xu
1998. XXIX, 356 Seiten, mit CD-ROM
Teilband E: **Tl ... Zr**
Autoren: R. Flükiger, F. Hulliger, H.L. Luo, T. Wolf, J.Q. Xu
2002. XXXI, 443 Seiten, mit CD-ROM

III/22   **Semiconductors**
(Supplement und Erweiterung zu Band III/17)
Teilband A: **Intrinsic Properties of Group IV Elements and III-V, II-VI and I-VII Compounds**
Herausgeber: O. Madelung
Autoren: O. Madelung, W von der Osten, U. Rössler
1987. 681 Fig., XII, 451 Seiten
Teilband B: **Impurities and Defects in Group IV Elements and III-V Compounds**
Herausgeber: M. Schulz
Autoren: C.A.J. Ammerlaan, W. Bergholz, B. Clerjaud, H. Ennen, H.G. Grimmeiss, B. Hamilton, U. Kaufmann, W. v. Münch, R. Murray, R.C. Newman, A.R. Peaker, G. Pensl, H.-J. Rath, R. Sauer, J. Schneider, M. Schulz, M.S. Skolnick, N.A. Stolwijk, P. Vogl, A.F.W. Willoughby, W. Zulehner
1989. 812 Fig., XX, 776 Seiten

III/23   **Electronic Structure of Solids: Photoemission Spectra and Related Data**
Teilband A: **Tetrahedrally Bonded Semiconductors, Alkali Halides, Condensed Molecules, sp-Metals, Lanthanides**
Herausgeber: A. Goldmann, E.-E. Koch
Autoren: T.C. Chiang, K.H. Frank, H.J. Freund, A. Goldmann, F.J. Himpsel, U. Karlsson, R.C. Leckey, W.D. Schneider
1989. 904 Fig., XI, 430 Seiten
Teilband B: **Transition Metal Compounds, Layered Compounds, Actinides**
Herausgeber: A. Goldmann
Autoren: A. Goldmann, T. Ishii, R. Manzke, J.R. Naegele, M. Skibowski
1994, 647 Fig., VIII, 327 Seiten

Teilband C1: **Noble Metals, Noble Metal Halides and Nonmagnetic Transition Metals**
Herausgeber: A. Goldmann
Autor: A. Goldmann
2003. 618 Fig., IX, 353 Seiten, mit CD-ROM
Teilband C2: **Magnetic Transition Metals**
Herausgeber: A. Goldmann
Autoren: A. Goldmann, W. Gudat, O. Rader
1999. 233 Fig., VIII, 149 Seiten, mit CD-ROM

III/24 **Physics of Solid Surfaces**
Herausgeber: G. Chiarotti
Teilband A: **Structure**
Autoren: G. Chiarotti, A. Fasolino, M. Henzler, J.F. Nicholas, W. Ranke, A. Selloni, A. Shkrebtii
1993. 148 Fig., XI, 362 Seiten
Teilband B: **Electronic and Vibrational Properties**
Autoren: C. Calandra, G. Chiarotti, U. Gradmann, K. Jacobi, F. Manghi, A.A. Maradudin, S.Y. Tong, R.F. Wallis
1994. 709 Fig., XII, 519 Seiten
Teilband C: **Interaction of Charged Particles and Atoms with Surfaces**
Autoren: P. Alkemade, V. Celli, G. Chiarotti, M. Rocca, E. Zanazzi
1995. 207 Fig., XII, 328 Seiten
Teilband D: **Interaction of Radiation with Surfaces and Electron Tunneling**
Autoren: A.M. Bradshaw, P. Chiaradia, G. Chiarotti, R. Colella, R.J. Hamers, R. Hemmen, G.L. Kellogg, D.E. Ricken, Th. Schedel-Niedrig
1996. 596 Fig., XII, 516 Seiten

III/25 **Atomic Defects in Metals**
Herausgeber: H. Ullmaier
Autoren: F. Ehrhart, F. Jung, H. Schultz, H. Ullmaier
1991. 509 Fig., XIII, 437 Seiten

III/26 **Diffusion in Solid Metals and Alloys**
Herausgeber: H. Mehrer
Autoren: H. Bakker, H.P. Bonzel, C.M. Bruff, M.A. Dayananda, W. Gust, J. Horváth, I. Kaur, G.V. Kidson, A.D. LeClaire, H. Mehrer, G.E. Murch, G. Neumann, N. Stolica, N.A. Stolwijk
1990. 650 Fig., XIV, 747 Seiten

III/27 **Magnetic Properties of Non-Metallic Inorganic Compounds Based on Transition Elements**
(Supplement und Erweiterung zu den Bänden III/4,12)
Herausgeber: H.P.J. Wijn
Teilband A: **Pnictides and Chalcogenides I**
Autoren: K. Adachi, S. Ogawa
1988. 1076 Fig., IX, 425 Seiten
Teilband B1: **Pnictides and Chalcogenides II (Lanthanide Monopnictides)**
Autoren: T. Palewski, W. Suski
1998. 748 Fig., VII, 453 Seiten
Teilband B2: **Pnictides and Chalcogenides II (Lanthanide Monochalcogenides)**
Autoren: T. Palewski, W. Suski
1998. 784 Fig., VII, 459 Seiten
Teilband B3: **Pnictides and Chalcogenides II (Binary Lanthanide Polypnictides and Polychalcogenides)**
Autoren: T. Palewski, W. Suski
2000. 580 Fig., VIII, 388 Seiten, mit CD-ROM
Teilband B4: **Pnictides and Chalcogenides II (Ternary Lanthanide Pnictides)**
Teil α: **1:1:1 and 1:1:2 type compounds**
Autoren: T. Palewski, W. Suski
2003. 650 Fig., VII, 476 Seiten, mit CD-ROM

Teil β: **1:4:12, 3:3:4 and other type compounds**
Autoren: T. Palewski, W. Suski
2003. 770 Fig., VII, 451 Seiten, mit CD-ROM
Teilband B5: **Pnictides and Chalkogenides II (Ternary Lanthanide Chalcogenides, Misfit Compounds, and Ternary Lanthanide Pnictides Containing s- or p-Electron Elements)**
Autor: T. Palewski, W. Suski
2003. 670 Fig., VIII, 467 Seiten, mit CD-ROM
Teilband B6α: **Pnictides and Chalcogenides III (Actinides Monopnictides)**
Autor: R. Troc
2005. 607 Fig., X, 492 Seiten, mit CD-ROM
Teilband B7: **Pnictides and Chalcogenides III (Binary Non-equiatomic Pnictides and Chalcogenides)**
Autoren: D. Kaczorowski, R. Troc
2005. 457 Fig., VII, 349 Seiten, mit CD-ROM
Teilband B8: **Pnictides and Chalcogenides (Ternary Actinide Pnictides and Chalcogenides)**
Autor: D. Kaczorowski
2004. 502 Fig., VII, 391 Seiten, mit CD-ROM
Teilband C1: **Binary Lanthanide Oxides**
Autoren: T. Palewski, W. Suski
1997. 211 Fig., VII, 150 Seiten
Teilband C2: **Binary Actinide Oxides**
Autoren: D. Kaczorowski, R. Troc
1999. 289 Fig., VIII, 249 Seiten, mit CD-ROM
Teilband D: **Oxy-Spinels**
Autoren: E. Agostinelli, V.A.M. Brabers, D. Fiorani, A.M. Testa, T.E. Whall
1991. 1030 Fig., IX, 501 Seiten
Teilband E: **Garnets**
Autoren: Z.A. Kazei, N.P. Kolmakova, P. Sokolov
1991. 442 Fig., IX, 263 Seiten
Teilband F1α: **Perovskites I**
Autor: E. Burzo
1996. 288 Fig., IX, 345 Seiten
Teilband F1β: **Perovskites I**
Autor: E. Burzo
1996. 249 Fig., IX, 308 Seiten
Teilband F2: **Perovskite-type Layered Cuprates**
(High T Superconductors and Related Compounds)
Autoren: Z.A. Kazei, I.B. Krynetskii
1994. 431 Fig., IX, 280 Seiten
Teilband F2S: **Perovskite-type Layered Cuprates**
(High T Superconductors and Related Compounds)
(Supplement und Erweiterung zu Band III/27F2)
Autoren: Z.A. Kazei, I.B. Krynetskii
2002. 487 Fig., IX, 383 Seiten, mit CD-ROM
Teilband F3: **Perovskites II, Oxides with Corundum, Ilmenite and Amorphous Structures**
Autoren: Y. Endoh, K. Kakurai, A.K. Katori, M.S. Seehra, G. Srinivasan, H.P.J. Wijn
1994. 576 Fig., IX, 319 Seiten
Teilband G: **Various Other Oxides**
Autoren: G. Albanese, A. Deriu, J.E. Greedan, M.S. Seehra, K. Siratori, H.P.J. Wijn
1992, 408 Fig., IX, 238 Seiten
Teilband H: **Boron Containing Oxides**
Autor: E. Burzo
1993. 133 Fig., VIII, 285 Seiten
Teilband I1: **Orthosilicates**
Autor: E. Burzo
2004. 263 Fig., XVI, 540 Seiten, mit CD-ROM
Teilband I2: **Sorosilicates**
Autor: E. Burzo
2005. 149 Fig., XII, 348 Seiten, mit CD-ROM

Teilband I3: **Cyclosilicates**
Autor: E. Burzo
2005. 130 Fig., XII, 311 Seiten, mit CD-ROM
Teilband I4: **Inosilicates**
Autor: E. Burzo
2006. 243 Fig., XIV, 569 Seiten, mit CD-ROM
Teilband I5α: **Phyllosilicates**
Autor: E. Burzo
2007. 211 Fig., XV, 537 Seiten, mit CD-ROM
Teilband J1: **Halides I**
Autoren: M. Hagiwara, K. Katsumata, M. Matsuura, H.P.J. Wijn
1994. 482 Fig., IX, 233 Seiten
Teilband J2: **Halides II**
Autoren: A. Chelkowski, H.P.J. Wijn
1995. 819 Fig., VIII, 359 Seiten
Teilband J3: **Halide Perovskite-type Layer Stuctures**
Autor: R. Geick
2001. 198 Fig., VIII, 531 Seiten, mit CD-ROM

III/28 **Ferroelectrics and Related Substances**
(Supplement und Erweiterung zu Band III/16)
Herausgeber: T. Mitsui, E. Nakamura
Teilband A: **Oxides**
Autoren: E. Nakamura, M. Adachi, Y. Akishige, K. Deguchi, J, Harada, T. Ikeda, M. Okuyama, E. Sawaguchi, Y. Shiozaki, K. Toyoda, T. Yamada and K. Gesi, T. Hikita, Y. Makita, T. Shigenari, I. Tatsuzaki, T. Yagi
1990. 783 Fig., XI, 468 Seiten
Teilband B: **Non-oxides**
Autoren: E. Nakamura, M. Adachi, Y. Akishige, K. Deguchi, K. Gesi, T. Hikita, T. Ikeda, Y. Makita, T. Mitsui, E. Sawaguchi, T. Shigenari, Y. Shiozaki, I. Tatsuzaki, K. Toyoda, T. Yagi, T. Yamada, K. Yoshino and J. Harada, M. Okuyama
1990. 1589 Fig., XI, 833 Seiten

III/29 **Low Frequency Properties of Dielectric Crystals**
(Revidierte und erweiterte Auflage der Bände III/11,18)
Herausgeber: D.E. Nelson
Teilband A: **Second and Higher Order Elastic Constants**
Autoren: A.G. Every, A.K. McCurdy
1992. 890 Fig., XIV, 743 Seiten
Teilband B: **Piezoelectric, Pyroelectric, and Related Constants**
Autoren: A.S. Bhalla, W.R, Cook jr., S.T. Liu
1993. 446 Fig., XI, 543 Seiten

III/30 **High Frequency Properties of Dielectric Crystals**
(Revidierte und erweiterte Auflage der Bände III/11,18)
Teilband A: **Piezooptic and Electrooptic Constants**
Herausgeber: D.E. Nelson
Autoren: W.R. Cook jr., D.F. Nelson, K. Vedam
1996. 411 Fig., XII, 497 Seiten
Teilband B: **Nonlinear Dielectric Susceptibilities**
Autoren: G.G. Gurzadyan, F. Charra
2000. 172 Fig., VIII, 485 Seiten, mit CD-ROM

III/31 **Nuclear Quadrupole Resonance Spectroscopy Data**
(Supplement zu Band III/20)
Herausgeber: K.-H. Hellwege, A.M. Hellwege
Autoren: H. Chihara, N. Nakamura
Teilband A: **Nuclei D ... Cu**
1993. VIII, 437 Seiten

Teilband B: **Nuclei Zn ... Bi. Diagrams, Indexes**
1993. 147 Fig., VIII, 347 Seiten

III/32 **Magnetic Properties of Metals**
(Supplement zu Band III/19)
Herausgeber: H.P.J. Wijn
Teilband A: **3d, 4d and 5d Elements, Alloys and Compounds**
Autoren: K. Kanematsu, S. Misawa, M. Shiga, H. Wada, H.P.J. Wijn
1997. 650 Fig., XIII, 384 Seiten
Teilband B: **Alloys and Compounds of d-Elements with Main Group Elements. Teil 1**
Autoren: J.G. Booth, Y. Nakai, Y. Tsunoda
1999. 691 Fig., XIV, 348 Seiten, mit CD-ROM
Teilband C: **Alloys and Compounds of 4-Elements with Main Group Elements. Teil 2**
Autoren: K.-U. Neumann, T. Ohoyama, N. Yamada, K.R.A. Ziebeck
2001. 798 Fig., XII, 417 Seiten, mit CD-ROM
Teilband D: **Rare Earth Elements, Alloys and Compounds**
Autoren: G. Chelkowska, H. Drulis, M. Drulis, D. Schmitt
2004. 904 Fig., VIII, 409 Seiten, mit CD-ROM

III/33 **Diffusion in Semiconductors and Non-Metallic Solids**
Herausgeber: D. L. Beke
Teilband A: **Diffusion in Semiconductors**
Autoren: C.E. Allen, D.L. Beke, H. Bracht, C.M. Bruff, M.B. Dutt, G. Erdelyi, P. Gas, F.M. d'Heurle, G.E. Murch, E.G. Seebauer, B.L. Sharma, N.A. Stolwijk
1998. 403 Fig., XIII, 476 Seiten, mit CD-ROM
Teilband B1: **Diffusion in Non-Metallic Solids without Volume Diffusion in Oxides**
Autoren: C.E. Allen, D.L. Beke, F. Benire, C.M. Bruff, A.V. Chadwick, G. Erdelyi, F. Faupel, C.H. Hsieh, H. Jain, G. Kroll, H.J. Matzke, G.E. Murch, V.V. Rondinella, E.G. Seebauer
1999. 424 Fig., XVII, 574 Seiten

III/34 **Semiconductor Quantum Structures**
Teilband B: **Electronic Transport**
Teil 1: **Quantum Point Contacts and Quantum Wires**
Herausgeber: B. Kramer
Autoren: A. Fechner, B. Kramer, D. Wharam
2001. 303 Fig., XIV, 328 Seiten, mit CD-ROM
Teilband C: **Optical Properties**
Teil 1
Herausgeber: C. Klingshirn
Autoren: H. Haug, A. Ishida, C. Klingshirn, M. Tacke, U. Woggon
2001. 143 Fig., XIII, 354 Seiten, mit CD-ROM
Teil 2
Herausgeber: C. Klingshirn
Autoren: S.V. Gaponenko, H. Kalt, U. Woggon
2004. 268 Fig., VII, 393 Seiten, mit CD-ROM
Teil 3
Herausgeber: E. Kasper
Autoren: E. Kasper, N. Koshida. T.P. Pearsall, Y. Shiraki, G. Theodorou, N. Usami
2007. 151 Fig., X, 136 Seiten, mit CD-ROM

III/35 **Nuclear Magnetic Resonance (NMR) Data**
Herausgeber: R.R. Gupta, M.D. Lechner
Teilband A: **Chemical Shifts and Coupling Constants for Boron-11 and Phosphorus-31**
Autoren: R.R. Gupta, M. Jain, P. Pardasani, R.T. Pardasani, A. Pelter
1997. VII, 242 Seiten, mit CD-ROM
Teilband B: **Chemical Shifts and Coupling Constants for Fluorine-19 and Nitrogen-15**
Autoren: M. Balasubramanian, R.R. Gupta, M, Jain, S. Perumal
1998. VII, 242 Seiten, mit CD-ROM

Teilband C: **Chemical Shifts and Coupling Constants for Hydrogen-1**
Teil 1: **Aliphatic and Aromatic Hydrocarbons, Steroids, Carbohydrates**
Autoren: R.R. Gupta, M. Jain
2000. VII, 310 Seiten, mit CD-ROM
Teil 2: **Heterocycles**
Autoren: R.R. Gupta, M. Jain
2003. VII, 322 Seiten, mit CD-ROM
Teil 3: **Natural Products**
Autoren: R.R. Gupta, M.P. Dobhal
2003. VII, 322 Seiten, mit CD-ROM
Teil 4: **Inorganic and Organometallic Compounds**
Autoren: R.R. Gupta, N. Platzer
2001. VII, 299 Seiten, mit CD-ROM
Teilband D: **Chemical Shifs and Coupling Constants Data for Carbon-13**
Teil 2: **Aromatic compounds**
Autor: B. Mikhova
2005. VIII, 291 Seiten, mit CD-ROM
Teil 3: **Heterocycles**
Autor: R.R. Gupta, M. Jain, B.M. Mikhova,
2007. VIII, 342 Seiten
Teil 4: **Natural Products**
Autor: M.P. Dhobal
2006. VIII, 417 Seiten, mit CD-ROM
Teilband E: **Chemical Shifts for Oxygen-17**
Autoren: H. Duddeck, G. Töth, A. Simon
2002. VII, 230 Seiten, mit CD-ROM
Teilband G: **Chemical Shifts and Coupling Constants for Selenium-77**
Autor: H. Duddeck
2004. VII, 308 Seiten, mit CD-ROM

III/36 **Ferroelectrics and Related Substances**
Herausgeber: Y. Shiozaki, E. Nakamura, T. Mitsui
Teilband A: **Oxides**
Teil 1: **Perovskite-type oxides and LiNbO family**
Autoren: M. Adachi, Y. Akishige, T. Asahi, K. Deguchi, K. Gesi, K. Hasebe, T. Hikita, T. Ikeda, Y. Iwata, M. Komukae, T. Mitsui, E. Nakamura, N. Nakatani, M. Okuyama, T. Osaka, A. Sakai, E. Sawaguchi, Y. Shiozaki, T. Takenaka, K. Toyoda, T. Tsukamoto, T. Yagi
2001. 605 Fig., 32 tables, IX, 588 Seiten, mit CD-ROM
Teil 2: **Oxides other than Perovskite-type and LiNbO family**
Autoren: M. Adachi, Y. Akishige, T. Asahi, K. Deguchi, K. Gesi, K. Hasebe, T. Hikita, T. Ikeda, Y. Iwata, M. Komukae, T. Mitsui, E. Nakamura, N. Nakatani, M. Okuyama, T. Osaka, A. Sakai, E. Sawaguchi, Y. Shiozaki, T. Takenaka, K. Toyoda, T. Tsukamoto, T. Yagi
2002. 337 Fig., 18 tables, X, 540 Seiten, mit CD-ROM
Teilband B: **Inorganic substances other than oxides**
Teil 1: **SbSI family ... TAAP**
Autoren: E. Nakamura, M. Adachi, Y. Akishige, T. Asahi, K. Deguchi, T. Furukawa, K. Gesi, K. Hasebe, T. Hikita, Y. Ishibashi, Y. Iwata, M. Komukae, T. Mitsui, N. Nakatani, R. Nozaki, T. Osaka, A. Sakai, Y. Shiozaki, H. Takezono, K. Toyoda, T. Yagi
2004. 621 Fig., 40 tables, X, 573 Seiten, mit CD-ROM
Teil 2: **$(NH_4)_2SO_4$ family ... $K_3BiCl_6 \cdot 2KCl \cdot KH_3F_4$**
Autoren: E. Nakamura, M. Adachi, Y. Akishige, T. Asahi, K. Deguchi, T. Furukawa, K. Gesi, K. Hasebe, T. Hikita, Y. Iwata, M. Komukae, T. Mitsui, N. Nakatani, R. Nozaki, T. Osaka, Y. Shiozaki, T. Yagi
2005. 496 Fig., 36 tables, X, 488 Seiten, mit CD-ROM
Teilband C: **Organic crystals, liquid crystals and polymers**
Autoren: E. Nakamura, M. Adachi, Y. Akishige, T. Asahi, K. Deguchi, T. Furukawa, K. Gesi, K. Hasebe, T. Hikita, Y. Ishibashi, Y. Iwata, M. Komukae, T. Mitsui, N. Nakatani, R. Nozaki, T. Osaka, Y. Shiozaki, H. Takezono, T. Yagi
2006. 603 Fig., 36 tables, X, 560 Seiten, mit CD-ROM

III/37 **Phase Diagrams and Physical Properties of Nonequilibrium Alloys**
Editor in Chief: Y. Kawazoe
Herausgeber: J.-Z. Yu, A.-P. Tsai, T. Masumoto
Teilband A: **Nonequilibrium Phase Diagrams of Ternary Amorphous Alloys**
Autoren: Y. Kawazoe, T. Masumoto, K. Suzuki, A. Inoue, A.-P. Tsai, J.-Z. Yu, T. Aihara Jr., T. Nakanomyo
1997. 415 Fig., X, 295 Seiten

III/38 **Optical Constants**
Herausgeber: M.D. Lechner
Autors: Ch. Wohlfarth, B. Wohlfarth
Teilband A: **Refractive Indices of Inorganic, Organometallic, and Organononmetallic Liquids, and Binary Liquid Mixtures**
1996. VII, 400 Seiten
Teilband B: **Refractive Indices of Organic Liquids**
1996. VII, 421 Seiten, mit CD-ROM

III/39 **Nuclear Quadrupole Resonance Spectroscopy Data**
(Supplement zu den Bänden III/20,31)
Herausgeber: H. Chihara
Autoren: H. Chihara, N. Nakamura
1997. VIII, 424 Seiten

III/41 **Semiconductors**
(Supplement zu den Bänden III/17,22)
Revidierte und erweiterte Auflage des Bandes III/22 (CD-ROM))
Teilband A1: **Group IV Elements, IV-IV- and III-V-Compounds**
Herausgeber: U. Rössler
Teil α: **Lattice properties**
Autoren: U. Rössler, D. Strauch
2001. 403 Fig., XVI, 683 Seiten, mit CD-ROM
Teil β: **Electronic, Transport, Optical and Other Properties**
Autoren: S. Adachi, R. Blachnik, R.P. Devaty, F. Fuchs, A. Hangleiter, W. Kulisch, Y. Kumashiro, B.K. Meyer, R. Sauer
2002. 407 Fig., XXII, 347 Seiten, mit CD-ROM
Teilband A2: **Impurities and Defects in Group IV Elements, IV-IV and III-V Compounds**
Herausgeber: M. Schulz
Teil α: **Group IV Elements**
Autoren: C.A.J. Ammerlaan, H. Bracht, E.E. Haller, R. Murray, R.C. Newman, R. Sauer, N.A. Stolwijk,
J. Weber, W. Zulehner
2002. 115 Fig., XVII, 401 Seiten, mit CD-ROM
Teil β: **Group IV-IV and III-V Compounds**
Autoren: T. Dalibor, R.P. Devaty, P. Giannozzi, W. Kulisch, B. Meyer, R. Murray, R.C. Newman, L. Pavesi, G. Pensl, A. Willoughby
2003. 211 Fig., XVII, 336 Seiten, mit CD-ROM
Teilband B: **II-VI and I-VII Compounds; Semimagnetic Compounds**
Herausgeber: U. Rössler
Autoren: R. Blachnik, J. Chu, R.R. Galazka, J. Geurts, J. Gutowski, B. Hönerlage, D. Hofmann, J. Kossut, R. Uvy, P. Michler, U. Neukirch, T. Story, D. Strauch, A. Waag
1999. 630 Fig., XXVI, 721 Seiten, mit CD-ROM
Teilband C: **Non-Tetrahedrally Bonded Elements and Binary Compounds I**
Herausgeber: O. Madelung
Autoren: R. Clasen, P. Grosse, A. Krost, F. Lévy, S.F. Marenkin, W. Richter, N. Ringelstein, R. Schmechel, G. Weiser, H. Werheit, M. Yao, W. Zdanowicz
1998. 476 Fig., XXII, 463 Seiten, mit CD-ROM
Teilband D: **Non-Tetrahedrally Bonded Binary Compounds II**
Herausgeber: O. Madelung
Autoren: S. Kück, H. Werheit
2000. 480 Fig., XVII, 535 Seiten

Teilband E: **Ternary Compounds, Organic Semiconductors**
Herausgeber: O. Madelung
Autoren: H. Dittrich, N. Karl, S. Kück, H.W. Schock
2000. 590 Fig., XVIII, 518 Seiten, mit CD-ROM

III/42 **Physics of Covered Solid Surfaces**
Teilband A: **Adsorbed Layers on Surfaces**
Herausgeber: H.P. Bonzel
Teil 1: **Adsorption on Surfaces and Surface Diffusion of Adsorbates**
Autoren: E.I. Altman, M. Bienfait, H.P. Bonzel, H. Brune, R. Diehl, M. Jung, V.G. Lifshits, M.E. Michel, R. Miranda, R. McGrath, K. Oura, A.A. Saranin, E.G. Seebauer, P. Zeppenfeld, A.V. Zotov
2001. 325 Fig., XXII, 530 Seiten, mit CD-ROM
Teil 2: **Measuring Techniques and Surface Properties Changed by Adsorption**
Autoren: K. Hermann, H. Ibach, K. Jacobi, M.A. Rocca, D. Sander, M.A. Van Hove, P.R. Watson, Ch. Wöll
2002. 241 Fig., XXII, 429 Seiten, mit CD-ROM
Teil 3: **Surface Segregation and Adsorption on Surfaces**
Autoren: W.A. Brown, M. Enachescu, J.E. Fieberg, H.J. Grabke, E. Hasselbring, D.R. Mullins, B.E. Nieuwenhuys, M. Salmeron, J. Suzanne, W.T. Tysoe, Ch. Uebing, H. Viefhaus, J.M. Vohs, J.M. White, H. Wiechert
2003. 174 Fig., XX, 478 Seiten, mit CD-ROM
Teil 4: **Adsorbed Species on Surfaces and Adsorbate-Induced Surface Core Level Shifts**
Autoren: H.P. Bonzel, R. Denecke, W. Eck, A. Föhlisch, G. Held, W. Jaegermann, N. Mårtensson, T. Mayer, H. Over, H.P. Steinrück
2005. 133 Fig., XVIII, 422 Seiten, mit CD-ROM
Teil 5: **Adsorption of Molecules on Metal, Semiconductor and Oxide Surfaces**
Autoren: K. Christmann, H.J. Freund, J. Kim, B. Koel, H. Kuhlenbeck, M. Morgenstern, C. Panja, G. Pirug, G. Rupprechter, E. Samano, G.A. Somorjai
2006. 114 Fig., XIX, 403 Seiten, mit CD-ROM

III/43 **Crystal Structures of Inorganic Compounds**
Herausgeber: P. Villars, K. Cenzual
Autoren: J. Daams, R. Gladyshevskii, O. Shcherban, V. Dubensky, N. Melnichenko-Koblyuk, O. Pavlyuk, S. Stoyko, L. Sysa
Teilband A: **Structure Types**
Teil 1: **Space groups (230) Ia-3d - (219) F-43c**
2004. 80 Fig., XIII, 527 Seiten, mit CD-ROM
Teil 2: **Space groups (218) P-43n - (195) P23**
2005. 86 Fig., XIV, 506 Seiten, mit CD-ROM
Teil 3: **Space groups (194) P63/mmc - (190) P-62c**
2006. 89 Fig., XIV, 485 Seiten, mit CD-ROM
Teil 4: **Space groups (189) P-62m - (174) P-6**
2006. 90 Fig., XIV, 529 Seiten, mit CD-ROM
Teil 5: **Space groups (173) P-63 - (166) R-3m**
2007. 88 Fig., XIV, 510 Seiten, mit CD-ROM

Group IV: Physical Chemistry

IV/1 **Densities of Liquid Systems**
Herausgeber: Kl. Schäfer
Teil A: **Nonaqueous Systems and Ternary Aqueous Systems**
Autoren: R. Lacmann, C. Synowietz
1974. X, 716 Seiten
Teil B: **Densities of Binary Aqueous Systems and Heat Capacities of Liquid Systems**
Autoren: J. D'Ans, H. Surawski, C. Synowietz
1977. 62 Fig., VII, 335 Seiten

IV/2   **Heats of Mixing and Solution**
Herausgeber: Kl. Schäfer
Autor: G. Beggerow
1976. 84 Fig., VIII, 695 Seiten

IV/3   **Thermodynamic Equilibria of Boiling Mixtures**
Herausgeber: H. Hausen
Autor: J. Weishaupt
1975. 636 Fig., VIII, 376 Seiten

IV/4   **High-Pressure Properties of Matter**
Herausgeber: Kl. Schäfer
Autor: G. Beggerow
1980. 589 Fig., VIII, 427 Seiten

IV/5   **Phase Equilibria, Crystallographic and Thermodynamic Data of Binary Alloys**
Herausgeber: O. Madelung
Autor: B. Predel
Teilband A: **Ac-Au ... Au-Zr**
1991. 718 Fig., XXVIII, 511 Seiten
Teilband B: **B-Ba ... C-Zr**
1992. 405 Fig., XXVIII, 403 Seiten
Teilband C: **Ca-Cd ... Co-Zr**
1993. 513 Fig., XXVII, 466 Seiten
Teilband D: **Cr-Cs ... Cu-Zr**
1994. 417 Fig., XXV, 354 Seiten
Teilband E: **Dy-Er ... Fr-Mo**
1995. 363 Fig., XXVI, 338 Seiten
Teilband F: **Ga-Gd ... Hf-Zr**
1996. 381 Fig., XXVI, 380 Seiten
Teilband G: **Hg-Ho ... La-Zr**
1997. 384 Fig., XXVII, 372 Seiten
Teilband H: **Li-Mg ... Nd-Zr**
1997. 397 Fig., XXX, 396 Seiten
Teilband I: **Ni-Np ... Pt-Zr**
1998. 358 Fig., XXIX, 387 Seiten
Teilband J: **Pu-Re ... Zn-Zr**
1998. 357 Fig., XXXI, 392 Seiten

IV/6   **Static Dielectric Constants of Pure Liquids and Binary Liquid Mixtures**
Herausgeber: O. Madelung
Autor: Ch. Wohlfarth
1991. VIII, 521 Seiten

IV/7   **Liquid Crystals**
Herausgeber: J. Thiem
Autor: V. Vill
Teilband A: **Transition Temperatures and Related Properties of One-Ring Systems and Two-Ring Systems without Bridging Groups**
1992. 10 Fig., VIII, 268 Seiten
Teilband B: **Transition Temperatures and Related Properties of Two-Ring Systems with Bridging Group**
1992. 10 Fig., VIII, 653 Seiten
Teilband C: **Transition Temperatures and Related Properties of Three-Ring Systems without Bridging Groups**
1993. 10 Fig., VIII, 228 Seiten
Teilband D: **Transition Temperatures and Related Properties of Three-Ring Systems with One Bridging Group**
1994. VIII, 527 Seiten

Teilband E: **Transition Temperatures and Related Properties of Three-Ring Systems with Two Bridging Groups**
1995. VIII, 612 Seiten
Teilband F: **Transition Temperatures and Related Properties of Four-Ring Systems, Five-Ring Systems, and More Than Five Rings**
1995. VIII, 589 Seiten

IV/8 **Thermodynamic Properties of Organic Compounds and Their Mixtures**
Herausgeber: K.N. Marsh (Teilbände A... C); K.R. Hall, K.N. Marsh (Teilbände D...H); M. Frenkel, K.N. Marsh (Teilbände I, J)
Teilband A: **Enthalpies of Fusion and Transition of Organic Compounds**
Autoren: Z.-Y. Zhang, M. Frenkel, K.N. Marsh, R.C. Wilhoit
1995. X, 588 Seiten
Teilband B: **Densities of Aliphatic Hydrocarbons: Alkanes**
Autoren: R.C. Wilhoit, K.N. Marsh, X. Hong, N. Gadalla, M. Frenkel
1996. 119 Fig., X, 410 Seiten
Teilband C: **Densities of Aliphatic Hydrocarbons: Alkenes, Alkadienes, Alkynes, and Miscellaneous Compounds**
Autoren: R.C. Wilhoit, K.N. Marsh, X. Hong, N. Gadalla, M. Frenkel
1996. 78 Fig., X, 381 Seiten
Teilband D: **Densities of Monocyclic Hydrocarbons**
Autoren: R.C. Wilhoit, X. Hong, M. Frenkel, K.R. Hall
1997. 117 Fig., XIII, 466 Seiten, mit CD-ROM
Teilband E: **Densities of Aromatic Hydrocarbons**
Autoren: R.C. Wilhoit, X. Hong, M. Frenkel, K.R. Hall
1998. 79 Fig., X, 373 Seiten, mit CD-ROM
Teilband F: **Densities of Polycyclic Hydrocarbons**
Autoren: R.C. Wilhoit, X. Hong, M. Frenkel, K.R. Hall
1999. 84 Fig., XI, 538 Seiten, mit CD-ROM
Teilband G: **Densities of Alcohols**
Autoren: M. Frenkel, X. Hong, R.C. Wilhoit, K.R. Hall
2000. 110 Fig., XI, 413 Seiten, mit CD-ROM
Teilband H: **Densities of Esters and Ethers**
Autoren: M. Frenkel, X. Hong, R.C. Wilhoit, K.R. Hall
2001. 105 Fig., XI, 484 Seiten, mit CD-ROM
Teilband I: **Densities of Phenols, Aldehydes, Ketones, Carboxylic Acids, Amines, Nitriles, and Nitrohydrocarbons**
Autoren: M. Frenkel, X. Hong, Q. Dong, X. Yan, R.D. Chirico
2002. 120 Fig., XI, 470 Seiten, mit CD-ROM
Teilband J: **Densities of Halohydrocarbons**
Autoren: M. Frenkel, X. Hong, Q. Deng, X. Yan, R.D. Chirico
2003. 160 Fig., XI, 599 Seiten, mit CD-ROM

IV/9 **Electrochemistry**
Herausgeber: M.D. Lechner
Teilband A. **Electrochemical Thermodynamics and Kinetics**
Autor: R. Holze
2007. XIV, 510 Seiten, mit CD-ROM

IV/10 **Heats of Mixing and Solution**
Herausgeber: H.V. Kehiaian
Teilband A: **Binary Liquid Systems of Nonelectrolytes**
Autoren: J.-P.E. Grolier, C.J. Wormald, J.-C. Fontaine, K. Sosnkowska-Kehiaian, H.V. Kehiaian
2004. 816 Fig., IX, 564 Seiten, mit CD-ROM
Teilband B: **Binary Gaseous, Liquid, Near-Critical, and Supercritical Fluid Systems of Nonelectrolytes**
Autoren: C.J. Wormald, J.-P.E. Grolier, J.-C. Fontaine, K. Sosnkowska-Kehiaian, H.V. Kehiaian
2005. 314 Fig., X, 242 Seiten, mit CD-ROM

IV/11 **Ternary Alloy Systems. Phase Diagrams, Crystallographic and Thermodynamic Data**
Herausgeber: G. Effenberg, S. Ilyenko
Autoren: Materials Science International Team, MSIT®
Teilband A: Light Metal Systems
Teil 1: **Selected Systems from Ag-Al-Cu to Al-Cu-Er**
2004. 273 Fig., XVII, 445 Seiten, mit CD-ROM
Teil 2: **Selected Systems from Al-Cu-Fe to Al-Fe-Ti**
2005. 209 Fig., X, 452 Seiten, mit CD-ROM
Teil 3: **Selected Systems from Al-Fe-V to Al-Ni-Zr**
2005. 264 Fig., XVIII, 463 Seiten, mit CD-ROM
Teil 4: **Selected Systems from Al-Si-Ti to Ni-Si-Ti**
2006. 284 Fig., XVII, 445 Seiten, mit CD-ROM
Teilband B: **Noble Metal Systems. Selected Systems from Ag-Al-Zn to Rh-Ru-Sc**
2006. 364 Fig., XVIII, 497 Seiten, mit CD-ROM
Teilband C: **Non-Ferrous Metal Systems**
Teil 1: **Selected Semiconductor Systems**
2006. 219 Fig., XVII, 450 Seiten, mit CD-ROM
Teil 2: **Selected Copper Systems**
2007. 236 Fig., XVII, 458 Seiten, mit CD-ROM
Teil 3: **Selected Soldering and Brazing Systems**
2007. 351 Fig., XVII, 493 Seiten, mit CD-ROM
Teil 4: **Selected Nuclear Materials and Engineering Systems**
2007. 243 Fig., XVII, 503 Seiten, mit CD-ROM

IV/12 **Phase Equilibia, Crystallographic and Thermodynaic Data of Binary Alloys**
Herausgeber: B. Predel
Autor: B. Predel
Teilband A: **Ac-Ag ... Au-Zr**
2006. 339 Fig., XXX, 331 Seiten, mit CD-ROM

IV/13 **Vapor-Liquid Equilibrium in Mixtures and Solutions**
Herausgeber: H.V. Kehiaian
Teilband A: **Binary Liquid Systems of Nonelectrolytes**
Teil 1
Autoren: J.C. Fontaine, J. Linek. K. Sosnowska-Kehiaian, Z. Wagner, I. Wichterle
2007. 820 Fig., X, 571 Seiten, mit CD-Rom

IV/14 **Microporous and Other Framework Materials with Zeolite-Type Structures**
Herausgeber: W.H. Baur, R.X. Fischer
Teilband A: **Tetrahedral Frameworks of Zeolites, Clathrates and Related Materials**
Autor: J.V. Smith
2000. 331 Fig., X, 266 Seiten, mit CD-ROM
Teilband B: **Zeolite Structure Codes ABW to CZP**
Autoren: W.H. Baur, R.X. Fischer
2000. 297 Fig., VIII, 459 Seiten, mit CD-ROM
Teilband C: **Zeolite-Type Crystal Structures and their Chemistry. Framework Type Codes DAC to LOV**
Autoren: WH. Baur, R.X. Fischer
2002. 252 Fig., VIII, 459 Seiten, mit CD-ROM
Teilband D: **Zeolite-Type Crystal Structures and their Chemistry. Framework Type Codes LTA to RHO**
Autoren: R.X. Fischer, W.H. Baur
2006. 572 Fig., VIII, 454 Seiten, mit CD-ROM

IV/15 **Diffusion in Gases, Liquids and Electrolytes**
Herausgeber: M.D. Lechner
Teilband A: **Diffusion in Gases, Liquids and Their Mixtures**
Autor: J. Winckelmann
2007. VIII, 409 Seiten, mit CD-ROM

IV/16 **Surface Tension of Pure Liquids and Binary Liquid Mixtures**
Herausgeber: M.D. Lechner
Autoren: Ch. Wohlfarth, B. Wohlfarth
1997. VII, 439 page, mit CD-ROMs

IV/18 **Viscosity of Pure Organic Liquids and Binary Liquid Mixtures**
Herausgeber: M.D. Lechner
Autoren: Ch. Wohlfarth, B. Wohlfarth
Teilband A: **Pure Organometallic and Organononmetallic Liquids, Binary Liquid Mixtures**
2001. VII, 409 Seiten, mit CD-ROM
Teilband B: **Pure Organic Liquids**
2002. VII, 389 Seiten, mit CD-ROM

IV/19 **Thermodynamic Properties of Inorganic Materials**
Herausgeber: Lehrstuhl für Werkstoffchemie (former Theoretische Hüttenkunde), Rheinisch-Westfälische Technische Hochschule Aachen (on behalf of SGTE)
Autoren: Scientific Group Thermodata Europe (SGTE)
Teilband A: **Pure Substances. Heat Capacities, Enthalpies, Entropies and Gibbs Energies, Phase Transition Data**
Teil 1: **Elements and Compounds from AgBr to Ba_3N_2**
1999. LVII, 405 Seiten, mit CD-ROM
Teil 2: **Compounds from BeBr<g> to ZrC12<g>**
1999. LVII, 415 Seiten, mit CD-ROM
Teil 3: **Compounds from CoC13<g> to Ge_3N_4**
2000. 1636 Fig., XLVII, 409 Seiten, mit CD-ROM
Teil 4: **Compounds from HgH<g> to ZnTe<g>**
2001. 1660 Fig., XLVII, 415 Seiten, mit CD-ROM
Teilband B: **Binary Systems. Phase Diagrams, Phase Transition Data, Integral and Partial Quantites of Alloys**
Teil 1: **Elements and Binary Systems from Ag-Al to Au-Tl**
2002. 452 Fig., XXVI, 304 Seiten, mit CD-ROM
Teil 2: **Binary Systems from B-C to Cr-Zr**
2004. 280 Fig., XXVIII, 327 Seiten, mit CD-ROM
Teil 3: **Binary Systems from Cs-K to Mg-Zr**
2005. 325 Fig., XXVIII, 309 Seiten, mit CD-ROM
Teil 4: **Binary Systems from Mn-Mo to Y-Zr**
2006. 353 Fig., XXVIII, 313 Seiten, mit CD-ROM
Teil 5: **Binary Systems Supplement 1**
2007. 346 Fig., XXVIII, 365 Seiten, mit CD-ROM

IV/20 **Vapor Pressure of Chemicals**
Herausgeber: K.R. Hall
Autoren: J. Dykyj, J. Svoboda, R.C. Wilhoit, M. Frenkel, K.R. Hall
Teilband A: **Vapor Pressure and Antoine Constants for Hydrocarbons, and Sulfur, Selenium, Tellurium, and Halogen Containing Organic Compounds**
1999. VIII, 373 Seiten, mit CD-ROM
Teilband B: **Vapor Pressure and Antoine Constants for Oxygen Containing Organic Compounds**
2000. VII, 320 Seiten, mit CD-ROM
Teilband C: **Vapor Pressure and Antoine Constants for Nitrogen Containing Organic Compounds**
2001. VII,197 Seiten, mit CD-ROM

IV/21 **Virial Coefficients of Pure Gases and Mixtures**
Herausgeber: M. Frenkel, K.N. Marsh
Teilband A: **Virial Coefficients of Pure Gases**
Autoren: J.H. Dymond, K.N. Marsh, R.C. Wilhoit, K.C. Wong
2002. 80 Fig., VIII, 327 Seiten, mit CD-ROM
Teilband B: **Virial Coefficients of Mixtures**
Autoren: J.H. Dymond, K.N. Marsh, R.C. Wilhoit
2003. 125 Fig., VIII, 394 Seiten, mit CD-ROM

Group V: Geophysics

V/1 **Physical Properties of Rocks**
Herausgeber: G. Angenheister
Teilband A
Autoren: V. Czernvik, H.-G. Huckenholz, L. Rybach, R. Schmid, J.R. Schopper, M. Schuch, D. Stöftler, J. Wohlenberg
1982. 99 Fig., XVII, 373 Seiten
Teilband B
Autoren: M. Beblo, A. Berktold, U. Bleil, V. Gebrande, B. Grauen, U. Haack, V. Haak, H. Kern, H, Miller, N. Petersen, J. Pohl, F. Rummel, J.R. Schopper
1982. 462 Fig., XIX, 604 Seiten

V/2 **Geophysics of the Solid Earth, the Moon and the Planets**
Herausgeber: K. Fuchs, H. Soffel
Teilband A
Autoren: D.L. Anderson, F. Brosche, F.H. Busse, A.M. Dziewonski, E.G. Broten, R. von Herzen, I. Jackson, P. Jaule, H.-G. Kahle, H. Mälzer, R. Meissner, G. Müller, C. Prodehl, L. Rybach, G. Schneider, J. Sündermann, H. Wänke, H. Wilhelm, W. Zürn
1984. 174 Fig., XVIII, 417 Seiten
Teilband B
Autoren: W. Bosum, F.H. Busse, D.S. Chapman, H.G. Gierloff-Emden, V. Haak, H. Hagedorn, W.R. Jacoby, E.A. Lubimova, R. Pucher, H. Roeser, U. Schmucker, H. Soffel, E.D. Stacey, D. Voppel
1985. 257 Fig., XIV, 468 Seiten

V/3 **Oceanography**
Herausgeber: J. Sündermann
Teilband A
Autoren: H.G. Gierloff-Emden, N.K. Højersiev, G. Krause, H. Peters, G. Siedler, G. Weichart, P. Wille
1986. 354 Fig., XIV, 474 Seiten
Teilband B
Autoren: E. Fahrbach, H. Franz, G. Gust, M. Hantel, J. Meincke, P. M. Rhein, W. Roether, J. Willebrand
1989. 297 Fig., XIII, 398 Seiten
Teilband C
Autoren: H.G. Gierloff-Emden, G. Koslowski, L. Magaard, E. Mittelstaedt, L.A. Mysak, D. Olbers, W. Rosenthal, W. Zahel
1986. 202 Fig., XIII, 349 Seiten

V/4 **Meteorology**
Herausgeber: G. Fischer
Teilband A: **Thermodynamical and Dynamical Structures of the Global Atmosphere**
Autoren: G. Fischer, F. Herbert, R.A. Madden, M. Schlegel, P. Speth
1987. 148 Fig., XII, 491 Seiten
Teilband B: **Physical and Chemical Properties of the Air**
Autoren: S. Bakan, H. Hinzpeter, H. Höhler, R. Jaenicke, H. Jeske, M. Laube, H. Volland, P. Warneck, Ch. Wurzinger
1988. 391 Fig., XV, 570 Seiten
Teilband C1: **Climatology. Teil 1**
Autoren: D. Etling, M. Hantel, H. Kraus, C.-D. Schönwiese
1987. 133 Fig., XI, 188 Seiten
Teilband C2: **Climatology. Teil 2**
Autoren: M. Hantel
1989. 236 Fig., X, 474 Seiten

V/6 **Observes Global Climate**
Herausgeber: M. Hantel
Autoren: G. Brasseur, W. Cramer, M. Ehrendorfer, L. Emmons, M. Erhard, D. Gerten, V. Gouretski,
C. Granier, U. Haberlandt, L. Heimberger, M. Hantel, A. Hense, P. Huybrechts, R. Jaenicke, K.P. Koltermann,
M. Kottek, J. Meincke, H. Miller, A. Ohmura, E. Raschke, F. Rubel, B. Rudolf, C.-D. Schönwiese,
C. Stubenrauch
2005. 388 Fig., XXI, 567 Seiten, mit CD-ROM

Group VI: Astronomy and Astrophysics

VI/1 **Astronomy and Astrophysics**
Herausgeber: H.-H. Voigt
Autoren: L.H. Aller, K. Bahner, A. Behr, S. van den Bergh, M. Beyer, L. Biermann, E. BöhmVitense,
K.H. Böhm, S. Böhme, W. Dieckvoss, H. Elsässer, W. Fricke, W. Gliese, F. Gondolatsch, O. Hachenberg,
G. Haerendel, H. Haffner, T. Herczeg, C. Hoffmeister, L. Houziaux, R. Kippenhahn, H. v. Klüber,
G.P. Kuiper, H. Lambrecht, E. Lamla, J. Larink, W. Petri, H. Scheffler, H. Schmidt, Th. Schmidt-Kaler,
H. Siedentopf, H. Strassl, H.E. Suess, H.C. Thomas, G. Traving, A. Wachmann, M. Waldmeier,
V. Weidemann, F. Wellmann
1965. 230 Fig., XXXIX, 711 Seiten

VI/2 **Astronomy and Astrophysics**
(Erweiterung und Supplement zu Band VI/1)
Herausgeber: K. Schaifers, H.H. Voigt
Teilband A: **Methods, Constants, Solar System**
Autoren: W.I. Axford, A. Behr, A. Bruzek, J.C. Durrant, H. Enslin, H. Fechtig, W. Fricke, F. Gondolatsch,
H. Grün, O. Hachenberg, W.-H. Ip, E.K. Jessberger, T. Kirsten, Ch. Leinert, D. Lemke, H. Palme, W. Pilipp,
J. Rahe, G. Schmahl, M. Scholer, J. Schubart, J. Solf, R. Staubert, H.E. Suess, J. Trümper, G. Weigelt,
R.M. West, R. Wolf, H.D. Zeh
1981. 105 Fig., XVIII, 305 Seiten
Teilband B: **Stars and Star Clusters**
Autoren: L.H. Aller, I. Appenzeller, B. Baschek, H.W. Duerbeck, T. Herczeg, E. Lamla, F. Meyer-Hofmeister,
Th. Schmidt-Kaler, M. Scholz, W. Seggewiss, W.C. Seitter, V. Weidemann
1982. 54 Fig., XV, 456 Seiten
Teilband C: **Interstellar Matter, Galaxy, Universe**
Autoren: P. Biermann, H.H. Fink, K.J. Fricke, W. Gliese, M. Grewing, W.K. Huchtmeier, B.F. Madore,
H. Netzer, J. Rahe, H. Scheffler, L.D. Schmadel, J. Schmid-Burgk, G.A. Tammann, J. Trümper, R. Wielen,
A. Witzel, G. Zech
1982. 91 Fig., XVIII, 478 Seiten

VI/3 **Astronomy and Astrophysics**
(Erweiterung und Supplement zu Band VI/2)
Herausgeber: H.H. Voigt
Teilband A: **Instruments, Methods, Solar System**
Autoren: J.W. Baars, H. Beer, C.J. Durrant, U. Graser, B. Guinot, M. Hoffmann, U. Hopp, W.-H. Ip,
E.K. Jessberger, B. Klecker, D. Lemke, K. Meisenheimer, E. Möbius, H. Palme, I. Rabe, H.-J. Röser,
J. Schubart, R. Schwenn, J. Solf, G. Soltau, R. Staubert, R. Stewart, J. Trümper, V. Vanysek, G. Weigelt,
R. Wolf
1993. 60 Fig., XVIII, 221 Seiten
Teilband B: **Stars and Star Clusters**
Autoren: L.H. Aller, I. Appenzeller, B. Baschek, K. Butler, C. de Loore, H.W. Duerbeck, M.F. El Eid,
H.H. Fink, T. Herczeg, T. Richter, H. Schneider, M. Scholz, W. Seggewiss, W.C. Seitter, J. Trümper,
P. Ulmschneider, R. Wehrse, V. Weidemann
1996. 37 Fig., XV, 324 Seiten
Teilband C: **Interstellar Matter, Galaxy, Universe**
Autoren: P.L. Biermann, G. Börner, M. Camenzind, K.J. Fricke, B. Fuchs, R. Genzel, W.K. Huchtmeier,
H. Jahreiß, A. Just, B.F. Madore, H. Netzer, H. Schwan, B. Wiebel-Sooth, A. Witzel, H. Zimmermann
1999. 69 Fig., XX, 385 Seiten, mit CD-ROM

Group VII: Biophysics

VII/1 **Nucleic Acids**
Herausgeber: W. Saenger
Teilband A: **Crystallographic and Structural Data I**
Autoren: P.T. Haromy, W.N. Hunter, O. Kennard, W. Saenger, M. Sundaralingam
1989. 48 Fig., IX, 360 Seiten
Teilband B: **Crystallographic and Structural Data II**
Autoren: K. Aoki, S. Arnott, R. Chandrasekaran, G.A. Jeffrey, D. Moras, S. Neidle
1989. 171 Fig., X, 348 Seiten
Teilband C: **Spectroscopic and Kinetic Data. Physical Data I**
Autoren: C. Altona, J.J. Butzow, G.L. Eichhorn, H. Eisenberg, M.D. Frank-Kamenetskii, S.M. Freier, W. Guschlbauer, C.W. Hilbers, W.C. Johnson, H.H. Klump, W.L. Peticolas, Y.A. Shin, Sugimoto, D.H. Turner, J.A.L.I. Walters
1990. 134 Fig., XII, 445 Seiten
Teilband D: **Physical Data II. Theoretical Investigations**
Autoren: M. Bansal, W.R. Bauer, P.A. Kollnian, S.C. Kowalczykowski, R. Lavery, W.K. Olson, D. Porschke, A. Psoda, B. Pullman, D. Riesner, V. Sasisekharan, D. Shugar, A.R. Srinivasan, G. Steger, U. Wähnen, K.L. Wierzchowski, Chr. Zimmer
1990. 408 Fig., XIII, 486 Seiten

VII/2 **Proteins, Biochemical and Physical Properties**
Herausgeber: H.J. Hinz
Teilband A: **Structural and Physical Data I**
Autoren: G. Rihm, H. Durchschlag, G. Fermi, G.R. Hedwig, U. Heinemann, H. Hoiland, J.J. Mueller, K.M. Polyakov, S.N. Timasheff, C.-S.C. Wu, J.T. Yang
2003. 232 Fig., XI, 570 Seiten, mit CD-ROM

Group VIII: Advanced Materials and Technologies

VIII/1 **Laser Physics and Applications**
Teilband A: **Laser Fundamentals**
Teil 1
Herausgeber: H. Weber, G. Herziger, R.P. Poprawe
Autoren: H.J. Eichler, B. Eppich, J. Fischer, R. Güther, G.G. Gurzadyan, A. Hermerschmidt, A. Laubereau, V.A. Lopota, O. Mehl, C.R. Vidal, H. Weber, B. Wende
2005. 1682 Fig., XIV, 263 Seiten, mit CD-ROM
Teil 2
Herausgeber: H. Weber, G. Herziger, R.P. Poprawe
Autoren: M.G. Benedict, M. Freyberger, F. Haug, N. Hodgson, N. Kerwien, B. Kuhlow, W. Martienssen, H. Paul, G. Pedrini, D. Ristau, W.P. Schleich, M. Scholl, H.J. Tiziani, E.D. Trifonov, K. Vogel
2006. 207 Fig., XIV, 307 Seiten, mit CD-ROM
Teilband B: **Laser Systems**
Teil 1
Herausgeber: H. Weber, G. Herziger, R.P. Poprawe
Autoren: J. Beranek, M. Hugenschmidt, U. Keller, G. Marowsky, K. Rohlena, W. Seelig, P. Simon, U. Sowada, S. Szatmari, W. Schulz, J. Uhlenbusch, W. Viöl, R. Wester
2007. 143 Fig., XV, 369 Seiten, mit CD-ROM
Teilband C: **Laser Applications**
Herausgeber: R.P. Poprawe, H. Weber, G. Herziger
Autoren: D. Bäuerle, H.W. Bergmann, F. Dausinger, K. Dörchel, A. Gebhardt, M. Geiger, M. Grupp, H. Haferkamp, C. Hertzler, H. Hügel, O. Minet, M. Möhrle, G. Müller, W. O'Neill, W. Schulz, G. Sepold, H.J. Tiziani, M. Totzeck, M. Ulbricht, H. Venghaus, F. Vollertsen, H. Welling, W. Wiesemann
2004. 302 Fig., XVIII, 495 Seiten, mit CD-ROM

VIII/2 **Materials**
Teilband A: **Powder Metallurgy Data**
Herausgeber: P. Beiss, R. Ruthardt, H. Warlimont

Teil 1: **Metals and Magnets**
Autoren: V. Behrens, P. Beiss, B. Commandeur, J.J. Dunkley, H. Harada, N. Horiishi, K. Hummert,
P. Jansson, G. Kientopf, D. Lupton, B. Mais, H. Müller, R. Müller, T. Murase, H. Nagel, P. Neumann,
R. Ruthardt, L. Schneider, C. Spiegelhauer, S. Takaragi, H. Warlimont, W. Weise
2003. 471 Fig., XIV, 551 Seiten, mit CD-ROM
Teil 2: **Refractory, Hard and Intermetallic Materials**
Autoren: G. Leichtfried, G. Sauthoff, G.E. Spriggs
2002. 190 Fig., XIV, 267 Seiten
Teilband B: **Creep Properties of Heat Resistant Steels and Superalloys**
Herausgeber: K. Yagi, G. Merckling, T.-U. Kern, H. Irie, H. Warlimont
Autoren: F. Abe, W. Bendick, H. Doi, J. Hald, S.R. Holdsworth, M. Igarashi, T.-U. Kern, S. Kihara,
K. Kimura, T. Kremser, A. Lizundia, K. Maile, F. Masuyama, G. Merckling, Y. Minami, P.F. Morris,
T. Muraki, J. Orr, R. Sandstrom, J. Schubert, G. Schwass, M. Spindler, M. Tabuchi, K. Yagi, M. Yamada
2004. 464 Fig., XVI, 365 Seiten, mit CD-ROM

VIII/3 **Energy Technologies**
Herausgeber: K. Heinloth
Teilband A: **Fossil Energy**
Autoren: P. Freund, R. Ghofrani, H. Grieb, H.-J. Haubrich, K. Heinloth, H. Ishiiani, M. Kosinowski,
M. Leijon, R. Liu, C. Marx, H. Matsumoto, H. Meier-Peter, B. Probicevic, H.-W. Schiffer, S. Sone,
U. Stimining, E. Wittchow, K. Yamada
2002. 362 Fig., XVIII, 358 Seiten, mit CD-ROM
Teilband B: **Nuclear Energy**
Autoren: Z. Alkan, B. Barré, R.M. Bock, D. Campbell, W. Grätz, T. Hamacher, K. Heinloth,
D.H.H. Hoffmann, I. Hofmann, W.J. Hogan, W. Kröger, E. Kugeler, K. Kugeler, G. Logan, K. Nagamine,
C.L. Olson, H.G. Paretzke, N. Pöppe, J. Raeder, E. Rebhan, D. Reiter, U. Samm, J.E. Turner, F. Wagner,
R. Weynants, H. Wobig
2005. 416 Fig., XVIII, 602 Seiten, mit CD-ROM
Teilband C: **Renewable Energy**
Autoren: A. Bandi, W. Bogenrieder, W. Braitsch, C. Clauser, Y. Dafu, M.N. Fisch, G. Gökler, A. Goetzberger,
H. Haas, D. Hein, K. Heinloth, V. Huckemann, J. Karl, H.J. Laue, A. Neumann, E. Pürer, S. Richter,
F. Rosillo-Calle, W. Shuqing, Won-Oh Song, M. Specht, Th. Strobl, W. van Walsum, H.J. Wagner,
U. Wagner, T. Ziqin, F. Zunic
2006. 408 Fig., XXIII, 626 Seiten, mit CD-ROM

VIII/4 **Radiological Protection**
Herausgeber: A. Kaul, D. Becker
Autoren: D. Becker, G. Brix, A. Dalheimer, G. Dietze, H.R. Doerfel, K.F. Eckerman, H. Graffunder,
Y. Harima, K. Hayashi, N. Ishigure, A. Kaul, H. Klewe-Nebenius, M. Lasch, H. Paretzke, N. Petoussi-Henss,
A. Phipps, H. Smith, J.W. Stather, G.N. Stradling, D.M. Taylor, H.-G. Vogt, W. Weiss
2005. 154 Fig., XIV, 438 Seiten, mit CD-ROM

VIII/5 **Physical Properties of Liquid Crystals**
Herausgeber: V. Vill
Teilband A
Autor: S. Pestov
2003. VI, 490 Seiten, mit CD-ROM

Anhang 2. Liste aller Herausgeber und Autoren der 1. bis 6. Auflage

Herausgeber

J. Bartels	6-III
G. Beggerow	6-II/1
H. Borchers	6-IV/2
R. Börnstein	1, 2, 3, 4
P. ten Bruggencate	6-III
A. Eucken	6-I/1, 6-I/2, 6I/3
H. Hausen	6-IV/4
A.M. Hellwege	6-II/6, 6-II/7, 6-II/8, 6-II/9, 6/II/10
K.-H. Hellwege	6-I/1, 6-I/2, 6-I/3, 6-I/4, 6-I/5, 6-I/6, 6-I/7, 6-I/8, 6-I/9, 6-I/10, 6-II/6, 6-II/7, 6-II/8, 6-II/9, 6/II10
H. Landolt	1, 2
E. Lax	6-II/2, 6-II/3, 6-II/4, 6-II/7
W. Meyerhoffer	3
W.A. Roth	4,5, 5-I, 5-II, 5-III
Kl. Schäfer	6-II/1, 6-II/2, 6-II/3, 6-II/4, 6-II/5, 6-II/7
K. Scheel	5, 5-I, 5-II, 5-III
E. Schmidt	6-IV/1, 6-IV/2, 6-IV/3

Autoren

G. Åkerlof	5-II, 5-III
Th. Albrecht	3, 4
H. A. Alperin	6-II/9
L. Andrussow	6-II/5a
W. v. Angerer	6-I/1
R. Appel	6-II/7
W.R. Argus	6-II/10
K. Arndt	4, 5
G. Asch	6-II/9
W. Auer	6-II/1, 6-II/4
F. Auerbach	3
D. Aufhauser	5-I, 5-II, 5-III
K. Bädeker	3, 4
H.D. Baehr	6-II/4
H. Banse	5-III
J. Bartels	6-III
C. Barus	2
O. Bauer	3, 4, 5, 5-I, 5-II, 5-III
R. Baumann	5, 5-I
R. Bechmann	6-II/6, 6-II/8
H. Bechtel	6-IV/2c
Fr. Becker	6-III
W. Becker	6-III
E. Beger	6-II/3
G. Beggerow	6-II/1
H. Behnken	5, 5-I, 5-II, 5-III
W. Bein	3, 4, 5, 5-I, 5-II, 5-III
G. Berndt	5-I, 5-II, 5-III
R. Berthold	6-IV/3
W. Bettger	5-III
M. Beyer	6-III
R. Bierl	6-IV/1
L. Biermann	6-I/1, 6-III
W. Biltz	6-I/4
A. Blaschke	2, 3, 4, 5
K.-H. Bode	6-II/5b
C.F. Bonhoeffer	5
B. Boonstra	6-IV/1
H. Borchers	6-IV/2a
F. Bosnjakovic	6-IV/4a, 6-IV/4b
W. Bottger	4, 5, 5-I, 5-II
H. Böttger	3, 4
K. Bratzler	6-II/3, 6-II/4
P. Brix	6-I/5
G. Brück	6-I/3
H. Brückner	5-III
J.W. Brühl	3
G. Bruni	3, 4
W. Bulian	6-IV/2c
E.C. Bullard	6-III
K. Bungardt	6-IV/2a.c
F. Burhorn	6-II/4
F. Burmeister	5-II, 5-III, 6-III
A. Busch	6-II/2a
U. Cappeller	6-I/1, 6-I/5, 6-II/8
W. Carius	6-IV/2a
H. Cassel	5
S. Chapman	6-III
J.A. Christiansen	5-II
W. Claussnitzer	6-IV/3
K. Clusius	5-II, 5-III
K. Cruse	6-II/7
W. Dammann	6-III
J. D'Ans	6-II/1, 6-II/2b, 6-II/2c
E.S. Dayhoff	6-II/9
P. Debye	6-I/2
H. Dember	5, 5-I, 5-II
A. Denizot	3, 4
H.W. Dettner	6-IV/2b
G. Dickel	6-II/5b
W. Diekvoss	6-III
W. Dieminger	6-III
W. Dienemann	6-IV/4a
G. Dietrich	6-III
A. Dietzel	6-II/3
J. F. Dillon	6-II/9

Th. Dingmann	5-I, 5-II, 5-III	F.W. Götz	6-III
F. Dolezalek	3, 4	R. Grau	5-II
R. Doll	6-II/6	G. G. Grau	6-II/1, 6-II/2a, 6-II/3, 6-II/5b, 6-II/7
W. Döring	6-I/1, 6-I/4		
H. Dörmann	6-III	H. Greinacher	4
Th. Dreisch	5-I, 5-II, 5-III	T. Grewer	6-II/5b
P. Drossbach	6-II/7	K. Grimm	3
C. Drucker	5-II, 5-III	I. Grohmann	6-II/9
H. Ebert	5-II, 5-III, 6-II/1, 6-IV/4a	W. Grotrian	5, 5-I, 5-II, 5-III
L. Ebert	6-III	E. Grüneisen	5-I
J.L. von Eichborn	6-II/3	H. Grüss	5
J. Eisenbrand	5-II	E. Gumlich	3, 4, 5, 5-I
F. Eisenlohr	4, 5, 5-I, 5-II, 5-III	W. Gumz	6-IV/4a, 6-IV/4b
J.C. Eisenstein	6-II/9	S. Günther	6-III
W. Eitel	6-II/3	K. Gürs	6-IV/2c
M. El-Dessouky	6-IV/4a, 6-IV/4b	U. Gürs	6-IV/2c
E. vom Ende	6-IV/1	B. Gutenberg	6-III
J. Endell	6-IV/1	W.P.A. Haas	6-II/9
S. Erk	5-I, 5-II, 5-III	G. Haberl	6-IV/2a
Th. Ernst	6-I/4	H. Haffner	6-III
A. Eucken	5, 5-I, 5-II, 5-III	H.V. Halban	5, 5-I, 5-II, 5-III
P.P. Ewald	5, 5-I, 5-II	E. Hanke	6-IV/2a
A. Faessler	6-I/4	W. Hanle	5-III, 6-I/1
G. Falckenberg	6-III	W. Hansen	6-III
H. Falkenhagen	6-II/7	L. Harang	6-III
J. Favède	6-II/10	P. Harteck	6-I/3
A.W. Fink	6-II/6	H. Hartmann	6-I/3
W. Fischer	5-III, 6-I/4, 6-II/1	H. Hausen	6-IV/4a, 6-IV/4b
A. Flammersfeld	6-I/5	E.T. Hayes	6-IV/2b
R. Fleischer	5-III	Fr. Hecht	6-III
H. Flohn	6-III	G. Heiland	6-II/6
V.J. Folen	6-II/9	E. Hellborn	2
E.U. Franck	6-I/1, 6-I/2, 6-II/5b	W. Helling	6-IV/2c
H. Franck	6-I/5	A.M. Hellwege	6-I/3, 6-I/4, 6-II/8
F. Franssen	6-IV/2b	F.A. Henglein	5, 5-I, 5-II, 5-III
R. Frerichs	5-III	Fr. Henning	3, 4, 5, 5-I, 5-II, 5-III
W. Fricke	6-III	F. Hensel	6-II/5b, 6-IV/4a, 6-IV/4b
W. Friedrich	6-III	C. Hermann	5-I, 5-II, 5-III
F.H. Friedrich	6-IV/2a	E. Hertel	6-I/4
W. Fritz	6-IV/1, 6-IV/4a, 6-IV/4b	W. Herz	4, 5, 5-I, 5-II
R. Fürth	5, 5-I, 5-II, 5-III	W. Heuse	4
Th. Gast	6-II/6	A. Heydweiller	4
E. Gast	6-II/6	E. Heyn	3
W. Geffken	6-IV/3	F.W. Hinrichsen	3
E. Gehrcke	3, 4, 5	W. Hinrichsen	4
R. Geiger	6-III	T. Hirone	6-II/9
J. Geiss	6-I/5	J. Hoarau	6-II/10
K.H. Gelb	5-III	H.H. Hoff	6-IV/2a
W. Gerlach	5, 5-I, 5-II, 5-III	C. Hoffmeister	6-III
E. Giebe	5-III	M. Höhn	6-II/9
K. Giesen	6-IV/2a, 6-IV/2b	L. Holborn	3, 4, 5, 5-I
L.C. Glaser	5	H. Holetzko	6-IV/2b
R. Glocker	5, 5-I, 5-II, 5-III, 6-I/1, 6-IV/3	I. Hölzel	6-II/5b
		F. Hölzl	5-II, 5-III
A. Goetz	5-I, 5-II, 5-III	O. Hönigschmid	5, 5-I, 5-II, 5-III
F.K. von Göler	5-III	A. Höpfner	6-II/1
J.B. Goodenough	6-II/9		
C.J. Gorter	6-II/9		

J. Hopmann	6-III	A. König	6-III
V. Horn	5-I	H. Kopfermann	6-I/5
W. Horn	6-III	A. Kopff	6-III
R. Houwink	6-IV/1	J. Koppel	3, 4, 5, 5-I, 5-II, 5-III
St. Hüfner	6-II/9	S. Koritnik	6-I/4, 6-II/8
F. Hulliger	6-II/6	W. Kossel	5, 5-I, 5-II, 5-III
L. Hütter	6-IV/2a	R. Kremann	4, 5, 5-I
H. Israel	6-III	C.J. Kriessmann	6-II/9
H.R. Jacobi	6-IV/1	O. Krischer	6-IV/4a, 6-IV/4b
R. Jaeger	5, 5-I, 5-II, 5-III, 6-IV/3	Th. Kristen	6-IV/1
R. Jaggi	6-II/6, 6-II/9	H. Krüger	6-I/4
M. Jakob	5, 5-I, 5-II, 5-III	A. Kruis	6-II/2b, 6-IV/4a, 6-IV/4c1, 6-4c2
D. Jänchen	6-II/2c		
E. Jänecke	4, 5	O. Kubaschewski	6-II/2b, 6-II/4, 6-II/5b
H. Jensen	6-III	I. Küchler	6-II/5b
R.V. Jones	6-II/9	W. Kuhn	6-I/3, 6-II/8
G. Joos	6-I/1, 6-I/3	H. Kunz	6-IV/4a
P. Jordan	5-I	A. Kussmann	5-II, 5-III
W.P. Jorissen	3, 4, 5, 5-I	R. Küster	6-II/8
J. Joseph	6-III	W. Küster	6-IV/4a, 6-IV/4b
W. Jost	6-II/6	C. Kux	6-II/2a, 6-II/2c, 6-IV/1, 6-IV/4a, 6-IV/4b
K. Jung	5-II, 5-III, 6-III		
Ch. Junge	6-III	H. Kyri	6-IV/2c
G. Just	3, 4	R. Lacmann	6-II/1
G. Kalb	5-III	R. Ladenburg	5, 5-I, 5-II, 5-III
K. Kalle	6-III	P. Lagally	6-IV/1
W. Kangro	5-II, 5-III	H. Lämmermann	6-II/9
W. Kast	6-II/2a, 6-IV/3	G. Langbein	3
E. Kaufmann	6-II/2c	E. Lange	5-III
H. Kayser	2, 5-I, 5-II	K. Larcha	5-III
B. Kaysselitz	6-IV/2b	J. Larink	6-III
K. Keil	6-III	T. Larsén	6-II/8
G. Kelbg	6-II/7	H. Lau	6-IV/3
K. Kellermann	5-I, 5-II, 5-III	H.J. Laue	6-IV/2c
F. Kerkhoff	6-I/2	E. Lax	6-IV/1, 6-IV/3
W. Kertz	6-III	G. Leibfried	6-I/4
H. Kienitz	6-II/4	O. Leithäuser	4
F. Kirchner	5-II, 5-III, 6-I/1	E. Less	2
O. Kirsch	5-II, 5-III	H. Lettau	6-III
U. Kleinheyer	6-IV/2a	R.N. Lichtenthaler	6-II/1
A. Klemenc	6-II/2a	O. Liesche	5, 5-I
W. Klemm	6-I/1, 6-I/3	H. Lindemann	5-II
K.-H. von Klitzing	6-IV/3	O. Lindig	6-II/8
H. von Klüber	6-III	A. Loebenstein	6-I/3
W. Kluge	6-II/6	O. Loebich	6-IV/2b
O. Knacke	6-II/5b	A. Lompe	6-IV/3
E. Kneller	6-II/9	L. Lorenz	5-II
K. Knoch	6-III	Fr. Lösch	6-II/4
P.-A. Koch	6-IV/1	R. Loudon	6-II/9
A. Kofler	6-II/3	L. Löwenherz	2
W. Kohl	6-II/2a	K. Lübben	5, 5-I
E. Kohlhaas	6-IV/2a	G. Lucas	6-IV/2a
R. Kohlhaas	6-IV/2a	O. Lummer	3
M. Köhn	6-III	H. Lundén	4, 5, 5-I
Ph. Kohnstamm	3	O. Madelung	6-II/9
R. Kollath	5-III, 6-II/6	W. Mahler	6-IV/2c
F. Kollmann	6-IV/1		
J.M. Kolthoff	5-II		

A. Mahlke	3, 4, 5	H. Poltz	6-IV/4a
W. Maier	6-I/2, 6-I/3, 6-II/6, 6-II/8	Th. Posner	4
H. Maier-Leibnitz	6-I/5	N.J. Pouls	6-II/9
M. Marckwald	2	B. Prager	3
F.F. Martens	3, 4, 5	K. Przibram	5-II, 5-III
H. Martin	6-I/3, 6-II/8	W. Rädeker	6-IV/2a
A. Martinengo	6-IV/4a, 6-IV/4b	O. Redlich	5-II, 5-III
J. Mattauch	5-III, 6-I/5	E. Regener	4, 5, 5-I
A. Matting	6-IV/2c	H. Reich	6-I/5
A. May	6-II/2b	W. Reinsch	6-IV/2b
T.R. McGuire	6-II/9	W. Reusse	5-III
R. Mecke	6-I/2, 6-I/3	L. Riedel	6-II/5b, 6-IV/4a, 6-IV/4b
W. Meidinger	6-IV/3	E. Rimbach	2
W. Meissner	5-I, 5-II, 5-III, 5, 6-II/6	R. Ritschl	5-III
S. Methfessel	6-II/9	F. Ritter	3, 6-IV/2c
A. Meyer	6-II/9	K. Roesch	6-IV/2a
F.R. Meyer	6-IV/2c	F. Roll	6-IV/2a
G. Meyer	3, 4, 5, 5-I, 5-II, 5-III	B. Rosen	5-II, 5-III
R. Meyer	6-III	P. Rosenfeld	5-II, 5-III
St. Meyer	5, 5-I, 5-II, 5-III	M. Rössiger	6-III
U. Meyer-Berkhout	6-I/4	W. Rostoker	6-IV/2b
G. Meyerhoff	6-II/2a	W. A. Roth	3
L. Meyer-Schützmeister	6-I/5	R. Rothe	3
W. Mialki	6-IV/2c	V. Rothmund	3, 4, 5, 5-I
E. Moles	5-I, 5-II, 5-III	H. Rubens	3, 4, 5
K. Molière	6-I/4	M. Ruck	6-II/8
F. Möller	6-III	J. Ruge	6-IV/2c
E. Mollwo	6-II/6	E. Ruhl	6-IV/4a, 6-IV/4b
E. Mönch	6-II/8	E. Ruhtz	6-II/2a
R. Mosebach	6-II/2b	A. Sachs	3
H. Müller	6-I/5	G. Sachs	5-I, 5-II
M. Näbauer	6-II/6	O. Sackur	4
A. Neckel	6-II/2a, 6-II/4	R. Sahmen	5
H. Nelkowski	6-II/4	C. Sandonnini	4
G. Neumayer	2	A. Saur	6-I/1, 6-I/3
E. Noack	5-II, 5-III	G. Saur	6-IV/2b, 6-IV/2c
F. Nusser	6-III	Kl. Schäfer	6-II/1, 6-II/2a, 6-II/3, 6-II/4, 6-II/5b
J. Nyström	6-II/6		
R. Ochsenfeld	6-IV/3	K. Scheel	2, 3, 4
J. Otto	5-II, 5-III, 6-II/1, 6-IV/4a	K.H. Scheffler	6-IV/2a
A. Pacault	6-II/10	G. Scheibe	6-I/3
H. Pajenkamp	6-I/2, 6-I/3	R. Schenck	3
H. Parthey	6-II/5b	L. Schiller	6-IV/1
R. Paschen	5	G. Schinke	6-IV/1
W. Paul	6-I/5, 6-II/1	A. Schleede	6-IV/3
E. Pelzel	6-IV/2b	F. Schmeissner	6-II/6
W. Pelzel	6-IV/2b	E. Schmid	6-IV/3
R. Penndorf	6-III	A. Schmidt	3, 4, 5, 5-I
M. Pestemer	6-I/3	E. Schmidt	6-IV/4a
S. Peter	6-IV/1	E. Schmutzler	6-II/7
C.W. Pfannenschmidt	6-IV/2a	F. Schnaidt	6-III
W. Pfeffer	6-II/9	B. Schneider	6-II/9
H. Philipp	4, 5, 5-I, 5-II	E. Schoenberg	6-III
K. Philipp	6-I/5	H. Scholze	6-II/3
H. Pick	6-I/4, 6-II/8	H. Schönborn	6-IV/1
S J. Pickart	6-II/9	O. Schönrock	2, 3, 4, 5, 5-I, 5-II, 5-III
J.D. van der Plaats	3, 4		
G. Pogade	6-III		

A. Schöntag	6-I/3	H. Ulich	5-II, 5-III
H. Schopper	6-II/8	F. Ulm	6-IV/2a
B. Schramm	6-II/5a	Fr. Umland	6-II/1
W. Schröck-Vietor	6-I/4	A. Unsöld	6-III
G.V. Schulz	6-IV/1	S. Valentiner	4, 5, 5-I, 5-II, 5-III, 6-II/1, 6-II/2a
P. Schulz	6-IV/3, 6-IV/3	L.C. van der Marel	6-II/9
A. Schulze	6-III, 6-IV/3	H. Vasatko	6-IV/4a, 6-IV/4b
W.O. Schumann	5, 5-III	O. Vaupel	6-IV/3
K. Schuster	6-IV/1	D. Vincent	6-I/5
C. Schusterius	6-IV/1, 6-IV/3	R. Vogel	6-II/3
F. Schütt	2	G. Vogelpohl	6-IV/1
H. Seidel	6-I/2, 6-I/3, 6-I/4	E. Vogt	6-II/9
H. Seifert	5-I	H. Vogt	6-III
W. Seite	5-III	K.E. Volk	6-IV/2b
W. Seitz	5, 5-I, 5-II	A. Wachmann	6-III
H. Siedentopf	6-III	A. Wacker	6-II/3
Ph. Siedler	6-IV/1	G. Wagner	5-I, 5-II, 5-III
F. Simon	5-I, 5-II	H.G. Wagner	6-II/6, 6-IV/4a, 6-IV/4b
W. Simon	6-IV/2c	P. Walden	5-I, 5-II, 5-III
K. Sitte	5-III	M. Waldmeier	6-III
A. Sittkus	6-I/5	H.J. Wallbaum	6-IV/2b
S. Skraup	5, 5-I	B. Wanach	5, 5-I
J.S. Smart	6-II/9	H. von Wartenberg	4, 5, 5-I, 5-II
R. Sommerhalder	6-II/9	G. Weber	6-II/9
H. Sponer	5-II, 5-III	R. Weber	6-IV/2c
M.V. Stackelberg	5-II	H.H. Weigand	6-IV/2c
J. Stauff	6-II/3	F. Weigert	3, 4, 5
W. Steinhaus	5-II, 5-III	H. Weik	6-IV/2c
E.G. Steinke	6-I/5	J. Weiler	5-III
H. Steinle	6-IV/4a	B. Weinstein	2
H. von Steinwehr	3, 4, 5, 5-I	H. Weiss	6-II/6
K. Stelzner	3	K. Weiss	6-II/6
U. Stille	6-I/1, 6-II/1	G. Weitzel	6-II/3
A. Stirm	4	H. Welker	6-II/6
K. Stöckl	3, 4, 5	G. Wentzel	5, 5-I
F. Stöckmann	6-I/4	H. Westphely	6-IV/4a
F.W. Strassburg	6-IV/2a	H. Weyerer	6-IV/3
H. Strassl	6-III	E. Wicke	6-I/1, 6-I/2, 6-I/3
H. Strehlow	6-II/7	H.F. Wiebe	3, 4
K. Strnat	6-IV/2c	R. Wienecke	6-II/4
H. Stuart	5-II, 5-III, 6-I/1, 6-I/2, 6-I/3, 6-II/6, 6-II/8	J.S. vanWieringen	6-II/9
K. Stumpff	6-III	R. Wildt	6-III
H.E. Suess	6-III	A. Winkelmann	3
R. Suhrmann	6-I/4	H. Winkler	6-III
G. Szivessy	5-II, 5-III	H. Wirth	6-IV/4a, 6-IV/4b
E. Tams	6-III	H. Wittig	5-III
L. Teichmann	5-II	K. Wohl	5-II, 5-III
H. Tertsch	4, 5, 5-I, 5-II, 5-III	H.C. Wolf	6-II/9
W. Thomas	6-IV/4a	K. Wurm	6-III
C. Tingwaldt	6-IV/4a	H. Zeininger	6-II/5b
K. Töheide	6-II/5b, 6-IV/4a, 6-IV/4b	K. Zeise	5-III
H. Traube	2	H. Zeisler	6-IV/2c
W. Traube	2	L. Zipfel	5, 5-I
E. Treacey	6-II/9		
J. Troe	6-IV/4a, 6-IV/4b		
E. Truscheit	6-II/6		
C. Tubandt	5-I, 5-II, 5-III		

Anhang 3. Liste aller Herausgeber und Autoren der Neuen Serie

Herausgeber

G. Angenheister	V/1
W.H. Baur	IV/14
D. Becker	VIII/4
P. Beiss	VIII/2A
D. L. Beke	III/33
H.P. Bonzel	III/42
J. Bortfeldt	UFC
K. Cenzual	III/43
G. Chiarotti	III/24
H. Chihara	III/39
G. Effenberg	IV/11
G. Fischer	V/4
H. Fischer	II/9, II/13, II/17, II/18, II/26
R.X. Fischer	IV/14
R. Flükiger	III/21
M. Frenkel	IV/8I,J, IV/21
K. Fuchs	V/2
A. Goldmann	III/23A...C
G. Guelachvili	II/20
R.R. Gupta	II/27, II/35
K.R. Hall	IV/8D...H,20
M. Hantel	V/6
K. Heinloth	VIII/3
A.M. Hellwege	I/1, II/1, II/2, II/3, II/4, II/5, II/6, II/7, II/8, II/10, II/11, II/12, II/13, II/14, II/15, II/16, III/1, III/2, III/3, III/4, III/5, III/6, III/7, III/8, III/9, III/10, III/11, III/12, III/14, III/16, III/18, III/20, III/31
K.-H. Hellwege	I/1, II/1, II/2, II/3, II/4, II/5, II/6, II/7, II/8, II/10, II/11, II/12, II/13, II/14, II/15, II/16, III/1, III/2, III/3, III/4, III/5, III/6, III/7, III/8, III/9, III/10, III/11, III/12, III/13, III/14, III/15A,B, III/16, III/18, III/20, III/31
G. Herziger	VIII/1
H.J. Hinz	VII/2
W. Hüttner	II/19, II/24
S. Ilyenko	IV/11
H. Irie	VIII/2B
Y. Itikawa	I/17
E. Kasper	III/34C3
A. Kaul	VIII/4
Y. Kawazoe	III/37
H.V. Kehiaian	IV/10, IV/13
T.U. Kern	VIII/2B
C. Klingshirn	III/34C
W. Klose	III/21
E.-E. Koch	III/23A
B. Kramer	UFC, III/34B,C1,2
K. Kuchitsu	II/21, II/23, II/25, II/28
M.D. Lechner	III/16, III/18, III/35, III/38, IV/9, IV/15
O. Madelung	SI93, CI96, III/15C, III/17A,B,E...I, III/22A,C...E, III/41C,D,E, IV/5, IV/6
K.N. Marsh	IV/8
W. Martienssen	CI96
T. Masumoto	III/37
G. Merckling	VIII/2B
H. Mehrer	III/26
T. Mitsui	III/28, III/36
N. Nakamura	III/28, III/36
D.E. Nelson	III/29,30
J.L. Olsen	III/13, III/15A,B
R.P. Poprawe	VIII/1
B. Predel	IV/12
P. von Ragué Schleyer	II/22
U. Rössler	III/41A1,B
R. Ruthardt	VIII/2A
W. Saenger	VII/1
Kl. Schäfer	IV/1, IV/2, IV/4
K. Schaifers	VI/2
H. Schopper	I/2, I/3, I/4, I/5, I/6, I/7, I/8, I/9, I/10, I/11, I/12, I/13, I/14, I/16, I/18, I/19, I/20
M. Schulz	III/17C,D,I, III/22B, III/41A2
Y. Shiozaki	III/36
H. Soffel	V/2
J. Sündermann	V/3
M. Tanimoto	II/28
J. Thiem	IV/7
A.-P. Tsai	III/37
H. Ullmaier	III/25
V. Vill	IOC-A..I, VIII/5
P. Villars	III/43
N. Vogt	II/28
H.H. Voigt	VI/1, VI/2, VI/3
H. Warlimont	VIII/2A,B
H. Weber	VIII/1
H. Weiss	III/17C,D,I
G.K. White	III/15C
H.P.J. Wijn	III/19, III/27, III/32
K. Yagi	VIII/2B

J.-Z. Yu	III/37	F. Bayer-Helms	UFC-A
		M. Beblo	V/1B
Autoren		R. Bechmann	III/1,2
		D. Becker	VIII/4
F. Abe	VIII/2B	A.L.J. Beckwith	II/13A, II/18A, II/26A1
M. Abe	III/3	H. Beer	VI/3A
N. Achiwa	III/19D1	G. Beggerow	IV/2, IV/4
K. Adachi	III/19A, III/27A	A. Behr	VI/1, VI/2A
M. Adachi	III/16A,B, III/28A,B,	H. Behrens	I/4
	III/36A1,A2,B1,B2,C	V. Behrens	VIII/2A1
S. Adachi	III/41A1β	P. Beiss	VIII/2A1
W. Adam	II/26B	D.L. Beke	III/33A,B1
E. Agostinelli	III/27D	T.S. Belanovat	I/16A2
H. Ahlers	UFC-A	W. Bendick	VIII/2B
T. Aihara Jr.	III/37A	M.G. Benedict	VIII/1A2
F. Ajzenberg-Selove	I/1	F. Benire	III/33B1
Y. Akishige	III/28A,B,	J. Beranek	VII/1B1
	III/36A1,A2,B1,B2,C	R. Bergeest	UFC-A
G. Albanese	III/27G	W. Bergholz	III/22B
A. Alberti	II/26D	H.W. Bergmann	VIII/1C
Yu.A. Alexandrov	I/16A1	A. Berktold	V/1B
Z. Alkan	VIII/3B	A. Berndt	II/9B,D1, II/17C,F
P. Alkemade	III/24C	G. Bertotti	III/19I1
C.E. Allen	III/33A,B1	M. Beyer	VI/1
L.H. Aller	VI/1, VI/2B, VI/3B	A.S. Bhalla	III/18, III/29B
R. Allmann	III/7A...H	M. Bienfait	III/42A1
E.I. Altman	III/42A1	L. Biermann	VI/1
C. Altona	VII/1C	P. Biermann	VI/2C, VI/3C
C.A.J. Ammerlaan	III/22B, III/41A2	D. Bimberg	III/17A,I
D.L. Anderson	V/2A	R. Blachnik	III/17A, III/41A1β,B
K. Aoki	VII/1B	W. Blanke	UFC-A
H. Appel	I/3	U. Bleil	V/1B
I. Appenzeller	VI/2B, VI/3B	W.R. Blevin	UFC-B
B.R. Arnold	II/18E2	L. Bliek	UFC-A,B
S. Arnott	VII/1B	A.I. Blokhin	I/16A2
R.R. Arons	III/12C, III/19D1	R.M. Bock	VIII/3B
T. Asahi	III/36A1,A2,B1,B2,C	H.-P. Boehm	III/7A...H
K.-D. Asmus	II/13B, II/18B	W. Bogenrieder	VIII/3C
W.I. Axford	VI/2A	M. Böhm	III/17H
J. Baars	III/17D, VI/3A	K.H. Böhm	VI/1
H. Bachmair	UFC-A,B	S. Böhme	VI/1
K. Bahner	VI/1	E. Böhm-Vitense	VI/1
S. Bakan	V/4B	M. Bonifacic	II/13B, II/18B
H. Bakker	III/26	D. Bonnenberg	III/4B, III/12B,C,
E.V. Balandina	I/18A		III/19A,I2
M. Balasubramanian	III/35B	H.P. Bonzel	III/26, III/42A1,A4
A. Baldini	I/12A,B	J.G. Booth	III/19B, III/32B
A. Bandi	VIII/3C	G. Börner	VI/3C
M. Bansal	VII/1D	J. Bortfeldt	UFC-A
C. van Barneveld	II/26B	W. Bosum	V/2B
B. Barré	VIII/3B	E.L. Boyd	III/4B
B. Baschek	VI/2B, VI/3B	V.A.M. Brabers	III/27D
J. Bass	III/15A,B	H. Bracht	III/33A, III/41A2
H. Bauer	UFC-A	A.M. Bradshaw	III/24D
W.R. Bauer	VII/1D	W. Braitsch	VIII/3C
D. Bäuerle	VIII/1C	G. Brasseur	V/6
C. Bauhofer	IOC-D...I		
W.H. Baur	IV/14B...D		

E. Braun	UFC-A,B		III/30A
H.F. Braun	III/21A	J.W. Cooper	I/17A
G. Brix	VIII/4	F. Corvi	I/16C
F. Brosche	V/2A	A.E. Cracknell	III/13C
I. Broser	III/17B	W. Cramer	V/6
R. Broser	III/17B	R. Crockett	II/18A
E.G. Broten	V/2A	V. Czernvik	V/1A
H.F. Brown	III/21D	J. Daams	III/43A1...A4
I.M. Brown	II/14B, II/19D2, II/24D	Y. Dafu	VIII/3C
W.A. Brown	III/42A3	A. Dalheimer	VIII/4
C.M. Bruff	III/26, III/33A,B1	T. Dalibor	III/41A2
S. Brumby	II/18A	J. D'Ans	IV/1
H. Brune	III/42A1	C. Daul	II/17A
A. Brusegan	I/16C	F. Dausinger	VIII/1C
A. Bruzek	VI/2A	A.G. Davics	II/9C2
G. Bucher	II/18E2	M.A. Dayananda	III/26
I. Buck	II/6,7	H. de Boer	UFC-A
S.J. Buckman	I/17A	C. de Loore	VI/3B
E. Burzo	III/19D2,I2, III/27F1α,F1β,	P.J. Dean	III/17A
	III/27H,I1,I3,I4,I5α	K. Debertin	UFC-A
F.H. Busse	V/2A,B	P.H. Dederichs	III/13A
K. Butler	VI/3B	K. Deguchi	III/28A,B, III/36A1,A2,
J.J. Butzow	VII/1C		III/36B1,B2,C
J. Bystricky	I/9A	J. Demaison	II/6, II/14A,B, II/19A...C,
C. Calandra	III/24B		II/24A,B,C2
B.A. Calhoun	III/4B	R. Denecke	III/42A4
J.H. Callomon	II/7, II/15	Q. Deng	IV/8J
M. Camenzind	VI/3C	V.V. Deriglazov	I/16B
D. Campbell	VIII/3B	A. Deriu	III/27G
D.W. Capone II	III/21A	G. Deuschle	II/17E
M. Cardona	III/17A	R.P. Devaty	III/41A1β,A2
P.J. Carlson	I/6, I/7, I/9A	F.M. d'Heurle	III/33A
V. Celli	III/24C	M.P. Dhobal	III/35D4
A.V. Chadwick	III/33B1	A.N. Diddens	I/6, I/7
H.C. Chandra	II/17H	W. Dieckvoss	VI/1
R. Chandrasekaran	VII/1B	R. Diehl	III/42A1
D.S. Chapman	V/2B	G. Dietze	VIII/4
F. Charra	III/30B	W. Dietze	III/17C
G. Chelkowska	III/32D	H. Dittrich	III/41E
A. Chelkowski	III/19D2,E2, III/27J2	M.P. Dobhal	III/35C3
T.C. Chiang	III/23A	H.R. Doerfel	VIII/4
P. Chiaradia	III/24D	E. Doering	III/17C
G. Chiarotti	III/24A...D	J.K. Dohrmann	II/13E, II/18E1
H. Chihara	III/20A...C, III/31A,B,	H. Doi	VIII/2B
	III/39	Q. Dong	IV/8I
R.D. Chirico	IV/8I,J	K. Dörchel	VIII/1C
M.M. Choy	III/11	P. Drath	UFC-A
K. Christmann	III/42A5	H. Drulis	III/19D1, III/32D
J. Chu	III/41B	M. Drulis	III/19D1, III/32D
R.F.C. Claridge	II/18A,E1, II/26A1	V. Dubensky	III/43A1...A5
R. Clasen	III/17F, III/41C	A. Dubrulle	II/14A,B
C. Clauser	VIII/3C	H. Duddeck	III/35E,G
B. Clerjaud	III/22B	H.W. Duerbeck	VI/2B, VI/3B
E.R. Cohen	UFC-B	J.S. Dugdale	III/15B
R. Colella	III/24D	J.J. Dunkley	VIII/2A1
H.R. Collard	I/2	H. Durchschlag	VII/2A
B. Commandeur	VIII/2A1		
W.R. Cook jr.	III/11, III/18, III/29B,		

J.C. Durrant	VI/2A, VI/3A	R. Flükiger	III/21A...E
M.B. Dutt	III/33A	A. Föhlisch	III/42A4
J. Dykyj	IV/20A,B,C	C.L. Foiles	III/15B
J.H. Dymond	IV/21A,B	V.I. Fominykh	I/18C
A.M. Dziewonski	V/2A	V.Yu. Fonomarev	I/18A
W. Eck	III/42A4	J.-C. Fontaine	IV/10A,B, IV/13A1
P. Eckerlin	III/6	A.R. Forrester	II/9C1,D2, II/17D1,D2,H
K.F. Eckerman	VIII/4	K.H. Frank	III/23A
M. Ehrendorfer	V/6	M.D. Frank-Kamenetskii	VII/1C
F. Ehrhart	III/25	J.J.M. Franse	III/19A,F1
G.L. Eichhorn	VII/1C	H. Franz	V/3B
H.J. Eichler	VIII/1A1	S.M. Freier	VII/1C
I. Eisele	III/17I	M. Frenkel	IV/8A...J, IV/20A...C
H. Eisenberg	VII/1C	H.J. Freund	III/23A, III/42A5
B. Eisenmann	III/14A,B1,B2	P. Freund	VIII/3A
M.F. El Eid	VI/3B	M. Freyberger	VIII/1A2
M.T. Elford	I/17A	W. Freyland	III/17E
H. Elsässer	VI/1	G. Fricke	I/20
L.R.B. Elton	I/2	K.J. Fricke	VI/2C, VI/3C
O. Emmert	II/26B	W. Fricke	VI/1, VI/2A
L. Emmons	V/6	D. Fruchart	III/19C
M. Enachescu	III/42A3	R. Fruchart	III/19C
Y. Endoh	III/19G, III/27F3	B. Fuchs	VI/3C
K. Enke	III/12A	F. Fuchs	III/41A1β
H. Ennen	III/22B	W.I. Fuhrman	I/16A1
H. Enslin	VI/2A	W. Fuhs	III/17I
B. Eppich	VIII/1A1	K. Fukamichi	III/19I1
W. Erb	UFC-A	Y. Furuhata	III/3
G. Erdelyi	III/33A,B1	T. Furukawa	III/36B1,B2,C
M. Erenkel	IV/8C	N. Gadalla	IV/8B,C
M. Erhard	V/6	R.R. Galazka	III/17B, III/41B
D. Etling	V/4C1	S.V. Gaporensky	III/34C2
A.G. Every	III/29A	P. Gas	III/33A
V.V. Ezhela	I/14	A. Gebhardt	VIII/1C
E. Fahrbach	V/3B	M. Gebhardt	III/8
A. Fasolino	III/24A	V. Gebrande	V/1B
A. Fasso	I/11	R. Geick	III/27J3
F. Faupel	III/33B1	M. Geiger	VIII/1C
E. Fawcett	III/13B	H. Genzel	I/8
A. Fechner	III/34B1	R. Genzel	VI/3C
H. Fechtig	VI/2A	R. Gersdorf	III/19A,F1
A.R. Ferchmin	III/19H,I1	D. Gerten	V/6
G. Fermi	VII/2A	K. Gesi	III/3, III/9, III/16A,B, III/28A,B, III/36A1,A2, III/36B1,B2,C
J.E. Fieberg	III/42A3		
H.H. Fink	VI/2C, VI/3B		
H.-O. Finke	UFC-A	J. Geurts	III/41B
H. Finkenrath	III/17B	R. Ghofrani	VIII/3A
D. Fiorani	III/27D	G. Giacomelli	I/6,7
E. Fiorillo	III/19I1	P. Giannozzi	III/41A2
M.N. Fisch	VIII/3C	H.G. Gierloff-Emden	V/2B, V/3A
G. Fischer	V/4A	A.L. Giorgi	III/21A,D
H. Fischer	II/1, II/9A,B, II/13A, II/17A	R. Gladyshevskii	III/43A1...A5
		M. Gläser	UFC-A
J. Fischer	VIII/1A1	P. Glasow	III/17C,D
K.H. Fischer	III/15A	W. Gliese	VI/1,2C
R.X. Fischer	IV/14B...D	I.A. Gnilozub	I/18A
V. Flaminio	I/12A,B, I/14		
J. Fleischhauer	III/12A		

K. Goebel	I/11	D. Haidt	I/10
A. Goetzberger	VIII/3C	J. Hald	VIII/2B
G. Gökler	VIII/3C	K.R. Hall	IV/8D...H, IV/20A...C
A. Goldmann	III/23A,B,C1,C2	E.E. Haller	III/41A2
A. Goltzené	III/17E	T. Hamacher	VIII/3B
F. Gondolatsch	VI/1, VI/2A	R.J. Hamers	III/24D
J.B. Goodenough	III/4A, III/17G	B. Hamilton	III/22B
V. Gouretski	V/6	U. Hammerschmidt	UFC-A
N.B. Gove	I/1	A. Hamnett	III/17G
H.J. Grabke	III/42A3	F. Hampel	II/22A,B
U. Gradmann	III/19G, III/24B	A. Hangleiter	III/41A1β
H. Graffunder	VIII/4	R. Hanke	UFC-A
G. Graner	II/23, II/25A...D	T.W. Hänsch	UFC-B
C. Granier	V/6	P. Hansen	III/12A, III/19G
W. Gräper	III/4A,B	M. Hantel	V/3B, V/4C1, V/6
U. Graser	VI/3A	H. Harada	VIII/2A1
W. Grätz	VIII/3B	J. Harada	III/16A,B, III/28A,B
B. Grauen	V/1B	G. Harbeke	III/17A,E,F
Th. Grave	III/17A	S.Y. Hariharan	III/21B1,B2
J.E. Greedan	III/27G	Y. Harima	VIII/4
A.P. Greifer	III/4B	P.T. Haromy	VII/1A
M. Grewing	VI/2C	K. Hasebe	III/36A1,A2,36B1,B2,C
H. Grieb	VIII/3A	E. Hasselbring	III/42A3
R. Griessen	III/13B	H.-J. Haubrich	VIII/3A
D. Griller	II/13A	H. Haug	III/34C1
H.G. Grimmeiss	III/22B	F. Haug	VIII/1A2
J.-P.E. Grolier	IV/10A,B	K. Hayashi	VIII/4
K.Ya. Gromov	I/18C	R.F.S. Hearmon	III/1, III/2, III/11, III/18
P. Grosse	III/17E, III/41C	G.R. Hedwig	VII/2A
L. Grossi	II/17F	K. Heilig	I/20
H. Grün	VI/2A	L. Heimberger	V/6
P. Grünberg	III/12C	D. Hein	VIII/3C
M. Grupp	VIII/1C	U. Heinemann	VII/2A
D. Gubser	III/21A	K. Heinloth	VIII/3A,B,C
W. Gudat	III/23C2	R. Helbig	III/17D
G. Guelachvili	II/20B1...8	G. Held	III/42A4
B. Guinot	VI/3A	R. Hemmen	III/24D
H.E. Gumlich	III/17B	K.A. Hempel	III/12B,C, III/19A
W. Gunßer	III/12A	A. Hense	V/6
A. Gupta	II/27	M. Henzler	III/24A
R.R. Gupta	II/16, II/27, II/35A...D3	F. Herbert	V/4A
G.G. Gurzadyan	III/30B, VIII/1A1	T. Herczeg	VI/1, VI/2B, VI/3B
W. Guschlbauer	VII/1C	K. Hermann	III/42A2
G. Gust	V/3B	A. Hermerschmidt	VIII/1A1
W. Gust	III/26	C. Hertzler	VIII/1C
R. Güther	VIII/1A1	T. Hikita	III/28A,B, III/36A1,A2, III/36B1,B2,C
J. Gutowski	III/41B		
U. Haack	V/1B	C.W. Hilbers	VII/1C
V. Haak	V/1B,2B	F.J. Himpsel	III/23A
H. Haas	VIII/3C	H. Hinzpeter	V/4B
U. Haberlandt	V/6	E. Hirota	II/7, II/15, II/21, II/23, II/25A...D, II/28A...D
O. Hachenberg	VI/1, VI/2A		
G. Haerendel	VI/1	N. Hodgson	VIII/1A2
H. Haferkamp	VIII/1C	M. Höfert	I/11
H. Haffner	VI/1	A. Hoffmann	III/17B
H. Hagedorn	V/2B	D.H.H. Hoffmann	VIII/3B
M. Hagiwara	III/27J1		
Y. Hahn	I/17B		

M. Hoffmann	VI/3A	Y. Iwata	III/36A...C
C. Hoffmeister	VI/1	I. Jackson	V/2A
D. Hofmann	III/41B	H. Jacob	III/17D
I. Hofmann	VIII/3B	K. Jacobi	III/24B, III/42A2
R. Hofstadter	I/2	W.R. Jacoby	V/2B
W.J. Hogan	VIII/3B	W. Jaegermann	III/42A4
G. Höhler	I/9B1,B2	R. Jaenicke	V/4B, V/6
H. Höhler	V/4B	H. Jaffe	III/11
K. Hohlfeld	UFC-A	H. Jäger	II/26C
H. Hoiland	VII/2A	J. Jäger	UFC-A
N.K. Højersiev	V/3A	M. Jäger	II/26C
S.R. Holdsworth	VIII/2B	H. Jahreiß	VI/3C
F. Holtzberg	III/4A	H. Jain	III/33B1
W.B. Holzapfel	UFC-A	M. Jain	II/27, II/35A...D3
R. Holze	IV/9A	J. Jänecke	I/4
B. Hönerlage	III/41B	P. Jansson	VIII/2A1
X. Hong	IV/8B...J	P. Jaule	V/2A
N. Horiishi	VIII/2A1	G.A. Jeffrey	VII/1B
J. Horváth	III/26	J. Jerphagnon	III/11, III/18
N. Hosoito	III/19G	H. Jeske	V/4B
L. Houziaux	VI/1	E.K. Jessberger	VI/2A, VI3A
J.A. Howard	II/9C2, II/13D, II/17E, II/18D1,2, II/26A...C	W. Jitschin	UFC-A
		W. Jobs	III/13B
C.H. Hsieh	III/33B1	W.C. Johnson	VII/1C
D.L. Huber	III/4A	M.T. Jones	II/9D1, II/17F
G. Huber	III/17G,H	P. Joos	I/8
H. Hübner	II/24A,C2	J.L. Jorda	III/21A
K. Hübner	III/17A	Th. Jülich	II/17G
W.K. Huchtmeier	VI/2C, VI/3C	H.J. Jung	UFC-A
V. Huckemann	VIII/3C	F. Jung	III/25
H.-G. Huckenholz	V/1A	M. Jung	III/42A1
H. Hügel	VIII/1C	A. Just	VI/3C
M. Hugenschmidt	VII/1B1	D. Kaczorowski	III/27B7,B8,C2
F. Hulliger	III/17G, III/21A,C,E	H.-G. Kahle	V/2A
K. Hummert	VIII/2A1	H. Kahlert	III/17I
W.N. Hunter	VII/1A	W. Kaim	II/26A2
W. Hüttner	II/6, II/14A,B, II/19A,B,C, II/24C2	K. Kakurai	III/27F3
		H. Kalt	III/34C2
P. Huybrechts	V/6	H. Kandler	III/6
H. Ibach	III/42A2	T. Kaneko	III/19E1
M. Igarashi	VIII/2B	K. Kanematsu	III/19A,C, III/32A
A.V. Ignatyuk	I/16A1,A2	N. Kaner	III/21C
T. Iijima	II/15, II/21, II/25A...D, II/28A...D	N. Kaner-Hensel	III/21D
		J. Karl	VIII/3C
T. Ikeda	III/3, III/9, III/16A,B, III/28A,B, 36A1,A2	N. Karl	III/17I, III/41E
		U. Karlsson	III/23A
A.S. Iljinov	I/13A...E	E. Kasper	III/34C3
K.U. Ingold	II/13C, II/18C	K. Kassel	III/17D
M. Inokuti	I/17A	A.K. Katori	III/27F3
A. Inoue	III/37A	K. Katsumata	III/27J1
W.-H. Ip	VI/2A, VI/3A	U. Kaufmann	III/17A, III/22B
Y. Ishibashi	III/36B1,C	A. Kaul	VIII/4
A. Ishida	III/34C1	I. Kaur	III/26
N. Ishigure	VIII/4	K. Kawabe	III/3
T. Ishii	III/23B	S. Kawano	III/19D1
H. Ishiiani	VIII/3A	Y. Kawazoe	III/37A
K. Ishizu	II/9D2, II/17H		
Y. Itikawa	I/17A		

M.V. Kazarnovsky	I/16A1	M. Krystek	UFC-A
Z.A. Kazei	III/27E,F2,F2S	K. Kuchitsu	II/7, II/15, II/21, II/23, II/25A...D, III/28A...D
H.V. Kehiaian	IV/10A,B		
K.A. Keller	I/5A,B,C, VIII/1B1	S. Kück	III/41D,E
G.L. Kellogg	III/24D	E. Kugeler	VIII/3B
O. Kennard	VII/1A	K. Kugeler	VIII/3B
H. Kern	V/1B	H. Kuhlenbeck	III/42A5
T.-U. Kern	VIII/2B	B. Kuhlow	VIII/1A2
N. Kerwien	VIII/1A2	G.P. Kuiper	VI/1
H. Khan	III/21A	W. Kulisch	III/41A1β,A2
G.V. Kidson	III/26	M. Kumar	II/27
G. Kientopf	VIII/2A1	Y. Kumashiro	III/41A1β
G. Kieselmann	III/21A	R. Küntzler	III/21B1,B2,D
S. Kihara	VIII/2B	S.K. Kurtz	III/2, III/11, III/18
J. Kim	III/42A5	R. Lacmann	IV/1
K. Kimura	VIII/2B	W.J. Lafferty	II/7, II/15, II/21
R. Kippenhahn	VI/1	H. Lambrecht	VI/1
H.R. Kirchmayr	III/19D2,I2	E. Lamla	VI/1, VI/2B
T. Kirsten	VI/2A	J. Lange	I/5A,B,C
B. Klecker	VI/3A	W. Langheinrich	III/17C
P.G. Klemens	III/15C	J. Larink	VI/1
H. Klewe-Nebenius	VIII/4	M. Lasch	VIII/4
C. Klingshirn	III/34C1	M. Laube	V/4B
D. Klotz	II/17E,G	A. Laubereau	VIII/1A1
H.v. Klüber	VI/1	H.J. Laue	VIII/3C
H.H. Klump	VII/1C	T. Lauritsen	I/1
J. Kobayashi	III/9	R. Lavery	VII/1D
S. Kobe	III/19H,I1	C. Lechanoine	I/9A
U. Köbler	III/12C	R.C. Leckey	III/23A
W.F. Koch	UFC-B	A.D. LeClaire	III/26
M. Kochsiek	UFC-A	R.A. Lefever	III/4A,B, III/12B
B. Koel	III/42A5	R. Legler	II/3
P.A. Kollnian	VII/1D	F. Lehar	I/9A
N.P. Kolmakova	III/27E	H. Lehmann	III/17E
K.P. Koltermann	V/6	M. Lehnig	II/9C2,D1, II/17F,G
M. Komukae	III/36A1,A2,B1,B2,C	G. Leichtfried	VIII/2A2
E. König	II/2, II/8 , II/10, II/11, 12A,B	M. Leijon	VIII/3A
		Ch. Leinert	VI/2A
G. König	II/8, II/10, II/11, II/12A,B	M. Leiß	III/17G
V.Y. Konovalov	I/16A1	D. Lemke	VI/2A, VI/3A
N.V. Kornilov	I/16A1	F. Lévy	III/17F, III/41C
N. Koshida	III/34C3	Ph. L'Heritier	III/19C
M. Kosinowski	VIII/3A	W. Liber	II/9C2
G. Koslowski	V/3A	V.G. Lifshitz	III/42A1
J. Kossut	III/17B, III/41B	J. Linek	IV/13A1
G. Kothe	II/9D2, II/17H	S.T. Liu	III/11, III/18, III/29B
M. Kottek	V/6	R. Liu	VIII/3A
S.C. Kowalczykowski	VII/1D	A. Lizundia	VIII/2B
B. Kramer	UFC-A,B, III/34B1	G. Logan	VIII/3B
H. Kraus	V/4C1	J.M. Longo	III/4A
G. Krause	V/3A	V.A. Lopota	VIII/1A1
T. Kremser	VIII/2B	J.P. Lorand	II/13A
W. Kress	III/13B, III/17A	E.A. Lubimova	V/2B
C.J. Kriessman	III/4B	A. Ludsteck	III/17C
W. Kröger	VIII/3B	L. Lunazzi	II/9D1, II/17F
G. Kroll	III/33B1	H.L. Luo	III/21B1,B2,C,D,E
A. Krost	III/17F, III/41C		
I.B. Krynetskii	III/27F2,F2S		

D. Lupton	VIII/2A1	B.K. Meyer	III/41A1β,A2
K. Lusztyk	II/18D1	F. Meyer-Hofmeister	VI/2B
H. Lütgemeier	III/12C	W. Michaelis	UFC-B
W. Maas	II/26B	M.E. Michel	III/42A1
A. MacKinnon	III/17H	P. Michler	III/41B
R. Madar	III/19C	B. Mikhova	III/35D2,D3
R.A. Madden	V/4A	H. Miller	V/1B, V/6
O. Madelung	SI93-A...C, CI96, III/17A,E,F,H, III/22A	Y. Minami	VIII/2B
		O. Minet	VIII/1C
H. Mader	III/17C	R. Miranda	III/42A1
B.F. Madore	VI/2C, VI/3C	S. Misawa	III/19A,C, III/32A
L. Magaard	V/3A	T. Mitsui	III/3, III/9, III/16A,B, III/28B, III/36A1...C
H. Maier	III/17D		
K. Maile	VIII/2B	E. Mittelstaedt	V/3A
B. Mais	VIII/2A1	E. Möbius	VI/3A
A.G. Maki	II/7	M. Möhrle	VIII/1C
Y. Makita	III/3, III/9, III/16A,B, III/28A,B	E. Mollwo	III/17B
		F. Mönnig	I/7, I/9A
H.J. Maletta	III/12C	W.G. Moorhead	I/12A,B
L.A. Malov	I/18C	D. Moras	VII/1B
H. Mälzer	V/2A	M. Morgenstern	III/42A5
F. Manghi	III/24B	P. Morin	III/19E2
R. Mann	UFC-A	P.F. Morris	VIII/2B
V.N. Manokhin	I/16A2	D.R.O. Morrison	I/12A,B, I/14
R. Manzke	III/23B	I.R. Morton	II/9A, II/17A
A.A. Maradudin	III/24B	K. Möstl	UFC-A
G. Marowsky	VIII/1B1	J.J. Mueller	VII/2A
S.F. Marenkin	III/41C	A. Mühlbauer	III/17C
K.N. Marsh	IV/8A...C, IV/21A,B	G. Müller	III/17D
N. Mårtensson	III/42A4	G. Müller	V/2A
W. Martienssen	VIII/1A2	G. Müller	VIII/1C
M. Marutake	III/3, III/9, III/16A,B	H. Müller	VIII/2A1
C. Marx	VIII/3A	M. Müller	III/21D
K. Maschke	III/17F	R. Müller	III/21C,D
T. Masumoto	III/37A	R. Müller	VIII/2A1
F. Masuyama	VIII/2B	D.R. Mullins	III/42A3
Materials Science International Team	IV/11A1...4, B1...4	W.v. Münch	III/17A,C, III/22B
		K. Münter	UFC-A
H. Matsumoto	VIII/3A	H. Münzel	I/5A,B,C
M. Matsuura	III/27J1	T. Muraki	VIII/2B
H.J. Matzke	III/33B1	T. Murase	VIII/2A1
T. Mayer	III/42A4	G.E. Murch	III/26, III/33A,B1
A.K. McCurdy	III/29A	R. Murray	III/22B, III/41A2
C.L. McGinnis	I/1	A. Myers	III/15B
R. McGrath	III/42A1	L.A. Mysak	V/3A
T.R. McGuire	III/4B, III/12B	J.R. Naegele	III/23B
D.H. McIntyre	UFC-B	K. Nagamine	VIII/3B
R. Mecke	II/26C	H. Nagel	VIII/2A1
O. Mehl	VIII/1A1	Y. Nakai	III/32B
H. Mehrer	III/26	T. Nakamichi	III/19I2
P. Meier	II/17H	E. Nakamura	III/3, III/16A,B, III/28A,B, III/36A1...C
H. Meier-Peter	VIII/3A		
J. Meincke	V/3B, V/6	N. Nakamura	III/20A...C, III/31A,B, III/39
K. Meisenheimer	VI/3A		
R. Meissner	V/2A	Y. Nakamura	III/19C
N. Melnichenko-Koblyuk	III/43A1...A5	T. Nakanomyo	III/37A
G. Merckling	VIII/2B		
H.J. Meyer	III/7A...H		

R. Nakasima	I/1	A. Pelter	III/35A
N. Nakatani	III/36A1...C	G. Pensl	III/22B, III/41A2
K. Narahari Rao	II/20B1...8	S. Perumal	III/35B
L. Narjes	UFC-A	S. Pestov	VIII/5A
S. Neidle	VII/1B	G. Peters	IOC-A. .C,G..I
H. Nelkowski	III/17B	H. Peters	V/3A
S.F. Nelsen	II/9D2, II/17H	M. Peters	UFC-A
D.F. Nelson	III/11, III/18, III/30A	N. Petersen	V/1B
J.C. Netto-Ferreira	II/18E2	W.L. Peticolas	VII/1C
H. Netzer	VI/2C, VI/3C	B.W. Petley	UFC-B
G. Neuer	III/15C	N. Petoussi-Henss	VIII/4
F.A. Neugebauer	II/9C1,II/17B,C, II/26B,C	W. Petri	VI/1
A. Neuhaus	III/8	W. Pfeil	I/8
U. Neukirch	III/41B	G. Pfennig	I/5B
A. Neumann	VIII/3C	G. Philipsborn	III/12B
G. Neumann	III/26	A. Phipps	VIII/4
K.-U. Neumann	III/32C	G. Pieper	III/7A...H
P. Neumann	VIII/2A1	W. Pies	III/7A...H
R.C. Newman	III/22B, III/41A2	H. Pietschmann	I/10
Y.C. Ni	UFC-B	L.B. Pikelner	I/16A1
J.F. Nicholas	III/24A	W. Pilipp	VI/2A
J. Niemeyer	UFC-B	H. Pilkuhn	I/6
B.E. Nieuwenhuys	III/42A3	G. Pirug	III/42A5
G. Nimtz	III/17B,F	G. Placucci	II/9D1
S. Nomura	III/3, III/12A, III/16A,B	M.S. Platz	II/18E2
R. Nozaki	III/36B1,B2,C	N. Platzer	III/35C4
H. Oesterreicher	III/19E2	V.I. Plyaskin	I/16A1,A2
K. Oesterreicher	III/19E2	J. Pohl	V/1B
S. Ogawa	III/27A	V.J. Polen	III/4B
A. Ohmura	V/6	K.M. Polyakov	VII/2A
T. Ohoyama	III/32C	Yu.P. Popov	I/16A1
H. Ohya-Nishiguchi	II/9D2	N. Pöppe	VIII/3B
M. Okuyama	III/28A,B, III/36A1,A2	D. Porschke	VII/1D
D. Olbers	V/3A	C.S. Pote	II/7
C.L. Olson	VIII/3B	A.K. Pradhan	I/17B
W.K. Olson	VII/1D	B. Predel	IV/5A...J, IV/12A
W. O'Neill	VIII/1C	K.F. Preston	II/9A, II/17A
J. Orr	VIII/2B	B. Probicevic	VIII/3A
T. Osaka	III/36A1,A2,B1,B2,C	C. Prodehl	V/2A
W.v.d. Osten	III/22A	A. Psoda	VII/1D
L-L. Oudar	III/18	R. Pucher	V/2B
K. Oura	III/42A1	B. Pullman	VII/1D
H. Over	III/42A4	E. Pürer	VIII/3C
T. Palewski	III/27B1,B2,B3α,B4α,B4β, III/27B5,C1	I. Rabe	VI/3A
		O. Rader	III/23C2
H. Palme	VI/2A, VI/3A	T.S. Radhakrishnan	III/21C
C. Panja	III/42A5	J. Raeder	VIII/3B
P. Pardasani	III/35A	J. Rahe	VI/2A,C
R.T. Pardasani	III/35A	S.K. Ramasesha	III/17G
H.G. Paretzke	VIII/3B, VIII/4	D.A. Ramsay	II/21, II/23, II/25A...D, II/28A...D
A.B. Pashchenko	I/16A2		
H. Paul	II/9B, VIII/1A2	J. Ranft	I/11
M. Paulus	III/4B, III/12B	W. Ranke	III/24A
L. Pavesi	III/41A2	E. Raschke	V/6
O. Pavlyuk	III/43A1...A5	H.-J. Rath	III/22B
A.R. Peaker	III/22B	H. Rauch	I/16A1
T.P. Pearsall	III/34C3		
G. Pedrini	VIII/1A2		

E. Rebhan	VIII/3B	M. Schlegel	V/4A
D. Reiter	VIII/3B	W.P. Schleich	VIII/1A2
P.M. Rhein	V/3B	L. Schleicher	III/17C
S. Richter	VIII/3C	B. Schlicht	III/17F
T. Richter	VI/3B	K. Schlüpmann	I/6
W. Richter	III/17E, III/41C	L.D. Schmadel	VI/2C
D.E. Ricken	III/24D	G. Schmahl	VI/2A
D. Riesner	VII/1D	R. Schmechel	III/41C
G. Rihm	VII/2A	R. Schmid	V/1A
N. Ringelstein	III/41C	J. Schmid-Burgk	VI/2C
D. Ristau	VIII/1A2	H. Schmidt	VI/1
B.P. Roberts	II/9C2, II/13C	Th. Schmidt-Kaler	VI/1, VI/2B
M. Rocca	III/24C, III/42A2	A. Schmillen	II/3
E. Roduner	II/18A	D. Schmitt	III/32D
H. Roeser	V/2B	F.J. Schmitte	III/17F
W. Roether	V/3B	U. Schmucker	V/2B
K. Rohlena	VIII/1B1	J. Schneider	III/17A, III/22B
V.V. Rondinella	III/33B1	W.D. Schneider	III/23A
W. Roos	III/12C	G. Schneider	V/2A
M. Rosenzweig	III/17B	H. Schneider	VI/3B
H.-J. Röser	VI/3A	L. Schneider	VIII/2A1
F. Rosillo-Calle	VIII/3C	M. Schnöller	III/17C
U. Rössler	III/17A, III/22A, III/41A1α	H. Schober	III/13A
S. Roth	III/19I1	H.W. Schock	III/41E
F. Rubel	V/6	M. Scholer	VI/2A
N. Rubinstein	III/12B	M. Scholl	VIII/1A2
B. Rudolf	V/6	M. Scholz	VI/2B, VI/3B
P. Rullhusen	I/16C	C.-D. Schönwiese	V/4C1, V/6
F. Rummel	V/1B	E. Schopper	I/7
H. Runge	III/17C,D	H. Schopper	I/6
G. Rupprechter	III/42A5	J.R. Schopper	V/1A,B
R. Ruthardt	VIII/2A1	J. Schubart	VI/2A,A
L. Rybach	V/1A, V/2A	K.R. Schubert	I/9A
W. Saenger	VII/1A	J. Schubert	VIII/2B
H. Sajus	IOC-A,B,C	M. Schuch	V/1A
A. Sakai	III/36A1,A2,B1	E. Schudt	III/5A,B
M. Salmeron	III/42A3	G. Schudt-Weitz	III/10A,B
E. Samano	III/42A5	H. Schultz	III/25
U. Samm	VIII/3B	M. Schulz	III/17A
D. Sander	III/42A2	M. Schulz	III/17C,D, III/22B
R. Sandstrom	VIII/2B	H.J. Schulz	III/17B
A.A. Saranin	III/42A1	W. Schulz	VIII/1B1,C
V. Sasisekharan	VII/1D	G. Schuster	UFC-A
G. Sauer	UFC-A	C. Schwab	III/17E
R. Sauer	III/22B, III/41A1β,A2	H. Schwan	VI/3C
G. Sauthoff	VIII/2A2	G. Schwass	VIII/2B
E. Sawaguchi	III/3, III/9, III/16A,B, III/28A,B, III/36A1,A2	B. Schwederski	II/26A2
		R. Schwenn	VI/3A
J.C. Scaiano	II/13D,E, II/18E2	Scientific Group Thermodata Europe	IV/19A1..4,B1..5
W. Schaaffs	II/5	E.G. Seebauer	III/33A,B1, III/42A1
H. Schäfer	III/14A,B1,B2	M.S. Seehra	III/27F3,G
A. Scharmann	III/17H	W. Seelig	VIII/1B1
E.-G. Scharmer	III/17H	W. Seggewiss	VI/2B, VI/3B
Th. Schedel-Niedrig	III/24D	W.C. Seitter	VI/2B,VI/3B
J. Scheer	I/1	D.J. Sellmyer	III/13A
H. Scheffler	VI/1, VI/2C		
H.-W. Schiffer	VIII/3A		
C.W. Schläpfer	II/17A		

A. Selloni	III/24A	S. Steenken	II/13E
V.G. Semenov	I/13A...I	G. Steger	VII/1D
M.P. Semenova	I/13A...I	H.B. Stegmann	II/9C2,D1, II/17E,G
G. Sepold	VIII/1C	H.P. Steinrück	III/42A4
B.L. Sharma	III/33A	G. Stevenson	I/11
O. Shcherban	III/43A1...A5	R. Stewart	VI/3A
R.N. Shelton	III/21A,C	U. Stimining	VIII/3A
M. Shiga	III/19A, III/32A	D. Stöftler	V/1A
T. Shigenari	III/16A,B, III/28A,B	N. Stolica	III/26
Y.A. Shin	VII/1C	N.A. Stolwijk	III/22B, III/26, III/33A, III/41A2
T. Shinjo	III/19G		
T. Shiosaki	III/16A,B	A.N. Storozhenko	I/18B
Y. Shiozaki	III/3, III/16A,B, III/28A,B, III/36A1...C	T. Story	III/41B
		S. Stoyko	III/43A1...A5
Y. Shiraki	III/34C3	G.N. Stradling	VIII/4
N.Yu. Shirikova	I/18C	H. Strassl	VI/1
A. Shkrebtii	III/24A	D. Strauch	III/41A1α,B
D. Shugar	VII/1D	I. Strell	III/10A,B
W. Shuqing	VIII/3C	Th. Strobl	VIII/3C
H. Siedentopf	VI/1	Yu.G. Stroganov	I/14
G. Siedler	V/3A	C. Stubenrauch	V/6
V. Sienknecht	UFC-A	H.E. Suess	VI/1, VI/2A
J. Sievert	UFC-A	M. Sugimoto	III/12B, VII/1C
A. Simon	III/35E	S.I. Sukhoruchkhin	I/19A1...C
P. Simon	VIII/1B1	M. Sundaralingam	VII/1A
K. Siratori	III/27G	J. Sündermann	V/2A
E. Sirtl	III/17C	B. Sundqvist	III/15C
M. Skibowski	III/23B	H. Surawski	IV/1
M.S. Skolnick	III/17A, III/22B	A.V. Sushkov	I/18C
J.V. Smith	IV/14A	W. Suski	III/19F1,F2, III/27B1,B2, III/27B3α,B4α,B4β,B5,C1
H. Smith	VIII/4		
N.M. Sobolevsky	I/13A...I	J. Suzanne	III/42A3
H. Soffel	V/2B	K. Suzuki	III/37A
P. Sokolov	III/27E	J. Svoboda	IV/20A,B,C
J. Solf	VI/2A, VI/3A	C. Synowietz	IV/1
V.G. Soloviets	I/18A,C	L. Sysa	III/43A1...A4
G. Soltau	VI/3A	S. Szatmari	VIII/1B1
G.A. Somorjai	III/42A5	M. Tabuchi	VIII/2B
S. Sone	VIII/3A	M. Tacke	III/34C1
Won-Oh Song	VIII/3C	S. Takaragi	VIII/2A1
Z.N. Soroko	I/16B,C, I/19A1...B3	T. Takenaka	III/36A1,A2
K. Sosnkowska-Kehiaian	IV/10A,B, IV/13A1	H. Takezono	III/36B1,C
J. Sosnowski	III/21A,D	G.A. Tammann	VI/2C
M. Sostarich	III/19H	I. Tatsuzaki	III/3, III/16A,B, III/28A,B
U. Sowada	VIII/1B1	H. Tawara	I/17A,B
M. Specht	VIII/3C	B.N. Taylor	UFC-B
P. Speth	V/4A	D.M. Taylor	VIII/4
C. Spiegelhauer	VIII/2A1	A.M. Testa	III/27D
M. Spindler	VIII/2B	D. Theis	III/17B
G.E. Spriggs	VIII/2A2	G. Theodorou	III/34C3
G. Srinivasan	III/27F3	H.C. Thomas	VI/1
A.R. Srinivasan	VII/1D	E. Tiemann	II/14A,B, II/19A,C,D1
E.D. Stacey	V/2B	S.N. Timasheff	VII/2A
B. Starck	II/4, II/6 , II/7	R. Tischer	II/6
J.W. Stather	VIII/4	H.J. Tiziani	VIII/1A2,C
R. Staubert	VI/2A, VI/3A	W. Tolksdorf	III/12A
G.H. Stauss	III/4B		
M.B. Stearns	III/19A		

E. Tomzig	III/17D	V.V. Voronov	I/18B
S.Y. Tong	III/24B	A. Waag	III/41B
P. Tordo	II/17E	A. Wachmann	VI/1
G. Töth	III/35E	H. Wada	III/32A
M. Totzeck	VIII/1C	F. Wagner	VIII/3B
K. Toyoda	III/3, III/16A,B, III/28A,B, III/36A1,A2,B1	H.J. Wagner	VIII/3C
		U. Wagner	VIII/3C
G. Traving	VI/1	Z. Wagner	IV/13A1
L. Treitinger	III/12B	K. Wakino	III/16A,B
J. Treusch	III/17F	M. Waldmeier	VI/1
E.D. Trifonov	VIII/1A2	R.F. Wailis	III/24B
		J.A.L.I. Walters	VII/1C
R. Troc	III/19F1,F2, III/27B6α,B7, III/27C2	J.C. Walton	II/18C
		H. Wänke	V/2A
J. Trümper	VI/2A,C, VI/3A,B	A.H. Wapstra	UFC-B
A.-P. Tsai	III/37A	H. Warlimont	VIII/2A1
D. Tschierse	III/17B	W. Waschkowski	I/16A1
T. Tsukamoto	III/36A1,A2	K. Watanabe	II/9D2
Y. Tsunoda	III/32B	P.R. Watson	III/42A2
D.H. Turner	VII/1C	G. Wax	II/17G
J.E. Turner	VIII/3B	K. Way	I/1
W.T. Tysoe	III/42A3	H. Weber	VIII/1A1
E. Uden	III/17C	J. Weber	III/41A2
L.V. Udovenko	I/13A...E	P.J. Webster	III/19C
Ch. Uebing	III/42A3	R. Wehrse	VI/3B
C. Uher	III/15C	G. Weichart	V/3A
J. Uhlenbusch	VIII/1B1	V. Weidemann	VI/1, VI/2B, VI/3B
M. Ulbricht	VIII/1C	G. Weigelt	VI/2A, VI3A
H. Ullmaier	III/25	H. Weigmann	I/16C
D. Ullrich	UFC-A	P. Weigner	IOC-D...I
P. Ulmschneider	VI/3B	W. Weise	VIII/2A1
N. Usami	III/34C3	G. Weiser	III/17E, III/41C
R. Uvy	III/41B	J. Weishaupt	IV/3
S. van den Bergh	VI/1	C.O. Weiss	UFC-B
M.A. Van Hove	III/42A2	A. Weiss	III/7A...H
W. van Walsum	VIII/3C	F. Weiss	III/21B1,B2,C
V. Vanysek	VI/3A	W. Weiss	VIII/4
R. Vautier	III/4B, III/12B	G. Weitz	III/5A,B
A.I. Vdovin	I/18B	H. Welling	VIII/1C
K. Vedam	III/30A	F. Wellmann	VI/1
H. Venghaus	VIII/1C	B. Wende	VIII/1A1
C.R. Vidal	VIII/1A1	H. Werheit	III/17E,G, III/41C,D
H. Viefhaus	III/42A3	R.M. West	VI/2A
V. Vill	IOC-A...I, IV/7A...F	R. Wester	VIII/1B1
W. Viöl	VIII/1B1	K. Weyand	UFC-A,B
K. Vogel	VIII/1A2	R. Weynants	VIII/3B
P. Vogl	III/22B	C. Weyrich	III/17D
H.-G. Vogt	VIII/4	T.E. Whall	III/27D
J. Vogt	II/19B,C,D3, II/23, II/24B, II/24C2, II/25A..D, 28A...D	M.R. Whalley	I/14
		D. Wharam	III/34B1
N. Vogt	II/23, II/25A...D, II/28A...D	G.K. White	III/15C
		J.M. White	III/42A3
J.M. Vohs	III/42A3	I. Wichterle	IV/13A1
H. Volland	V/4B	B. Wiebel-Sooth	VI/3C
F. Vollertsen	VIII/1C	H. Wiechert	III/42A3
W. von der Osten	III/17B	R. Wielen	VI/2C
R. von Herzen	V/2A		
D. Voppel	V/2B		

K.L. Wierzchowski	VII/1D	K.R.A. Ziebeck	III/19C, III/32C
W. Wiesemann	VIII/1C	Chr. Zimmer	VII/1D
H.P.J. Wijn	III/4B, III/19A,B,G,I2, III/27F3,G,J1,J2, III/32A	H. Zimmermann	VI/3C
		W. Zinn	III/12C
H. Wilhelm	V/2A	T. Ziqin	VIII/3C
R.C. Wilhoit	IV/8A...H, IV/20A...C, IV/21A,B	A.V. Zotov	III/42A1
		W. Zulehner	III/17C, III/22B, III/41A2
G. Will	III/7A...H	F. Zunic	VIII/3C
P. Wille	V/3A	W. Zürn	V/2A
J. Willebrand	V/3B		
G.D. Willenberg	UFC-B		
A.F.W. Willoughby	III/22B, III/41A2		
J. Winckelmann	IV/15A		
G. Winkler	III/12A		
M. Winnewisser	II/6		
E. Wittchow	VIII/3A		
A. Witzel	VI/2C,3C		
G. Wlodarczak	II/19A,B,C, II/24A,B,C2		
H. Wobig	VIII/3B		
W. Wöger	UFC-B		
U. Woggon	III/34C1,C2		
J. Wohlenberg	V/1A		
B. Wohlfarth	III/38A,B, III/16, III/18A,B		
Ch. Wohlfarth	III/38A,B, III/16,18A,B, IV/6		
R. Wolf	VI/2A, VI/3A		
T. Wolf	III/21A...E		
U. Wolfmeier	III/12A		
Ch. Wöll	III/42A2		
K.C. Wong	IV/21A,B		
C.J. Wormald	IV/10A,B		
C.-S.C. Wu	VII/2A		
J.-Q. Xu	III/21A...E		
K. Yagi	VIII/2B		
T. Yagi	III/28A,B, III/36A1...C		
K. Yamada	VIII/3A		
M. Yamada	VIII/2B		
N. Yamada	III/32C		
T. Yamada	III/16A,B, III/28A,B		
X. Yan	IV/8I,J		
J.T. Yang	VII/2A		
M. Yao	III/41C		
K. Yoshino	III/28B		
D. Yu	III/21A,C		
J.-Z. Yu	III/37A		
N.P. Yudin	I/18A		
O.P. Yushchenko	I/14		
Yu.S. Zainyatnin	I/16A1		
E. Zanazzi	III/24C		
M. Zander	UFC-A		
W. Zdanowicz	III/17E, III/41C		
G. Zech	VI/2C		
H.D. Zeh	VI/2A		
A.v. Zelewsky	II/9A, III/17A		
P. Zeppenfeld	III/42A1		
H.L. Zhang	I/17B		
Z.-Y. Zhang	IV/8A		
G. Zibold	III/19B		

Anhang 4. Landolt-Boernstein Online: User Guide (www.landolt-boernstein.com)

Anhang 4. Landolt-Boernstein Online: User Guide

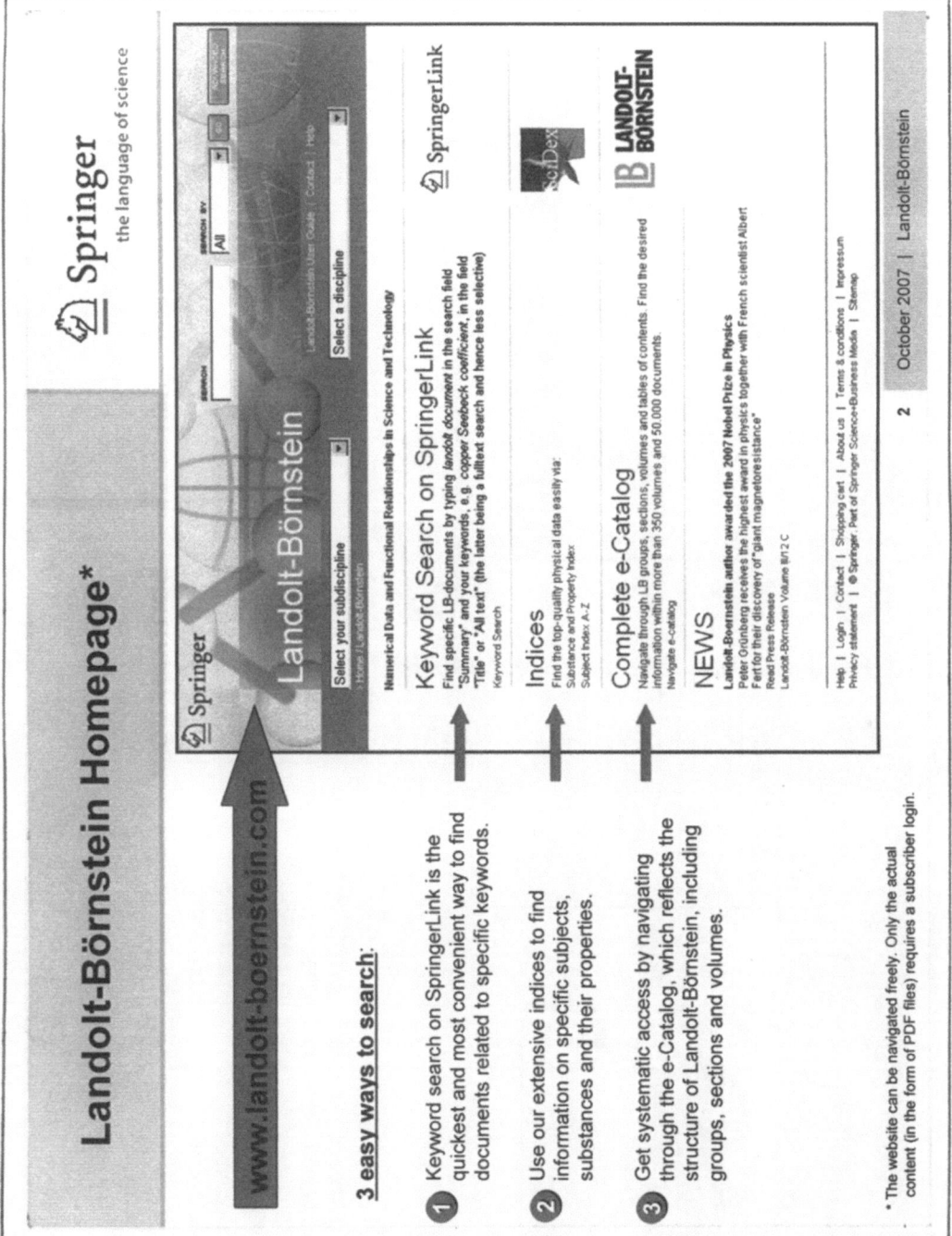

160 Anhang 4. Landolt-Boernstein Online: User Guide

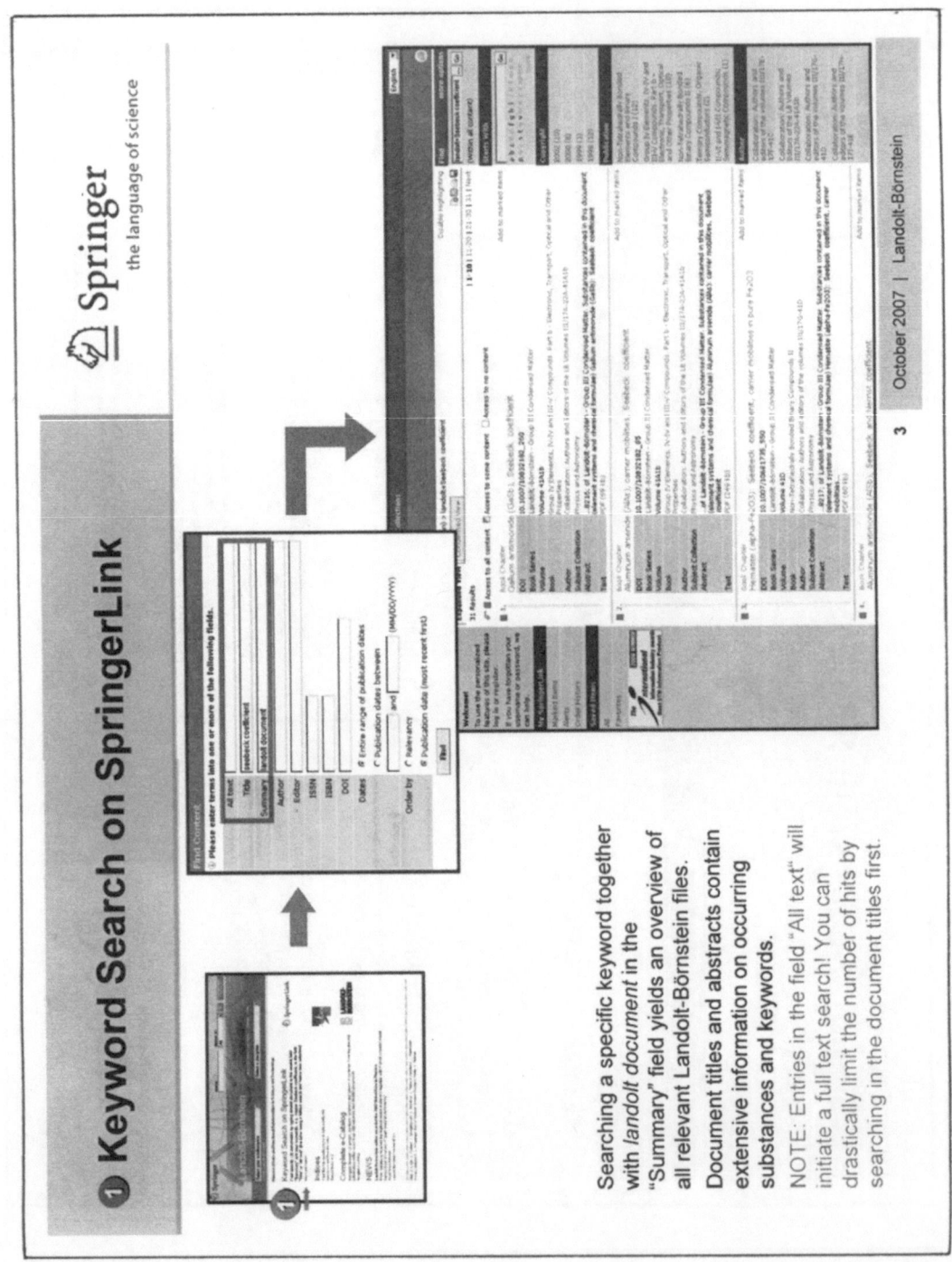

Anhang 4. Landolt-Boernstein Online: User Guide

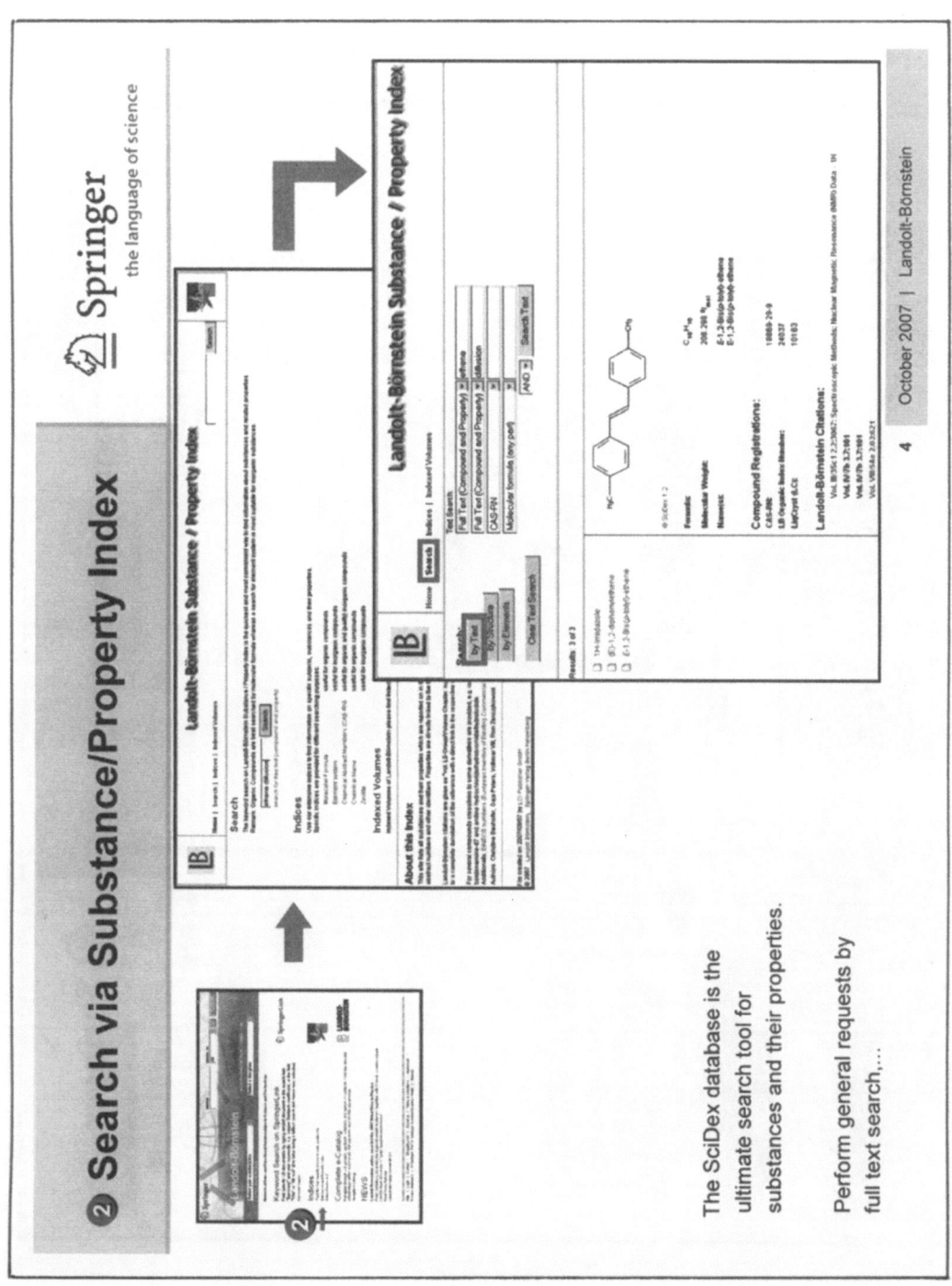

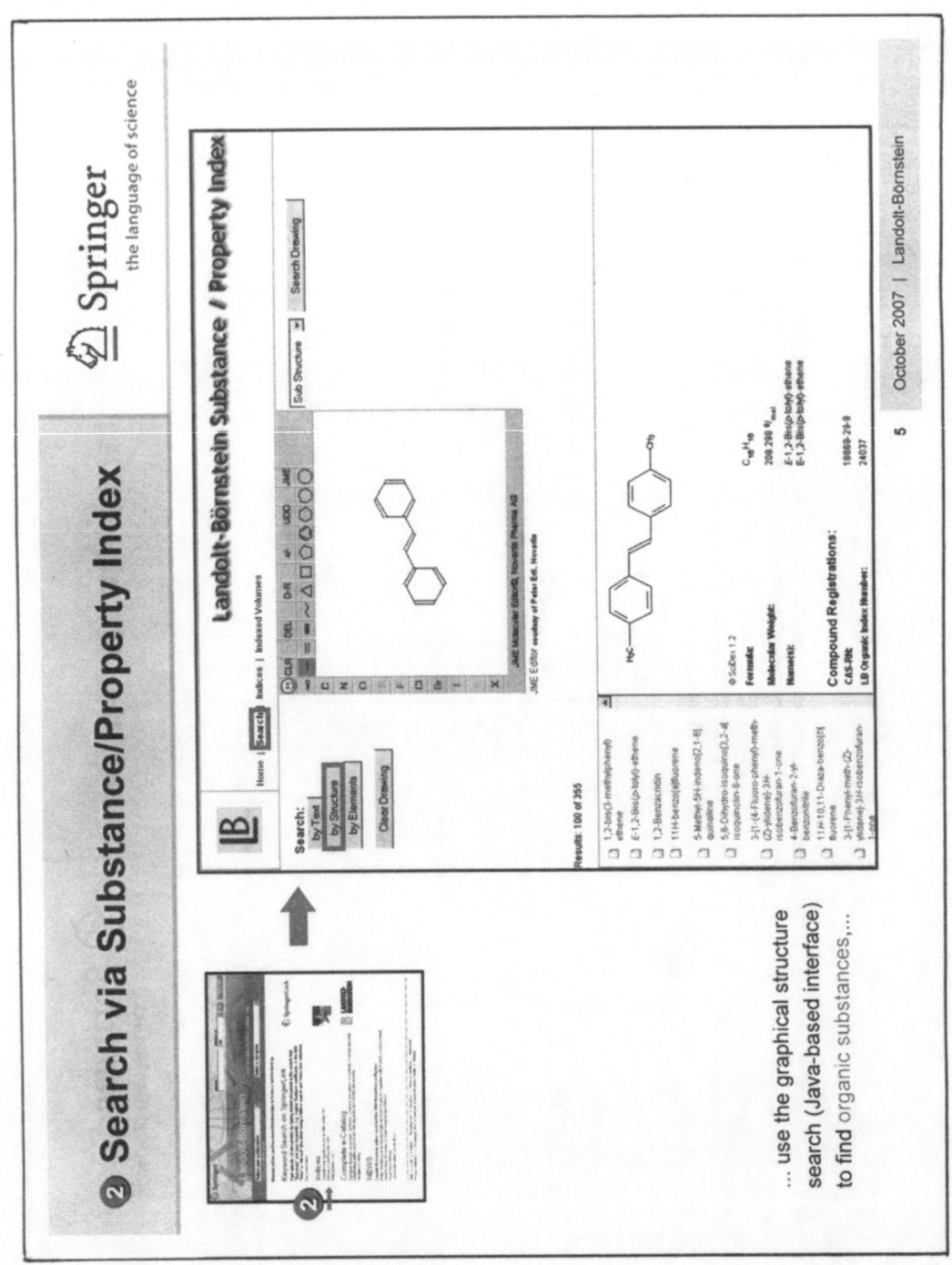

Anhang 4. Landolt-Boernstein Online: User Guide 163

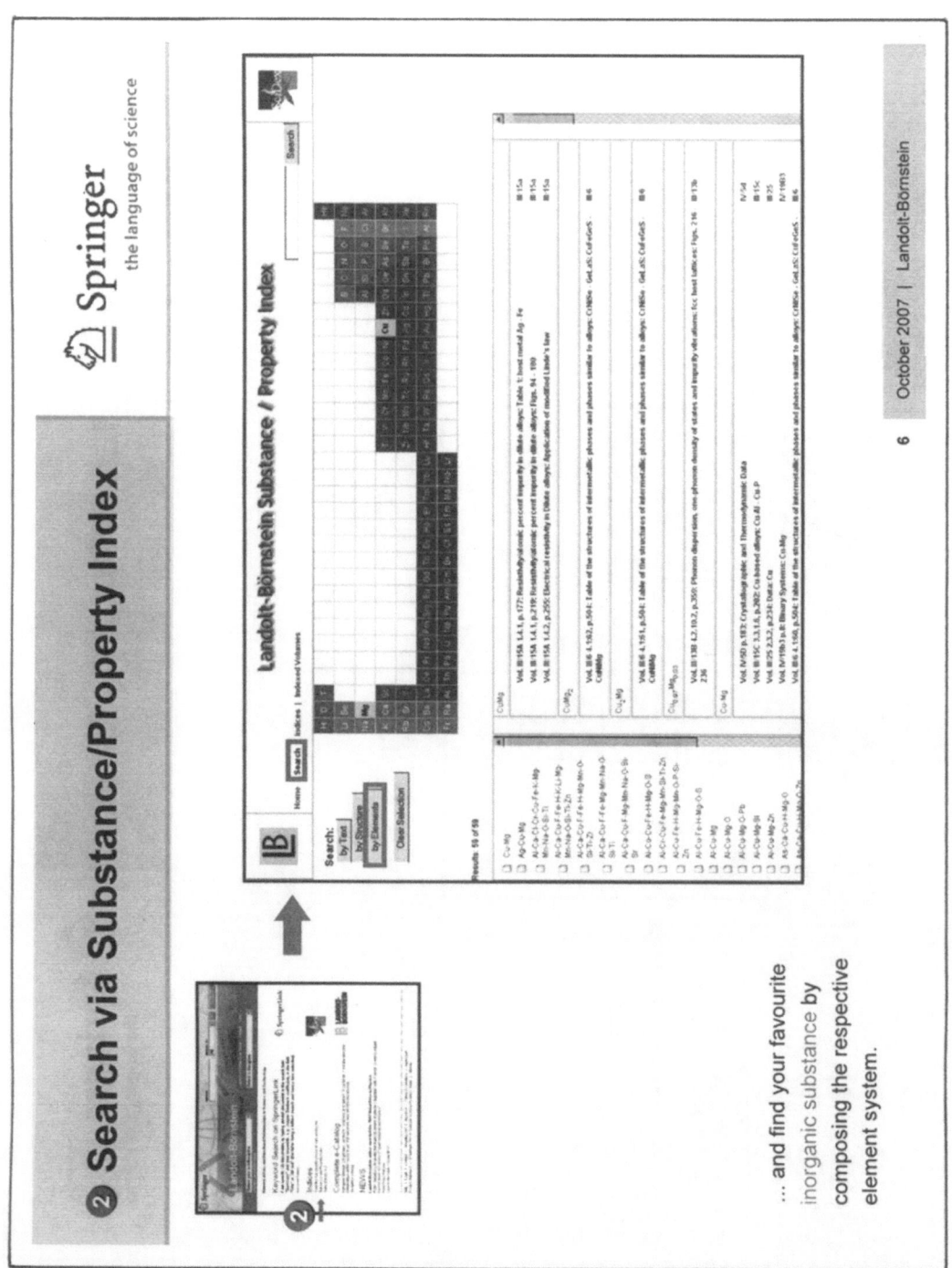

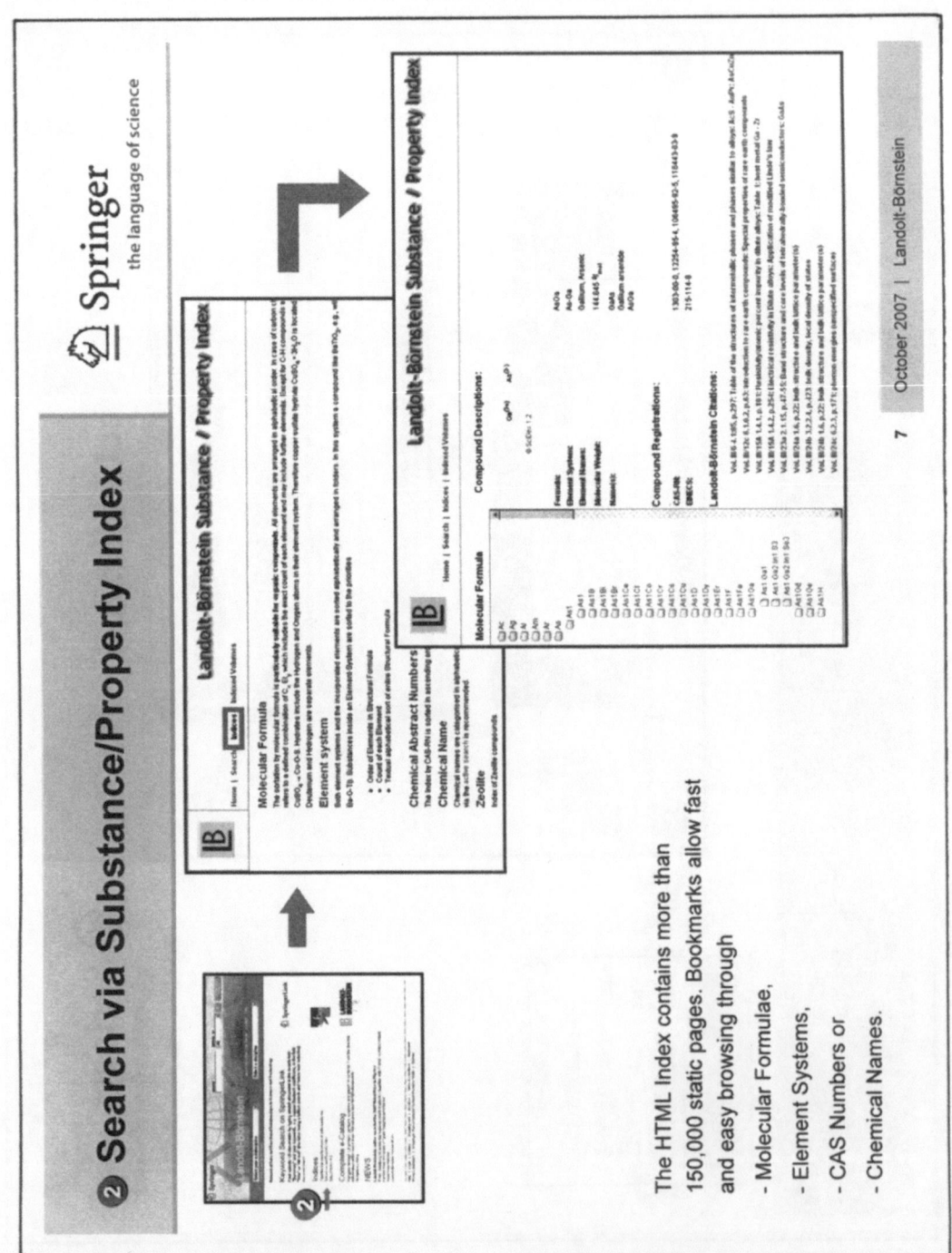

Anhang 4. Landolt-Boernstein Online: User Guide 165

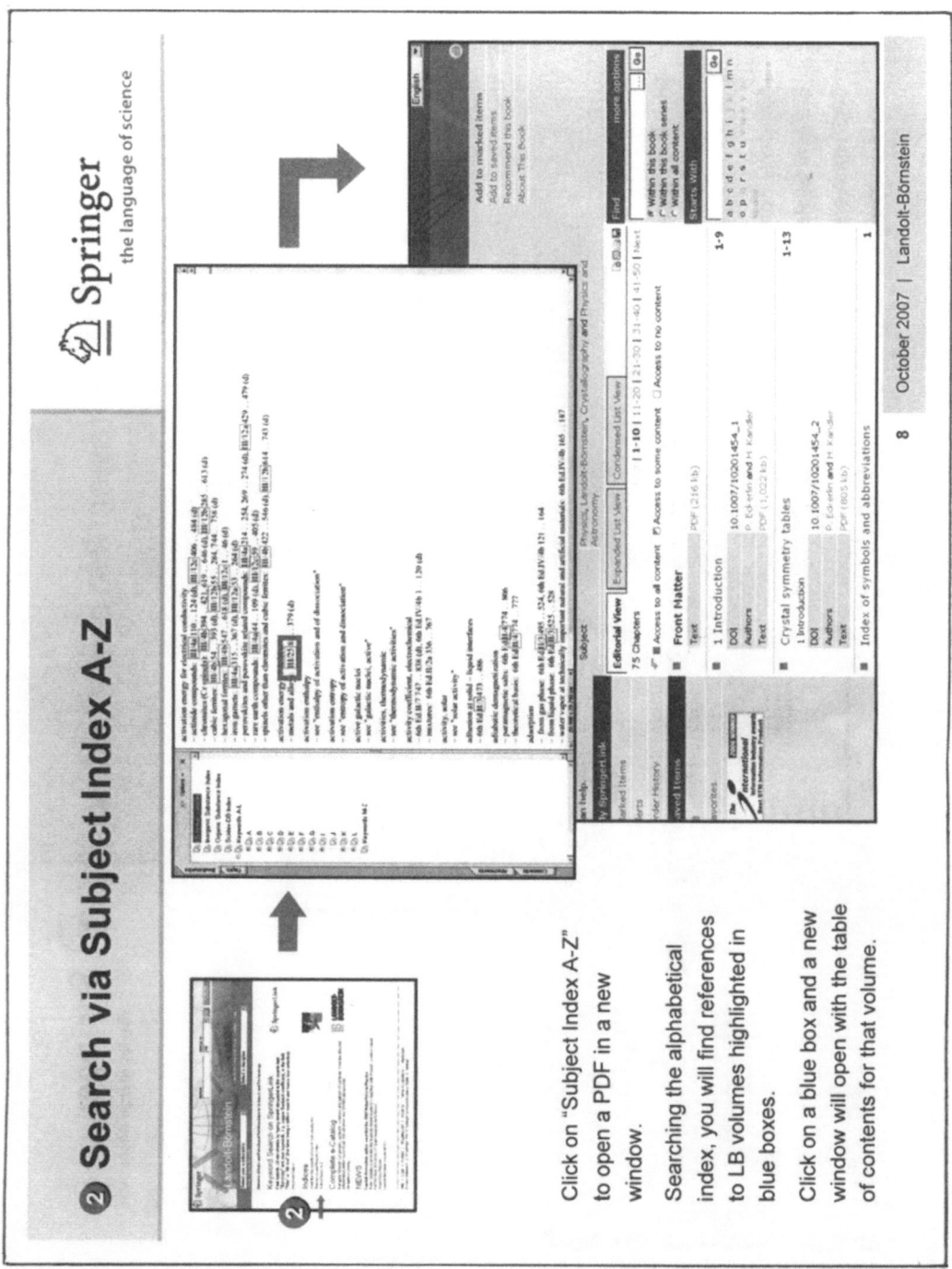

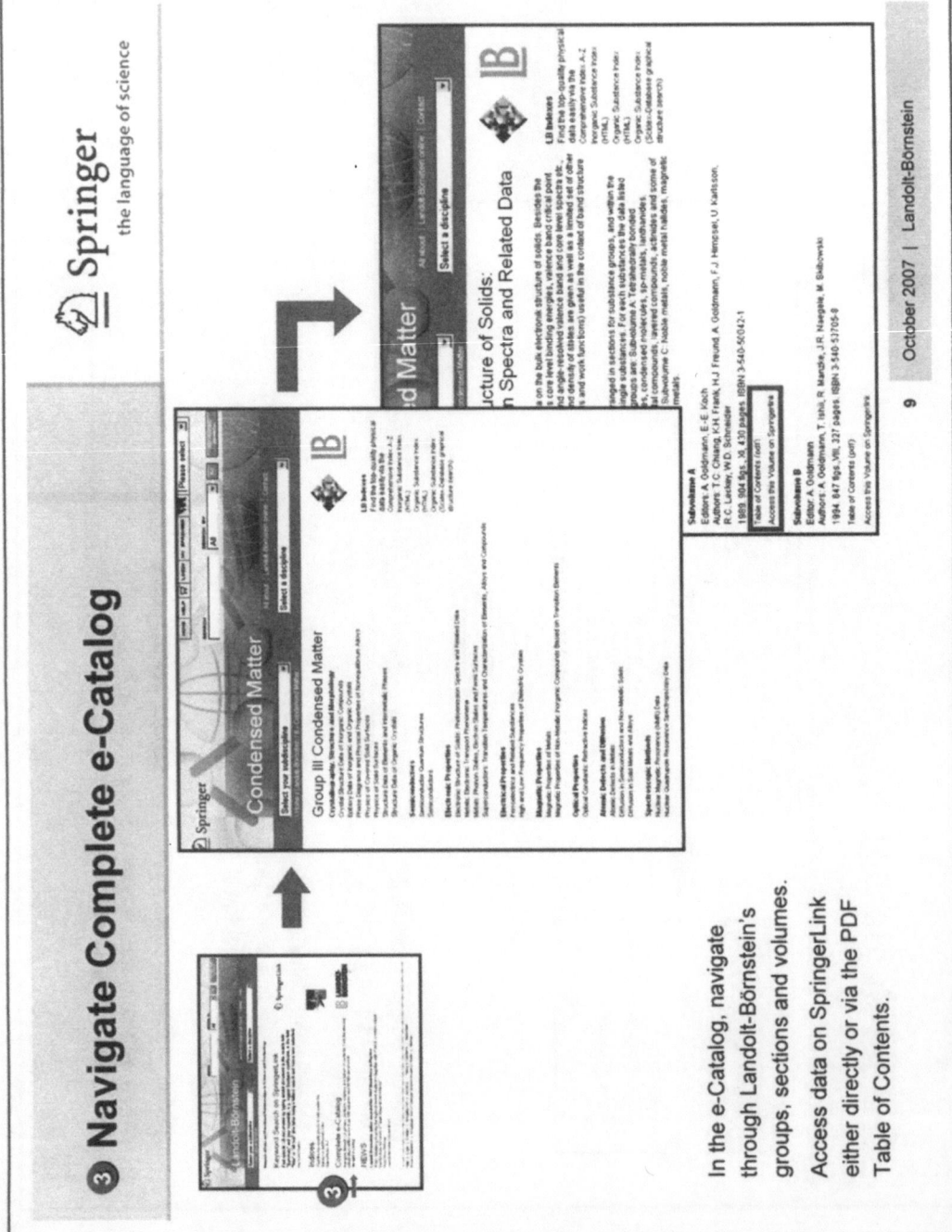

Anhang 5. Literatur- und Bildnachweise

Geschichte des Springer-Verlags

siehe

Sarkowski: Heinz Sarkowski: Der Springer-Verlag, Stationen seiner Geschichte,
Teil I: 1842 - 1945, Springer-Verlag Berlin Heidelberg New York, 1992,

Götze: Heinz Götze, Der Springer-Verlag, Stationen seiner Geschichte,
Teil II: 1945 - 1992, Springer-Verlag Berlin Heidelberg New York, 1994

Aus diesen Bänden wurden die folgenden Abbildungen übernommen: A. Eucken (Götze, S.41), K.-H. Hellwege (Götze, S.43), Tönjes Lange (Götze, S.4), H. Salle (Götze, S.23), K. Scheel (Sarkowski, S. 263), F. Springer d.J. (Götze, S.1), J. Springer d.Ä. (Sarkowski, S. 8 und 74), J. Springer mit Söhnen (Sarkowski, S. 137), J. Springer d.J. (Götze, S.3).

Lebensdaten und Bilder

Viele Lebensdaten und Bilder der im vorliegenden Band genannten Personen wurden aus "Poggendorffs Biographisch-Literarisches Handwörterbuch der Exakten Naturwissenschaften" und der darin genannten Literatur, sowie aus Kürschners Gelehrtenkalender und in einigen Fällen aus dem Internet entnommen. Insbesondere sind folgenden Literaturstellen zu nennen (N - Nachruf, J - Jubiläum, E- Erinnerungen):

Julius Bartels	http:// www.gfz-potsdam.de/Indices of Global Geomagnetic Activity (Bild)
Heinz Borchers	C. Stetter, W. Scharfenberger, Practical Metallography **10** (1973) 602 (J - Bild)
Richard Börnstein	Titelei Landolt-Börnstein 5. Auflage (Bild) F. Linke: Meteorologische Zeitschrift **36** (1913) 847 (N)
Paul ten Bruggencate	Zeitschrift für Astrophysik 53 (1961) 4. Heft (N - Bild))
Jean D'Ans	J. D'Ans: Chem. Ztg. (1956) 596 (J - Bild)
Arnold Eucken	http://www.nernst.de/eucken.htm (Bild)
Heinz Götze	Springer Zentralblatt 3/1987 (Bild)
Helmuth Hausen	ACHEMA-Jahrbuch 1956/58, S. 164 (E - Bild)
Georg Joos	Archiv des Deutschen Museums (Internet - Bild))
Hans Landolt	Titelei Landolt-Börnstein 4. Auflage (Bild) P. Přibram: Ber. Dt. Chem. Ges. **XXXXIV** (1910) 336 (N)
Ellen Lax	Phys. Bl. **31** (1975) 366 (J - Bild))
Werner Martienssen	Complete Catalog 2003 (Bild)

Wolfgang Polzin	Springer Zentralblatt 3/1987 (Bild)
Redaktionsassistentinnen	Springer Zentralblatt 3/1987 (Bild)
Walther A. Roth	A. Eucken: Z. f. Elektrochem. u. angew. phys. Chem. **44** (1938) 843 (J - Bild), W.A. Roth: Naturwiss. **36** (1949) 226 (E)
Karl Scheel	Phys. Bl. **22** (1966) 1 (N)
Ernst Schmidt	H. Kraußold: Forschung auf dem Gebiete des Ingenieurwesens **18** (1952) 1 (J - Bild))
Hans Seemüller	Springer Zentralblatt 3/1987 (Bild)

Faksimiles:

Seiten aus LB-Bänden:	1. Auflage: Titelblatt 1. Auflage: Seiten 88, 89 3. Auflage: Titelblatt 5. Auflage, 3. Ergänzungsband I, Titelblatt,
Comprehensive Index 1996	Bandaußenseite
DST Semiconductors	Bandaußenseite und Seite 12
Landolt-Börnstein Newsletter 1/1989	Seite 1

Sonstige Bilder:

Landwirtschaftliche Hochschule Berlin	http://edoc.hu-berlin.de
Zeichnung W. Nernst	W. A. Roth: Naturwissenschaften **36** (1949) 226
Zeichnung H. Landolt	A. Eucken: Z. f. Elektrochem. u. angew. phys. Chem. **44** (1938) 844
Comprehensive Index 90: Diskette	Landolt-Börnstein Newsletter 4/1991
Verlagsvertrag 1. Auflage	Springer-Archiv
Springer-Signet	Sarkowski (S. 367)

If you have any concerns about our products,
you can contact us on
ProductSafety@springernature.com

In case Publisher is established outside the EU,
the EU authorized representative is:
**Springer Nature Customer Service Center GmbH
Europaplatz 3, 69115 Heidelberg, Germany**

Printed by Libri Plureos GmbH
in Hamburg, Germany